건축구법

최 민 권

기문당

머리말

건축구법이라 함은 건축물의 구조방식이나 각 부위의 재료적 구성방법을 일컫는 용어이다. 따라서 건축구법은 건축을 이해하고자 할 때에 가장 먼저 알아야 할 기초적인 기술분야라고 할 수 있다. 보통 이 분야를 건축일반구조라고 부르고 있으나 기술적 내용을 표현하는 데는 건축구법이 보다 명쾌하고 적합한 것으로 생각된다.

한편 이와 유사한 용어로 공법이 있는데, 이것은 구법을 실현시키기 위한 공사방법으로 작업내용이나 순서를 의미한다. 따라서 구법과 공법은 서로 불가분의 관계에 있다고 할 수 있다. 그러다 보니 기존의 서적들에서는 이를 구분없이 다루고 있는 경우가 많으나 본 서에서는 내용상의 간결함이나 명확화를 위해 공법부분은 가능한 한 시공참고서에 넘기도록 의도하였다.

또한 본서에서는 역학적인 내용에 있어서도 가능한 한 기본적이고 법적인 것만 언급하고 될 수 있는 대로 외형적이고 의장적인 내용을 추가하여 디자인이나 설계계획에 가까운 부분을 언급하고자 의도하였으나 학식이 부족하여 충분치 못함이 매우 아쉽다. 아울러 용어가 매우 중요한 부분이나 우리말 표현이 없는 것에 대해서는 나름대로 정의해서 기재하였으나 이것은 학회 차원에서 정리되어야 할 것으로 생각된다.

건축구법은 재료나 기술의 발달에 따라 바뀌어 간다. 따라서 앞으로도 지속적으로 보완해 나갈 예정이다. 일단 현 시점에서 사회에 진출할 학생들이 본서를 통하여 건축을 이해하는 데에 조금이나마 도움이 될 것으로 기대하는 바이다.

저자

차례

총 론

CHAPTER 1

1.1 건축물의 구성 1.2 구조방식의 종류

1-1 건축물의 구성

1. 1. 1 건축물과 구법

건축물은 외부공간과 내부공간을 구획하고 내부공간을 분할함으로써 목적에 맞는 공간을 실현시키는 것이다. 인류가 처음에 지은 주거는 비나 바람을 피하여 간신히 침식을 위한 장소가 확보될 수 있는 정도의 것이었지만 점차 세계 각지에 기후, 풍토의 차이 그리고 입수할 수 있는 자재의 종류에 따라 다양한 주거가 만들어져 왔다. 그리고 시대가 지나면서 사회구조가 바뀌고 생활형태가 변화되면서 건축은 주거 이외의 용도로 확대되고 과학기술의 진보에 따라 다양한 **재료**, **형태**, **규모**의 건축물이 만들어지게 되었다.

건축물을 이해하기 위해서는 이러한 많은 건축물의 구성을 여러 가지 관점에서 보아야 한다. **건축구법**(建築構法)에서는 건축물이 구체적으로 어떠한 것으로 구성되고 어떻게 만들어지는가를 생각해 나간다. 건축물을 구성하는 여러 가지 재료나 부품이 어떻게 서로 조합되고 서로 접합된 결과 건축물의 전체 및 부분이 어떻게 성립되는가가 그 중심이 되는 문제이나, 그와 아울러 **구법**을 설계하고 실현시킬 때 조건이 되는 배경도 생각하지 않으면 안 된다.

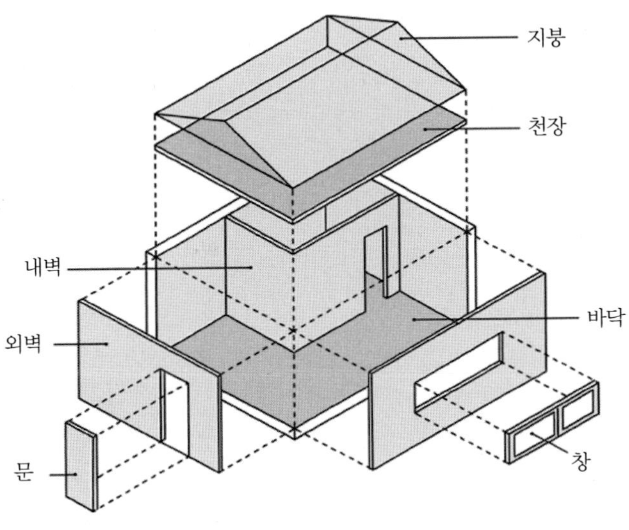

건축물의 구성

바람, 비 등 외부로부터 여러 **인자**(因子)의 영향을 **제어**하는 것이 건축물의 가장 기본적인 기능이다. 내부공간에서 보아 유익한 인자는 취하고 그렇지 않은 인자는 차단함으로써 만족할 수 있는 공간을 실현하는 것이다. 지붕과 바닥, 벽 등은 그것을 차단하는 것이 주된 역할이나 창과 출입구 등의 개구부에서는 개폐함으로써 인자를 제어한다.

여러 인자 중에서도 건축물에 작용하는 여러 가지 **힘**은 중요한 제어대상이다. 건축물 각부에서 여러 가지 힘을 어떻게 받아서 지지하고 있는 구조체에 전달하여 전체로서 얼마나 안전한 건축물을 실현하는가가 과제가 된다. 자연현상으로는 지진과 태풍이 빈발하는 악조건에 있고, 또 도시현상으로는 건축물의 대규모화와 고층화가 진행되어 힘의 처리방법이 구법에 미치는 영향은 매우 크다.

또한 최근에는 보다 편리하고 쾌적한 공간을 실현하기 위하여 **공기조화, 급배수, 조명, 전기** 등의 각종 설비를 사용하고 있다. 그러한 각종 설비는 독립된 공간에 설치하는 것이 많으나 바닥, 벽, 천장 등의 건축물을 형성하는 부재에 직접 매입하여 설치하는 것도 늘어나고 있다. 따라서 이것도 구법으로서 다루어야 할 필요가 있다.

이외에도 건축물에 대한 시점에는 여러 가지가 있다. 구법은 이러한 상호관계를 근거로 하여 종합적인 시각에서 목적에 맞는 건축공간을 실현할 수 있어야 한다.

1. 1. 2 건축물의 지지요소

건축물은 그 자체에 무게가 있다. 또 그 공간의 용도에 따라 힘을 받고 그 안에 놓여진 물체의 무게를 지지한다. 이러한 힘을 **하중**(荷重)이라 한다. 여기에 더하여 바람이나 지진에 의한 **외력**(外力)도 받는다. 이러한 여러 가지 하중, 외력에 대해 안전하게 지탱하는 것은 건축물의 각 부분 및 전체가 성립하기 위한 가장 기본적인 조건이다.

건축물에서 하중, 외력에 대해 **안전성**을 확보하는 역할을 갖춘 부분이 주요구조체인데 재료, 형상, 힘의 전달방법 등에 따라 다양한 구법이 있다. **주체구조**(主體構造)는 공간의 전체구성이라는 점에서 공간의 **크기**나 **형태**를 지배하는 중요한 역할을 가지는데 그것을 구성하는 바닥, 벽, 천장 등의 각 부위와 관련해서 본다면 크게는 다음의 2가지로 나누어진다.

즉, 각 구성부위가 그대로 주체구조의 역할을 가진 구법과 일부 부위가 주체구조에서 독립되어 있는 구법이 있다. 전자는 수직구조요소인 **벽**과 수평구조요소로서의 **바닥**으로 이루어져 이를 구조시스템으로는 **벽식구조**라 하고, 후자는 수직구성요소인 **기둥**과 수평구조요소로서의 **보**와 **바닥**으로 구조시스템을 이루고 벽은 구조요소에서 자유로워지는데 이를 **라멘**(rahmen)**구조**라 한다.

벽식구조

라멘구조

1. 1. 3 공간의 구획요소

건축물의 한 내부공간은 보통 **바닥, 벽, 천장**으로 둘러싸여져 있다. 그리고 **창**과 **출입구** 등의 개구부(開口部)가 설치된다. 바닥, 벽, 천장이라고 하는 용어는 하나의 공간이라는 시각에서 만들어진 부위의 명칭이다. 이러한 용어는 건축물을 구성하는 것의 표면을 가리켜 사용하는 경우와 내부의 구성까지도 포함해서 가리키는 경우가 있다. 엄밀하게는 그것을 구별하기 위해 별도의 용어를 사용해야 하나 실제로는 혼용되는 경우가 많다.

외벽, 칸막이벽이라는 용어는 공간을 구획하는 것을 가리키며 **외면벽, 내면벽**이라는 용어는 표면 혹은 표면에 가까운 부분의 부재를 가리킨다. 그러나 외벽이라는 말은 **외주벽**(外周壁)을 가리키는 경우도 있고 **외면벽**을 가리키는 경우도 있다. 또 건축물의 성능을 생각하면 공간을 **구획**(區劃)하는 부재로서 다루어야 할 필요가 생기는 경우가 있다. **외주벽**이 여기에 해당되는 것으로, **지붕슬래브**나 **바닥슬래브**라는 명칭 또한 그러한 경우에 사용된다.

건축물의 외부에는 내부공간에서 보아 바람직하지 않은 인자와 선택적으로 받아들이고 싶은 인자가 있다. **비 · 바람 · 햇빛 · 기온**의 변화 등의 자연현상에 의한 인자, **소음 · 화재** 등 인공현상에 의한 인자, **침입자**와 **시선** 등 인적(人的)인 인자 등이 있다. 여기에 대응하기 위해 건축물의 외주부위에는 구법상의 대책이 필요하다. 특히 개구부는 사람과 물건, 또는 빛과 공기 등의 각종 인자의 작용을 선택적으로 제어하는 것이다. 이를 위해 개구부에는 창문 등이 설치되고 또 커튼, 루버(louvre) 등 창호 이외의 것도 개구부의 구성요소로서 중요한 역할을 갖고 있다.

이러한 외부와 내부의 관계뿐만 아니라 내부 상호간에 해당하는 것도 적지 않다. 즉 상층이나 인접실의 **소리**, 화재시의 **연소** 등에 관해서는 내부의 부위에 대해서도 충분한 대책을 강구해 둘 필요가 있다.

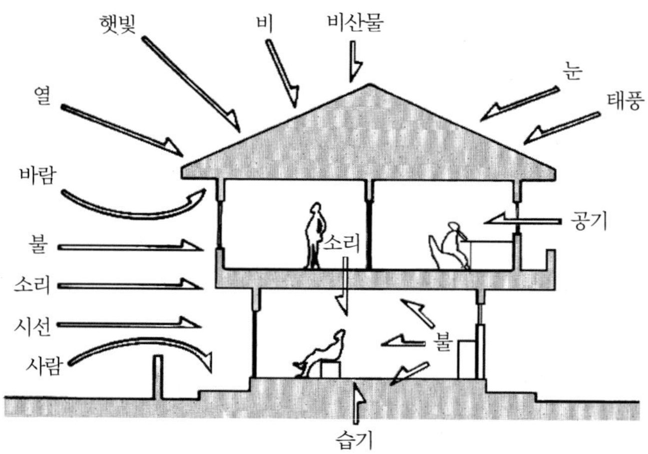

건축물의 외부인자

1. 1. 4 건축물의 마감요소

건축물의 내외를 막론하고 건축물의 표면부분을 넓은 의미로 **마감**이라고 한다. 마감은 주체구조를 밑바탕으로 하거나 주체구조와는 별도로 밑바탕을 설치하여 시공되는 경우가 많으나 제치장 철근콘크리트와 조적조(組積造)의 벽 및 벽돌 또는 목조와 같이 주체구조가 그대로 드러나게 마감되는 것도 있다.

밑바탕에서는 보드바탕, 미장바탕 등 여러 가지 구법이 있고 주체와 마감의 관계에서 적절한 것이 선택된다. 밑바탕에 해당하는 부분의 특정한 성능이 잘 발휘되도록 하기 위한 층을 설치하는 경우도 많다. **단열층, 방수층, 방습층** 등이 그 예이고, 이러한 것은 주로 시공상의 이유에서 설치되는 띠장과 보드와 함께 밑바탕과 잘 조화되어야 한다. 또 마감, 밑바탕에 특정 성능이 뛰어난 것을 사용하는 경우도 있다.

1. 1. 5 설비 및 가구 관련요소

건축물에는 여러 가지 설비가 설치되고 가구가 놓여진다. 설비는 크게 나누어 기기와 배관, 배선 등이 있다. 건축물에 설치되는 설비는 종래에 비해 다양하고 대형화되고 있다. 그 때문에 기기는 단지 설치될 뿐만 아니라 건축물과 잘 조합될 필요가 있다. 건축물의 일부로 동화(同化)시키는 것을 **건축화**[1](建築化)라 하는데 바닥, 벽, 천장 등에 설비의 기기와 배관·배선을 짜맞춰 집어넣는 것도 적지 않다. 배관·배선은 완성된 건축물에서는 통상 눈에 띄지 않지만, 주체구조와의 관계, 수선교환에의 대응 등 **내구계획**(耐久計劃)상의 중요한 과제를 갖고 있다.

가구 중에서도 붙박이 가구는 종래부터 건축물의 일부로서 취급되고 있지만 근래는 공간을 유연하게 사용하고자 하는 사고가 확대되어 칸막이벽을 겸한 **가구시스템**, 더 나아가서는 **설비기기**에 이르기까지 **치수**나 **접합법, 마무리방법**을 조정한, 보다 복잡한 시스템이 실현되게 되었다.

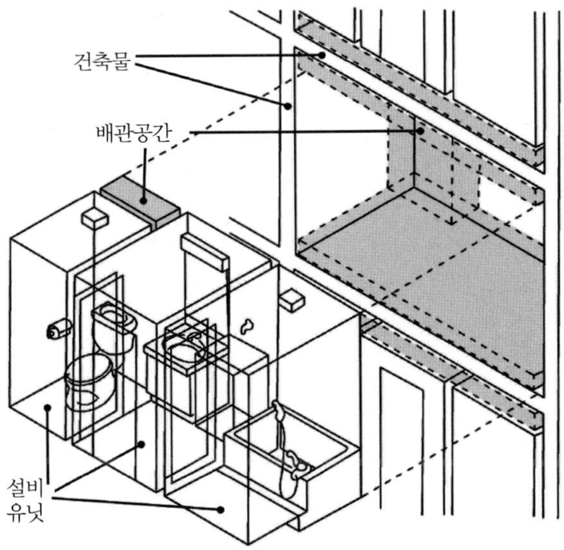

건축물과 설비유닛

1) built-in이라고 함.

1. 1. 6 생산 관련요소

여러 기술자의 손에 의해 많은 재료와 부품이 기계와 도구에 도움을 받아 일정한 순서에 따라 건축물로 조립된다. 종래 이러한 작업의 대부분은 **현장시공**으로 이루어져 왔다. 그런데 건설량이 증대하고 용도가 다양화하고 고층화, 대규모화가 진행됨에 따라 종래의 생산방식으로는 충분히 대응할 수 없게 되었다. 재료 면에 대해서는 천연재료가 부족하여 **2차제품**과 **인공재료**의 개발이 진행되고 있다. 그중에서는 천연재료의 대체품에 지나지 않는 것도 있으나 천연재료에 없는 우수한 성질을 갖춘 것도 많다.

또 기능을 갖춘 기술자의 부족 및 인건비의 상승은 현장작업의 합리화를 재촉했다. 작업자의 숙달된 기능에 의존하지 않아도 되는 공법의 개발과 도구와 기계의 도입에 의한 생산성의 향상이 추구되었고 현장작업의 합리화와 함께 **프리패브리케이션**[2)](pre-fabrication)도 생산성 향상의 유력한 수단이 되고 있다. 건축물 전체가 공업생산화된 주택, 학교, 사무소건물 등이 있고, 커튼월(curtain wall)과 설비유닛(unit)과 같이 부분적으로 공장생산에 의한 프리패브리케이션이 이루어지고 있는 것도 있다. 이러한 **공장생산방식**은 현장작업에서 얻기 어려운 성능의 구법을 가능하게 했다.

이러한 여러 가지 면에서의 생산방식의 변화는 단지 부재를 만드는 방법의 변화에 그치지 않고 새로운 부품의 출현과 연결되었다. **생산방식**이라고 하는 시각은 구법을 생각하는 데 있어 매우 중요한 것이다.

1. 1. 7 종합적 시각

건축물에 요구되는 여러 조건은 안전성에 관계되는 **역학적 조건** 외에 거주성에 관계된 **환경적 조건**, 의장에 관계된 **감각적 조건**, **내용성**(耐用性)과 **경제성**에 관계된 조건, 시공과 관계된 **생산적 조건** 등 다양하게 걸쳐 있다.

여기에 대해서는 개별적으로 충분히 만족시키는 것이 바람직한 것이나, 실제로는 상호간에 모순되는 조건도 있다. 이러한 것을 근거로 요구되는 여러 가지 조건에 대해 많은 관점에서의 검토를 거쳐 건축물에 따라 균형 있게 처리하는 것이 중요하다.

2) 공장에서 미리 가공하여 부품화시키는 것.

1-2 구조방식의 종류

1. 2. 1 구조방식의 개요

건축에서는 보통 구조물을 전체적으로 지탱하는 부분을 구조 또는 구조체라 부르는 일이 많다. 본서에서 주체구조로 부르고 있는 부분은 거의 구조체에 해당한다. 여기서 구조방식이라고 하는 것은 이 구조체가 구조물에 작용하는 여러 가지 **하중 · 외력**을 받아 전달하고 구조물의 안전성을 확보하는 방식을 말하고, 구조체를 구성하는 주된 부재의 재료나 형상, 각 부재의 접합법, 힘의 전달방법, 구조체 전체의 형상 등에 따라 분류할 수 있다.

주체구조의 분류법으로서 제일 많이 사용되는 것은 재료에 의한 분류이다. **목조, 철골조, 철근콘크리트조**라 하는 주요한 방식에 **철골철근콘크리트조, 벽돌조**를 합친 5가지가 대표적이다. 그 외 특수한 것으로서 **프리스트레스트 콘크리트**(pre-stressed concrete)**조**, **케이블**(cable)과 **막**(膜)을 사용하는 방식도 있다.

주체구조에 쓰이는 여러 재료는 구조체의 구성요소로서 각각 적절한 형상, 치수, 접합법을 가지며, 그 결과 구조체 전체로서도 각 재료의 특성이 반영되게 된다. 재료개체로서는 선상(線狀)인지 면상(面狀)인지, 구조체 전체로서는 수평면과 연직면에 의한 구성인지, 아니면 보다 복잡한 입체적 구성인지 등의 기본적 특성에서부터 세부의 형상과 접합법에 이르기까지 재료의 특징이 구조방식을 생각하는 방법에 미치는 영향은 크다.

1. 2. 2 수평면과 연직면에 의한 구성

(1) 연직면을 구성하는 것

① 라멘(rahmen) : 평면상의 구조체로서, 주위가 선상부재로 구성된 틀의 한 단 위를 보면 그림과 같이 기둥과 보로 둘러싸여진 것을 생각할 수 있다. 선상부재 자체는 강(剛)해도 그 접합부가 강하지 않으면 힘을 가했을 때 쉽게 평행사변형으로 변형한다. 이것을 막는 방법으로는 접합부를 변형하지 않도록 강하게 하는 방법과 재료가 강한 면상부재를 설치해서 면 전체로서 강하게 하는 방법이 있다.

수평 및 연직의 선상부재가 접합되어 전체가 구성된 것을 **라멘**이라 한다. 각 부재 및 접합부의 강성이 필요하고 공간이용상의 자유도가 크나 선상부재의 자재량이 많게 된다.

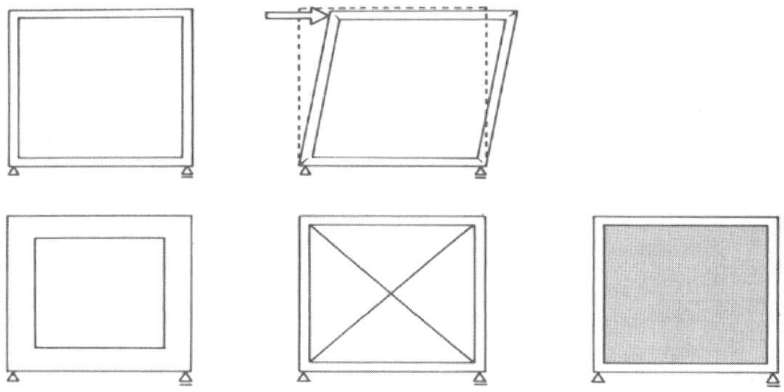

변형과 방지책

② 내진벽(shear wall) : 내진(耐震)요소를 도입하여 라멘의 자재량을 경감시키는 경우에 쓰인다. 내진벽에는 **사재**(斜材)를 쓴 것과 강한 **면상부재**(面狀部材)를 쓰는 것이 있다.

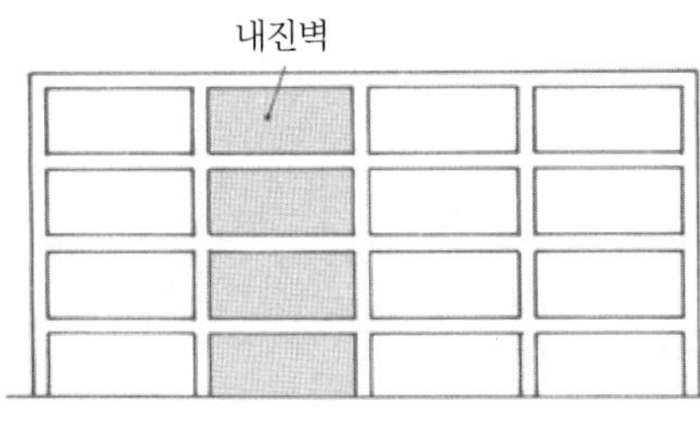

라멘가구 + 내진벽 (연층배치)

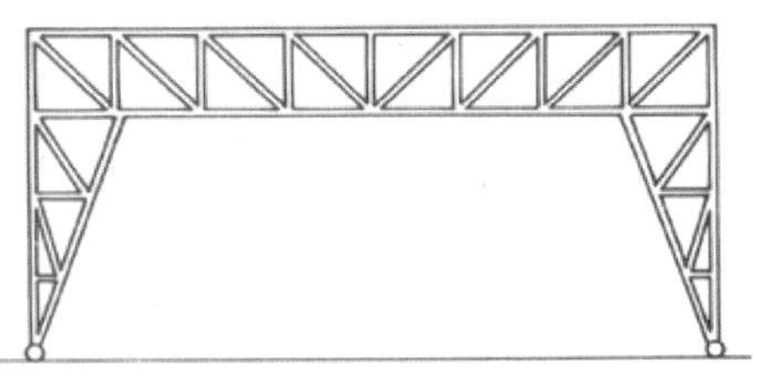

트러스

면 전체로서 강하게 하는 것이 방법은 간단하지만 건축공간의 사용 측면에서 보면 사재와 면상부재 등이 방해가 되는 경우가 있다. 내진벽의 배치방법에는 **연층배치**(連層配置)와 **분산배치**(分散配置)가 있다.

③ 가새/트러스 : 사변형의 대각선방향에 넣는 사재를 **가새**(brace)라 한다. 또 접합부를 일반적으로 회전이 자유로운 핀(pin) 절점으로 한 3각형을 단위로 하는 구조를 **트러스**(truss)라 한다.

④ **벽식** : 주체구조의 일부로서 연직 또는 수평방향의 힘을 부담하는 벽체를 **내력벽**이라 한다. 내력벽같이 기둥, 벽이 일체가 된 벽체와 보와 바닥이 혼연이 된 바닥판으로 구성되는 구조방식을 **벽식**이라 하고 기둥, 보 등 선상부재로 구성되는 **골조식**(骨組式)과 대비된다. 벽식에는 현장타설 철근콘크리트조 같이 전체가 일체인 것과 패널과 블록 등에 의해 조립 혹은 조적에 의한 것이 있다.

(2) 수평면을 구성하는 것

보통은 **바닥**(slab)과 그것을 지탱하는 **보**(girder)로부터 구성된다. 경사진 지붕도 넓게 보면 수평면을 구성하는 바닥의 일종이라고 생각할 수 있다.

이 바닥에는 상부 공간의 용도에 따라 여러 가지 하중이 가해진다. 바닥은 그것을 받아 지탱하고 있는 구조체에 전달하는 역학(力學)상 중요한 역할을 갖고 있다. 수평면의 경우도 연직면의 경우와 같이 수평력에 대해서 평면형을 유지하기 위한 방책이 필요하므로 **수평가새** 등을 설치하는 경우도 있으나 바닥을 강(剛)한 **면상부재**로서 처리하는 경우가 많다.

바닥의 구조방식으로서는 작은 보 등으로 바닥 구조를 짜 맞춘 것과 벽식의 바닥이나 **중공슬래브**[3](void slab)와 같이 바닥구조가 **일체·동화**(同化)되어 있는 것으로 대별된다.

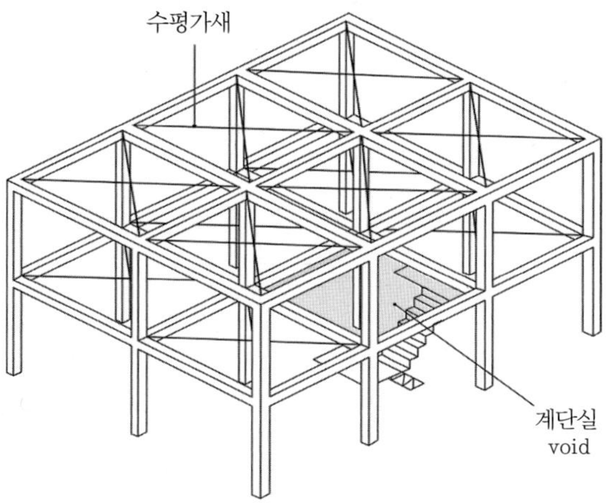

보 + 수평가새

3) p.37 참조.

1. 2. 3 입체적 구성

(1) 절판구조(Folded Plate Structure)

평평한 종이를 접어서 골을 형성시키면 물건을 올려놓을 수 있는 강도(強度)가 생긴다. 또한 이렇게 접은 종이의 단부를 변형하지 않게 고정시켜 놓으면 더 큰 힘을 발휘할 수 있게 된다. 이 원리를 이용해서 평판(平板)을 접은 듯한 형상의 **절판**(折板)을 형성시키면 외력을 **면내응력**(面內應力)으로 처리하는 역학적 특성에 따라 큰 공간을 입체적으로 구성할 수 있다.

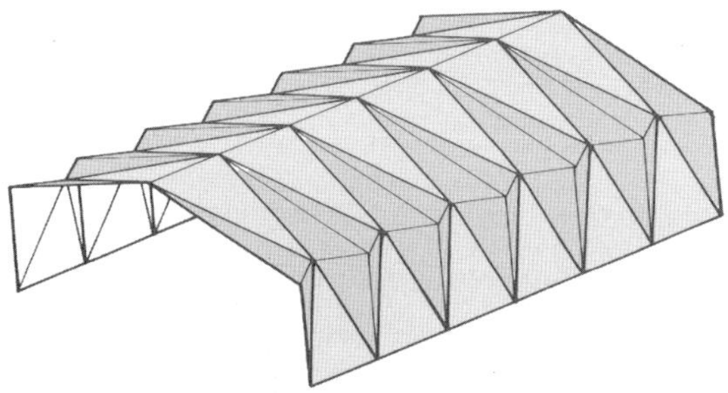

절판구조

(2) 쉘구조(Shell Structure)

조개나 계란의 껍질은 두께가 얇음에도 불구하고 높은 강도를 가지고 있다. 이러한 자연에서의 형태를 응용하여 두께에 비해서 강성(剛性)있는 **곡면판**(曲面板)에 의한 입체구조를 **쉘구조**라 한다. 절판과 같은 이유에서 큰 간사이의 지붕에 쓰이며 형태의 기하학적 특성에 따라 여러 가지 명칭의 쉘이 있다.

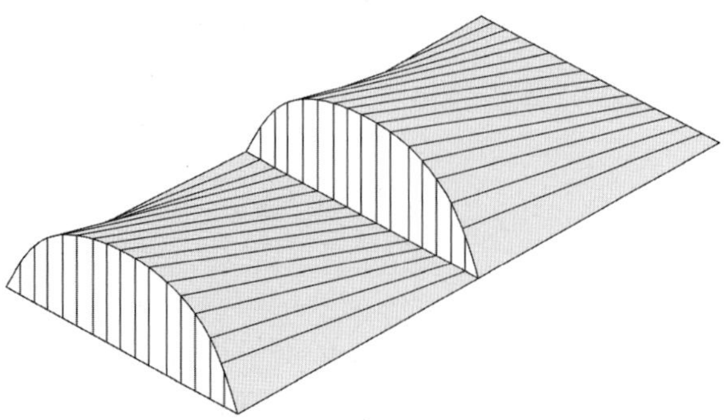

코노이드 쉘(conoidal shell)

(3) 입체트러스구조(Space Truss Structure)

거의 동일한 크기의 작은 단위로 분할한 부재를 조립, 구성함에 따라 대가구(大架構)를 가능하게 하는 골조로 부재를 3차원으로 구성한 트러스를 입체트러스라 하는데, 입체트러스 중에 규모가 큰 것은 space frame으로 사용된다.

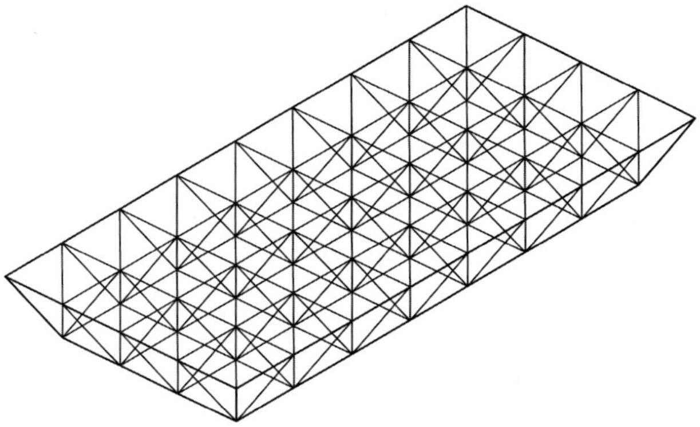

입체트러스

(4) 현수구조(Suspension Structure)

강봉(鋼棒)이나 케이블 등을 써서 지점에서 주된 구조부재를 달아 지지하는 구조방식이다. 하층의 바닥부재를 매다는 **현수바닥방식**과 케이블네트(cable net) 등으로 곡면지붕을 구성하는 **현수지붕방식**의 2가지로 대별할 수 있다.

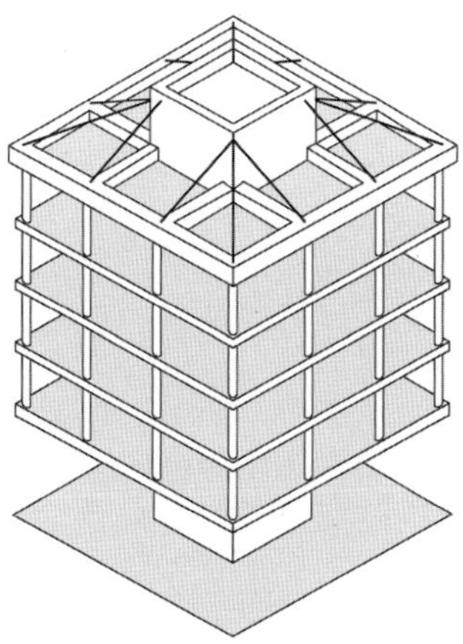

현수바닥방식

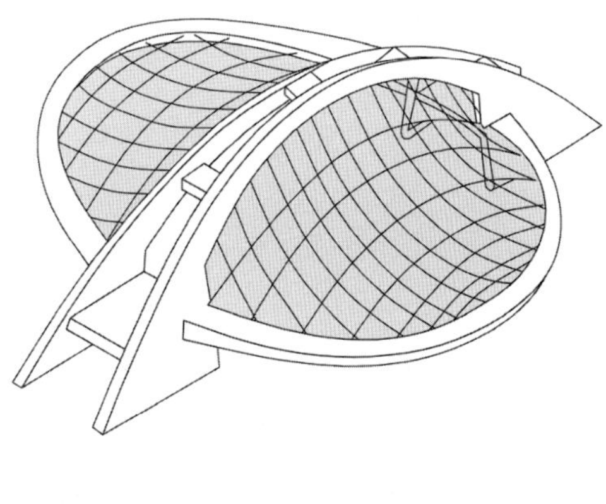

현수지붕방식

(5) 텐트구조(Tent Structure)

캔버스(Canvas) 등 **막상**(膜狀)의 부재로 공간을 덮는 구조방식이다. 얇은 피막만으로 구성하는 방식과 케이블네트 사이에 얇은 피막을 치는 방식의 2가지가 있어, 후자는 현수구조의 **현수지붕방식**과 명확히 구분되지는 않는다.

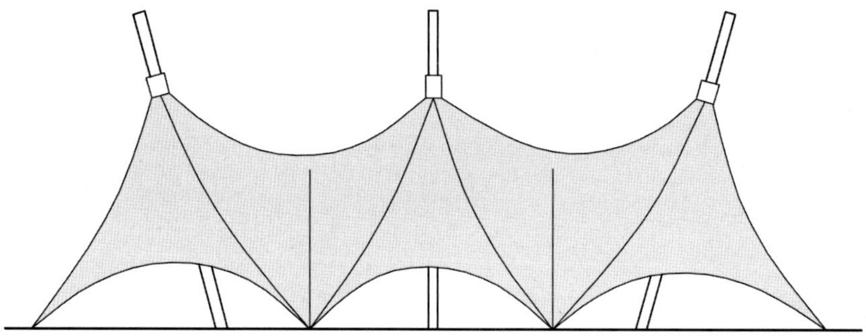

텐트구조

(6) 공기막구조(Pneumatic Structure)

공기막구조는 기압차를 이용하여 막상 부재로 공간을 덮는 구조방식이다. 한 겹의 막을 설치해서 내부공간의 기압을 높게 하는 방식과 중층막(重層膜)이나 관상막(管狀膜) 내부의 기압을 조정하여 막에 생기는 인장력으로 형태를 유지하는 방식이 있다. 무주공간(無柱空間)을 만들기 쉽다.

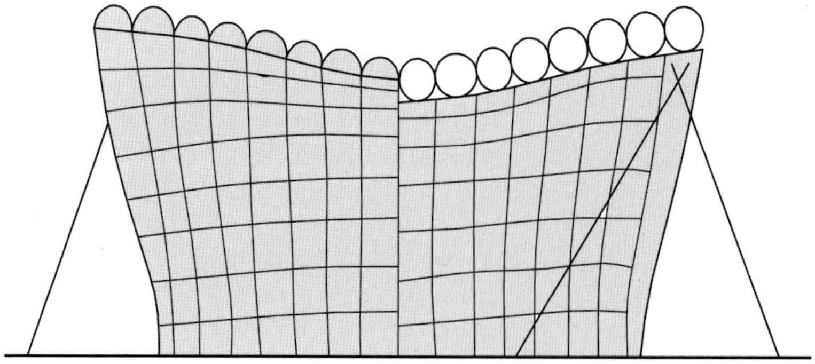

공기막구조

1. 2. 4 시공법과 구조방식

목조와 철골조 등에서는 보통 재료적 특성에 따라 비교적 큰 길이의 기둥과 보로 주체구조를 조립한다. 이러한 방법에 의한 것을 **가구식구조**(framed construction)라 한다. 한편, 블록조와 벽돌조에서는 조립하는 부품의 치수가 비교적 작고 이것을 쌓아 올려 구조체를 형성하므로 **조적식구조**(masonry construction)라 부른다. 여기에 비해 철근콘크리트조의 경우는 현장에서 콘크리트를 타설[4)]해서 전체를 일체화시키는 방식에 의한 것이 많다. 이것을 **일체식구조**(monolithic construction)라 한다.

가구식구조

조적식구조

일체식구조

4) cast-in-place reinforced concrete

1. 2. 5 복합방식

건축물의 구조방식을 보면, 실제로는 여러 방식이 혼재(混在)되어 있는 경우가 많다. 예를 들면 공동주택 등에서 도리방향은 라멘구조이고 보 방향으로는 내진벽을 설치하는 예도 있고 체육관 등 큰 간사이의 건축에서는 라멘구조 위에 입체트러스를 설치하는 예가 있다. 또 초고층건축에서는 고층부를 철골조, 저층부를 철골철근콘크리트조, 지하부를 철근콘크리트조로 하는 것이 많다.

EXCO 대구

한편 구조시스템 뿐만 아니라 단일 건물 내에서 구조재료의 특성을 이용해서 부위별로 서로 다른 재료의 구조부재를 혼합해서 사용하는 경우도 있어 이를 **복합화구법**(複合化構法)이라고 부른다. 예를 들어 기둥은 철골, 슬래브는 철근콘크리트, 계단은 프리캐스트 콘크리트 등 구조성능뿐만 아니라, 시공성능이나 경제성 등을 종합적으로 검토해서 선택하며 현장의 특수성에 따라서도 다양한 조합이 있을 수 있다.

이와 아울러 동일 부위 내에서도 2종 이상의 구조재료를 합성해서 사용하는 경우가 있는데, 이를 **합성구조**(合成構造: composite system)라 한다. 철근콘크리트도 일종의 합성재료이기는 하지만 구조적으로는 단일재료로 취급하며 현재 합성화의 대상부위로는 합성보와 합성기둥, 합성바닥이 일반적이다.

주체구법

CHAPTER 2

대구월드컵경기장

2-1 철근콘크리트조

2. 1. 1 재료와 구조

(1) 철근콘크리트조의 역사

철근 주위에 콘크리트를 타설하여 일체가 되도록 한 것을 철근콘크리트라 하고, 이것을 기둥과 보 등 구조상 중요한 부분에 사용한 건축물을 **철근콘크리트**(reinforced concrete)**조**라 한다.

철근콘크리트조는 시멘트의 발명과 구조이론의 발달에 의해 출현하게 되었다. 시멘트와 유사한 재료는 그 기원이 매우 오래되어, 이집트의 피라미드나 그리스, 로마에서도 사용하였다고 하나, 지금의 시멘트와 같이 공업적 생산이 가능한 재료로서의 개발은 1824년 영국인 Joseph Aspdin(1779~1855)에 의한 **포틀랜드시멘트**를 시초로 손꼽는다. 철근콘크리트라는 합성구조로의 시도는 프랑스의 조원가(造園家)인 Joseph Monier(1823~1906)가 콘크리트관에 철망을 사용한 것을 들 수 있고(1868년), 철근콘크리트로 된 철도침목의 특허를 낸 사실(1878년)에서 기원을 찾는다.

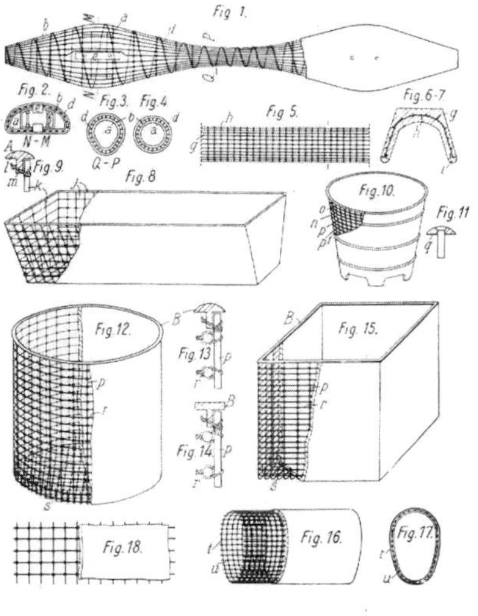

J. Monier의 특허출원도면

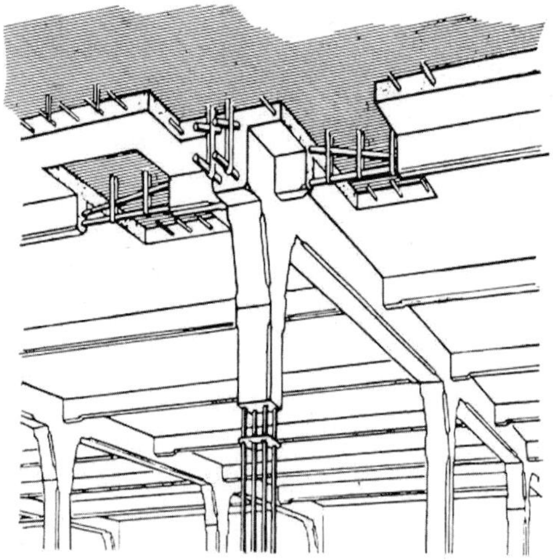

F. Hennebique의 일체식 철근콘크리트구조

이후 1886년에 Gustav Adolf Wayss, Mathias Koenen 등에 의해 철근콘크리트구조의 **이론**과 **계산법**이 발표되어 구조부재로 사용되게 되었고, 또한 건설업자인 François Hennebique(1842~1921)에 의해 획기적인 진보를 가져왔다. 그는 1890년에 자택을 철근콘크리트구조로 건설하였고, 1900년 파리박람회에 철근콘크리트구조의 건물을 출품하여 기둥과 보를 일체식으로 구성하는 라멘구조의 기초를 만들었고 **배근법**(配筋法)을 고안해냈다.

이와 함께 철근콘크리트 건축의 초기발전에 커다란 업적을 남긴 건축가로 Auguste Perret(1874~1954)가 있다. 그는 목구조의 가구식을 답습하여 철근콘크리트를 건축적 표현수단으로 시도한 선구자로 일컬어지고 있다. 이는 후에 Le Corbusier가 철근콘크리트로 건축물의 조형성을 표현하는데 결정적인 원동력이 되었다.

A. Perret, Frenklin가의 아파트(1904)

A. Perret, Ponthieu가의 차고(1906)

우리나라에서는 한일합방 시기에 일본인들에 의하여 **조선은행**(현 한국은행, 1907~1912), **조선총독부청사**(1918~1926), **서울역사**(1922~1925) 등이 철근콘크리트조로 지어졌고, 이후 한국인 건축가에 의하여 1930년대에 **화신백화점**(박길용, 1935~1937) 등의 건물이 지어졌으나 본격적인 건축이 이루어진 것은 1950년대 이후부터이다.

구 서울역사

한국은행(현 화폐박물관)

(2) 철근콘크리트조의 원리

콘크리트는 석재와 마찬가지로 압축강도는 높으나 인장강도는 낮아서 보나 슬래브 등의 인장력이 걸리는 수평부재에 사용하려면 인장강도가 높은 보강재(補强材)를 필요로 한다. 따라서 철근을 사용하여 인장재로서 강도상의 보강역할을 맡게 함으로써 상호 외력에 대응토록 한 것이 철근콘크리트조의 기본원리이다.

한편, 철근은 열과 녹에 대해서는 매우 취약하여 이에 대한 보호조치가 필요한데, 내화재료인 콘크리트가 철근을 **피복**하여 열에서도 지키고 자체적인 알칼리성으로 철근의 녹 발생을 막는 역할을 하게 되므로 상호보완적인 관계에 있다. 또 철근과 콘크리트는 열팽창률도 거의 같으므로 구조체로서의 일체성은 매우 높다.

철근콘크리트조의 수명은 50~100년 정도라고 하는데 그것은 콘크리트가 표면에서 **중성화**[5](中性化)하여 철근에 도달해서 녹이 발생하고, 이 녹에 의해 체적팽창을 일으켜 콘크리트가 균열이 발생할 때까지의 시간을 의미한다.

철근콘크리트 보가 외력을 받으면 변형하는데, 이때 철근과 콘크리트 간에 부착력이 없으면 보강역할을 얻지 못한다. 철근에는 단순히 원형단면을 한 **원형철근**과 콘크리트와의 부착이 좋도록 표면에 요철을 붙인 **이형**(異形)**철근**이 있다. 원형철근은 부착력이 약하므로 단부에 **갈고리**(hook)를 만들어 콘크리트 속에서 이탈되는 것을 막는데, 지금은 구조상 중요한 부분에는 사용하지 않는다.

5) 공기중의 탄산가스와 반응하여 알칼리성을 잃어가는 상태. 철근부식의 방지효과를 상실함.

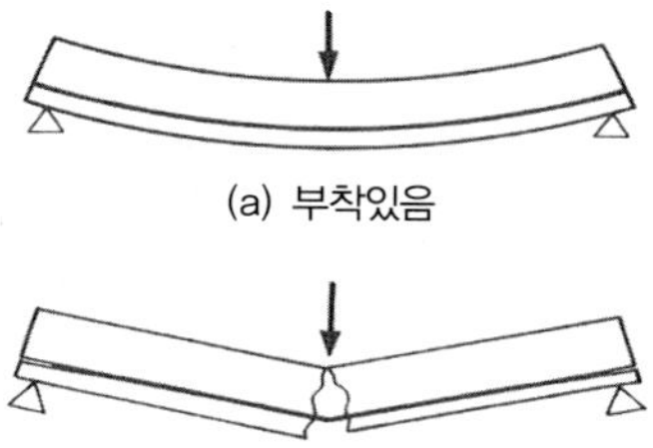

(a) 부착있음

(b) 부착없음

철근과 콘크리트의 부착

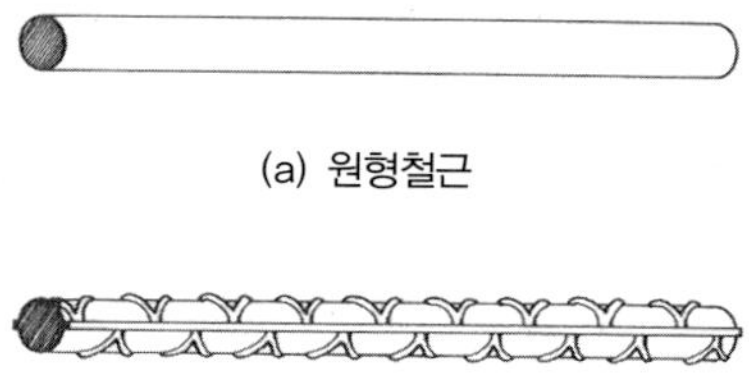

(a) 원형철근

(b) 이형철근

철근의 종류

(3) 철근콘크리트조의 특징

철근콘크리트의 구조상의 가장 큰 특징은 **일체식구조**라는 데 있다. 이것은 미리 뼈대를 구성하는 철근을 조립하고 여기에 액상(液狀)에 가까운 콘크리트를 타설함으로써 구조부재를 일체화하기 때문이다. 따라서 매우 견고한 건축물이 형성된다. 그러나 이를 위해서 많은 공정(工程)이 필요하고 경화에 따른 공기(工期)도 길어지는 등의 문제점도 있다.

재료적인 특성으로는 부재 표면을 구성하는 콘크리트의 성질에 따라 내화성이 있고, 내구성도 우수한 편이나 콘크리트의 배합이나 시공상태에 따라 품질의 편차가 있고, 콘크리트부재의 중량이 크므로 전체적인 구조체가 커지는 단점이 있다.

그렇지만 **주조**(鑄造)**적**인 시공방식이므로 거푸집의 형상에 따라 얼마든지 자유로운 외관과 형상을 만들어 낼 수 있고, 여러 구조형식에 적용할 수 있으며, 다양한 조형성을 추구할 수 있을 뿐 아니라 재료의 경제성과 유지관리의 용이성으로 가장 널리 사용되는 구법이다.

(4) 배근방식

콘크리트 단면 중에 철근을 배치하는 것을 **배근**(配筋)이라 하며 철근은 주로 **인장보강**이 목적이다. 따라서 부재응력의 인장측에 배치하는 것이 원칙이다. 단, 기둥과 보 등에 대해서는 수평하중에 대한 여력(余力)과 조립가공 시의 간편함을 고려하여 압축측에도 철근을 배치한다. 이렇게 축방향력과 휨모멘트를 부담하는 철근을 **주근**(main bar)이라 한다.

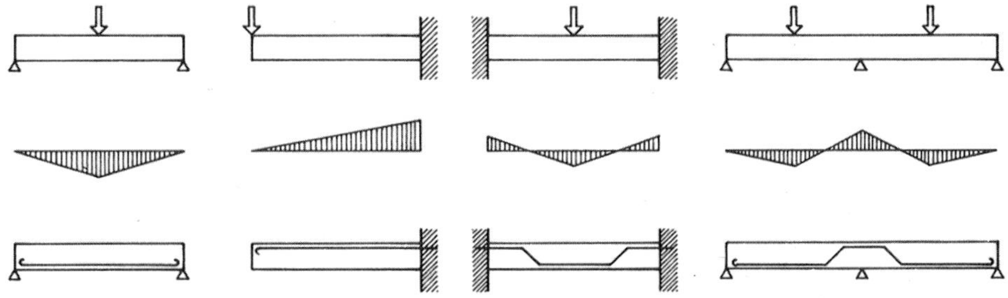

배근방법

(5) 구법의 종류

철근콘크리트조의 구법의 종류는 주로 구조방식에 따라 **라멘식**과 **벽식**이 있다. 그 외에도 특수한 것으로서 바닥구조로 **플랫슬래브**(flat slab), 지붕구조나 지붕과 벽이 일체화된 구조로서 **절판구조**와 **쉘**(shell)이 있다.

① **라멘식** : 기둥과 보, 슬래브로 구성되며 기둥과 보와의 접합부를 강하게 하여 수평하중을 처리하는 것으로 철근콘크리트조의 구법으로서는 가장 많이 사용한다. rigid frame이라고도 한다.

② **벽식**[6] : 기둥과 보가 없이 수평하중은 물론 연직하중도 내력벽으로 처리하는 방식으로 공동주택처럼 비교적 벽이 많고 평면형이 고정된 건축물에 적합하다.

③ **플랫슬래브** : 보를 사용하지 않고 바닥슬래브를 직접 기둥에 지지시킨 것.

④ **절판 및 쉘** : 지붕과 벽 등 면을 구성하는 3차원의 굽힌판과 곡면판으로 하여 면외 방향의 강성을 얻도록 한 것이다.

또 생산방식에 착안하면 **현장타설콘크리트**와 **프리캐스트 콘크리트**로 나누어진다. 전자는 현장에서 건축물의 형태에 따라 조립된 거푸집 속에 콘크리트를 타설하는 데 비해, 후자는 플랜트(plant)에서 타설해서 경화시킨 콘크리트 부재를 조립함에 따라 건축물을 구성하는 것으로, 공기상의 단점을 해소하기 위해 사용된다. 또 **프리스트레스트**(pre-stressed) **콘크리트**도 응용형의 하나라고 생각할 수 있다.

6) 최근에는 라멘구조의 기둥단면을 벽의 단면처럼 장방형으로 하여 횡력에 저항하도록 하는 벽식 라멘구조도 있다.

2. 1. 2 라멘 및 벽식구조

(1) 구법의 개요

일반적인 철근콘크리트 건축물은 **라멘구조**나 **벽식구조**로 이루어져 있다. 이 두 가지는 구조체에 작용하는 힘을 받는 부재구성을 달리한 것으로 기본적인 재료구성 및 원리에는 차이가 없다

라멘구조는 **기둥, 보, 바닥(지붕)슬래브**의 3가지를 기본 가구요소로 하는 것으로, 일반적으로 벽은 비내력구조로 공간을 구획하는 역할을 한다. 한편, **내진벽**은 경제상의 이유 또는 구조상의 여력을 높이는 등의 이유에서 병용하기도 한다.

수직부재로는 기둥만을 구조부재로 하기 때문에 평면구성이 자유롭고 일반적으로 **벽**이 구조부재로의 역할을 하지 않고 평면을 분할하는 역할만 담당하기 때문에, 벽의 위치가 고정화되지 않아 평면을 재구성하는 등의 **가변성**(可變性)이 뛰어나다.

아울러 외벽의 경우 커튼월(비내력벽)로 구성할 수 있기 때문에 다양한 재료 및 외관으로 할 수 있다는 장점을 가지고 있다. 중층의 사무소건물과 학교 건축물 등에 많이 사용하고, 최근에는 **리모델링 대응형** 건축물에 대한 관심이 높아지면서 아파트 등의 주거건축물에도 확대 사용되는 추세이다.

벽식구조는 주요한 구조를 기둥과 보 대신에 그것을 벽으로서 동화시킨 **내력벽**과 **바닥**만으로 구성하는 것이다. 벽식구조는 고층 아파트와 같은 주거건축에서 사용되는 일이 많은데 그 이유로 다음과 같은 점을 들 수 있다.

① 주택에서는 어느 정도의 간격으로 벽이 많이 들어 있다.
② 벽과 구조체가 겸용될 수 있어 경제적이다.
③ 보가 없으므로 천장처리가 간단하다.
④ 내진, 내화적으로 우수하다.

그러나 구조계산이 어렵고 평면형이 고정될 뿐 아니라 거푸집공사가 많다는 단점이 있다. 평면형이 장방형과 현저하게 다른 부정형(不定形)의 건축물이거나 적재하중(積載荷重)이 주택에 비해 현저히 큰 건축물에서는 적용될 수 없다.

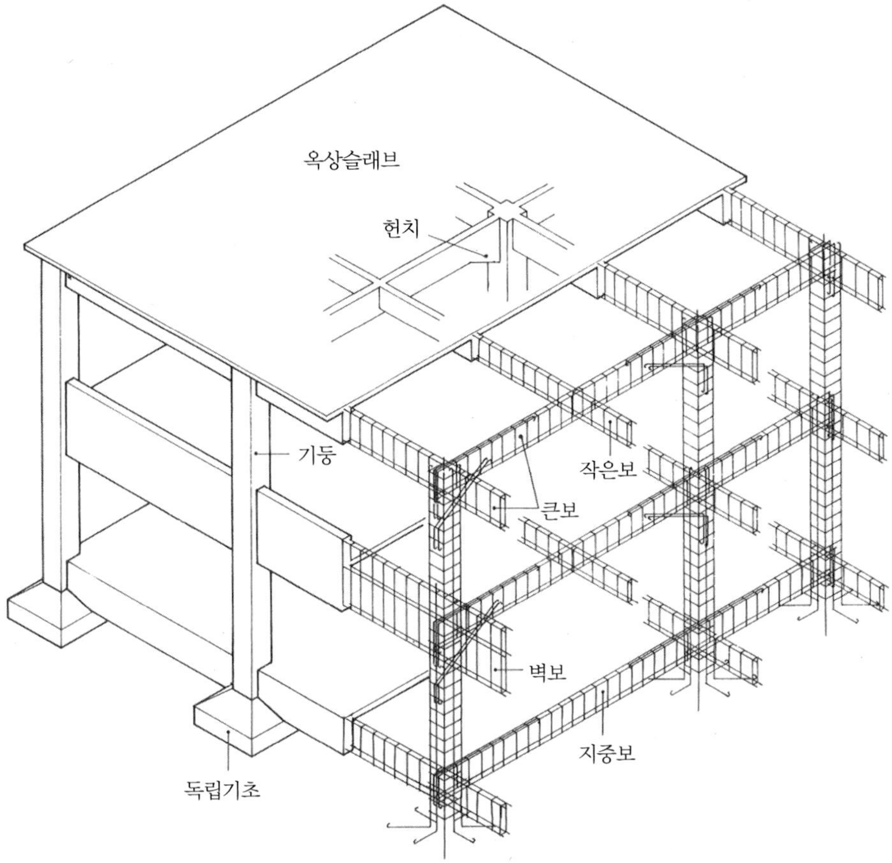

라멘구조

(2) 보(girder, beam)

보의 인장응력은 중앙에서는 언제나 아래쪽에 생기고 단부에서는 위쪽에 생기는데 수평하중의 방향에 따라 아래쪽에 생기기도 한다. 배근시 이 인장응력의 변화에 따라 중앙부의 하부근 일부를 **반곡점**(反曲点)이라 부르는 간사이의 1/4부근에서 구부려 단부에서는 상부근으로 하는데, 이것을 **절곡근**(折曲筋: bent up bar)이라 부른다.

이외에 보에는 **늑근**(肋筋: stirrup)이라 부르는 **전단보강근**(剪斷補强筋)을 넣는다. 보 임의의 정방형 단면 ABCD에는 연직방향으로 P/2의 전단응력이 생기고 수평방향에도 이것과 저항하는 P/2의 전단응력이 작용한다. 이러한 합력을 생각하면 ABCD에는 그림 (b)에서와 같이 정방형을 평행사변형으로 하려는 응력이 생기게 된다. 그 결과 압축력(에 의한 휨좌굴)에 약한 부재에는 그림 (c)와 같은 파괴가, 인장력에 약한 부재에는 그림 (d)와 같은 파괴가 일어나기 쉬워진다.

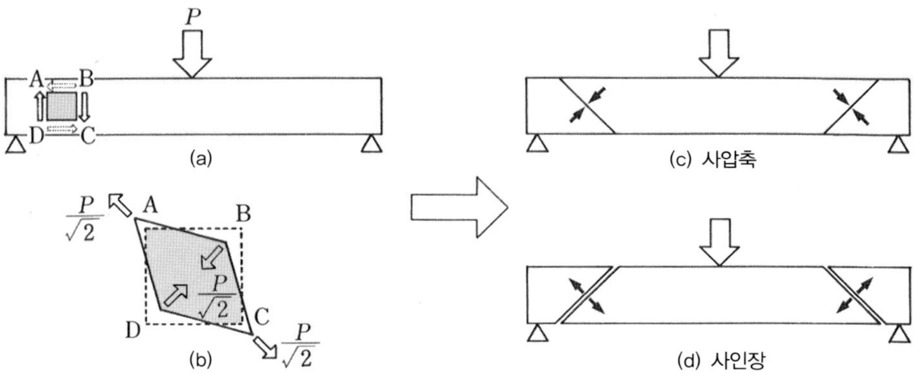

전단파괴의 원리

부재의 형상, 재료의 성질을 생각해 보면 철골조에는 **사압축**(斜壓縮)에 의한 파괴가 일어날 가능성이 있는데(**stiffener**를 설치해 대응한다) 비해, 철근콘크리트조에서는 **사인장**(斜引張)에 의한 파괴가 일어나기 쉬워 늑근을 설치해서 대응하고 있는 셈이다. 보의 단면형상은 일반적으로 거의 세로로 긴 장방형이다.

철근콘크리트조의 경우 구조계산을 하기 위해서는 미리 기둥, 보의 단면을 가정하여 둘 필요가 있는데 단면의 크기로서 6, 7층 정도 건축물의 1층 보는 간사이를 6~8m로 전제할 때 높이가 간사이의 1/8~1/10, 폭이 높이의 1/2이 일반적이다. 응력이 작은 최상층 및 저층의 보의 경우는 높이가 1/10~1/12, 폭이 높이의 1/2 정도면 된다.

건축물의 외주에 있는 보의 경우 상층의 징두리벽과 하층의 상부 벽을 일체로 하여 강성(剛性)을 높이는 경우가 있는데, 이를 **벽보**(wall girder)라 한다. 벽보의 경우는 구조상 개구부와의 관계에서 보 높이가 결정되는 경우가 많고 높이 1,200㎜ 전후, 폭 200~400㎜가 일반적이다.

보의 응력은 일반적으로 기둥과 접합부 부근에서 커지는데 단부의 응력에 맞는 단면으로 보 전체를 설계하게 되면 매우 비경제적이다. 이러한 경우 **헌치**(haunch)를 붙여 단면을 조절하게 된다. 수평방향의 것은 수평헌치라 한다.

(3) 기둥(column)

기둥이란 **축방향**으로 **압축력**을 받는 부재이다. 따라서 단면형상으로서는 대칭형인 정방형, 장방형, 원형이 압도적으로 많고 주근도 중심축에 대해 대칭으로 배치한다.

보의 늑근에 해당하는 것으로서 기둥에는 **대근**(帶筋: hoop)을 넣는다. 대근은 전단에 의한 균열을 방지하는 역할 외에 주근의 **좌굴**(座屈: buckling)을 막고 콘크리트가 부풀지 않게 하고 점성을 확보해주는 역할도 한다. 하나씩 대근을 가공하는 대신 하나의 철근을 나선상으로 연속하여 형성하는 방법[7]도 있다.

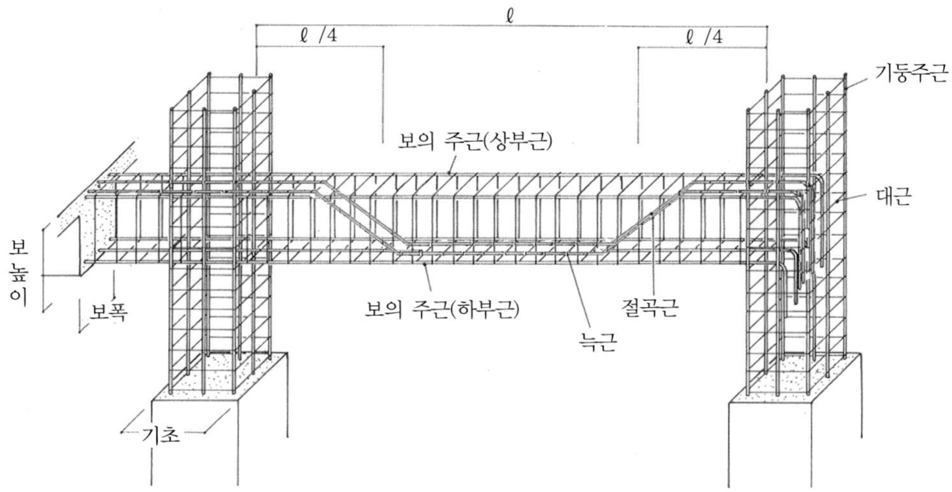

기둥과 보의 배근

(4) 바닥(slab)

라멘식에서 벽은 전혀 없어도 성립하나 바닥은 빼놓을 수 없는 구조요소로 단지 수직하중으로서의 적재물을 지지할 뿐만 아니라 수평하중을 기둥, 보의 라멘부재에 분배하는 중대한 역할을 맡고 있다. 보통 바닥은 4변을 보로 고정시킨다.

바닥의 배근은 X, Y 각각의 방향에 대해 높이가 낮은 보와 같이 배치하면 된다. 이때 단변방향(短辺方向)의 철근을 **주근**(主筋), 장변방향(長辺方向)의 철근을 **배력근**(配力筋: distributing bar), 또는 **부근**(副筋), **온도철근**(溫度鐵筋: temperature bar)이라 하여 구별한다.

7) 나선철근(spiral hoop)이라고 함.

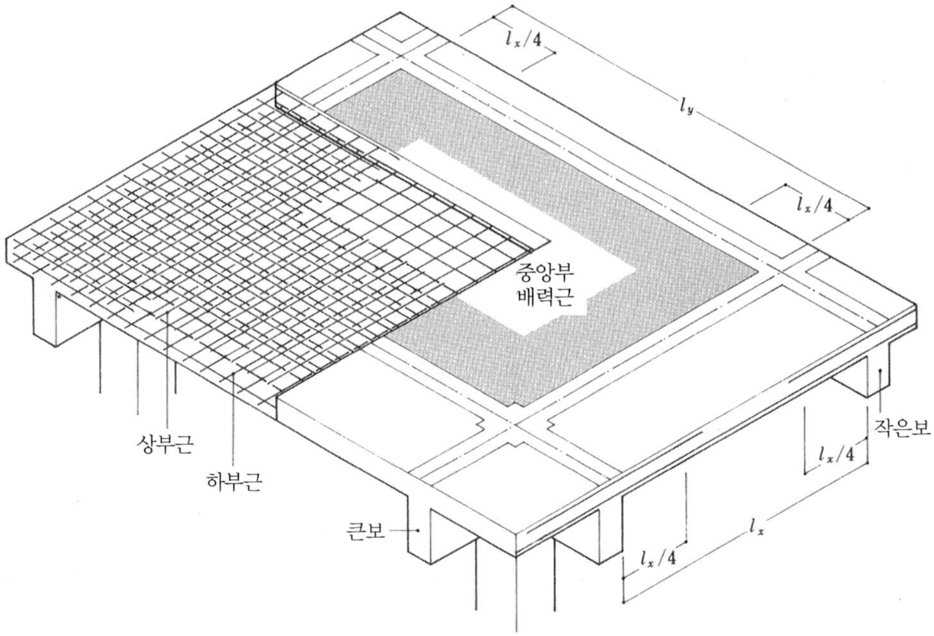

슬래브배근

이렇게 X, Y의 양방향으로 힘을 전달시키는 바닥방식을 **2방향**(two-way)**슬래브**라고 하고, 양방향에서 보가 걸쳐진 듯한 배근방식을 한다. 한편, 스팬의 길이가 커지면 작은 보(beam)를 중간에 둔다.

장변의 길이가 단변길이의 배(倍)를 넘는 경우에는 **1방향**(one-way)**슬래브**라 하여 마치 보가 일방향으로 걸쳐진 것과 같이 단변방향의 스팬을 휨부재로 설계한다. 따라서 **주근**을 단변방향으로 평행하게 배치하고 장변방향으로는 **배력근**을 배치한다.

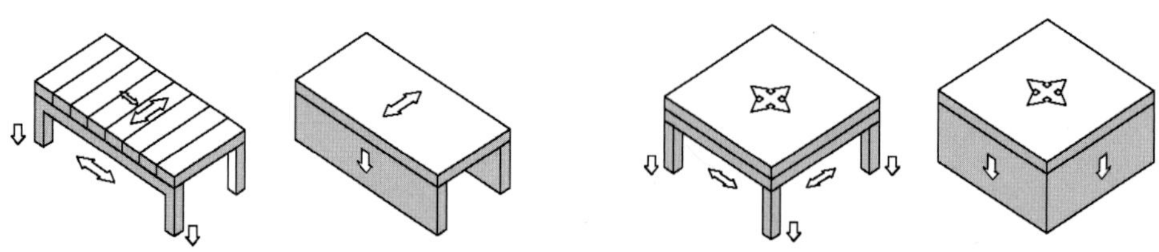

1방향슬래브 2방향슬래브

이상 기술한 표준적인 평평한 바닥 외에 라멘식의 바닥의 형식으로는 작은 보를 내포한 것과 같은 형식이 있다. 이 중에서 **중공슬래브**(void slab)와 **장선슬래브**(joist slab)는 작은 보가 일방향으로 여러 개가 나란히 있는 것과 같고, 또 **와플슬래브**(waffle slab)는 작은 보가 격자상(格子狀)으로 배치된 것과 같다. 이러한 바닥형식은 간사이가 긴, 큰 공간을 목적으로 사용하는 일이 많다. 이외의 특수한 바닥의 예로는 **역(逆)슬래브**가 있다.

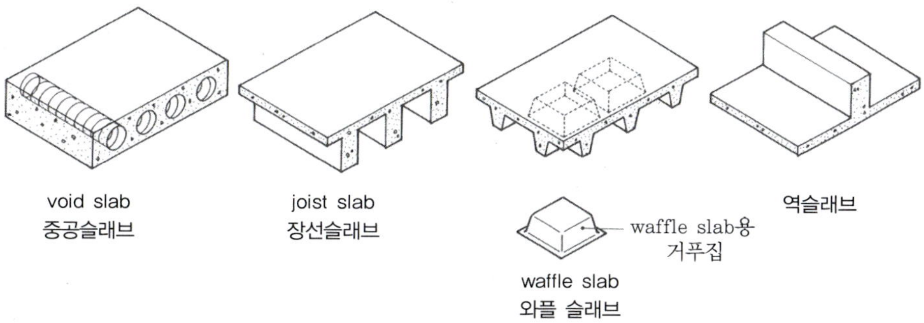

특수슬래브의 종류

역슬래브는 보 밑에 맞추어 바닥을 배치하는 형식을 취하는 것으로 바닥 위에 배관이 많을 경우에 사용되며, 일반 건축물에서 배수관 등을 하층 바닥판에 매다는 방식을 취하나, 이에 따라 유지보수 시에 아래층에서 공사를 해야 하는 문제점을 없애기 위해 **상상배관**(上床配管)**방식**을 시도하고 있는데, 이때의 바닥구조에 적합하다. 보를 중심으로 보면 보가 슬래브 위에 가서 붙은 형태이므로 **역보**[8]라고도 한다. 역슬래브의 경우는 천장을 만들지 않고 직접 마감하는 경우가 많다.

와플슬래브

8) 주호별 리모델링이 용이하도록 설비배관을 바닥판 위에 설치할 때 이용한다.

(5) 벽

벽은 크게 **내력벽**과 **장막벽**으로 나뉘어진다. **내력벽**(bearing wall)은 연직하중과 수평하중에 저항시킬 목적으로 만들어진 것을 말하고 **벽식구조**에 사용되는 벽은 이 내력벽구조이다. 특별히 수평하중에만 저항하는 것은 지진에 견딜 수 있게 한다는 의미에서 **내진벽**(shear wall)이라 한다.

벽체의 배근은 종횡의 격자상으로 조립한 철근을 벽두께에 따라 한 줄 혹은 두 줄로 배치한다. 전자를 **단근벽**, 후자를 **복근벽**이라 하며, 개구부가 있는 경우에는 개구부 주위는 물론 모서리에 경사방향으로 보강근을 배치한다.

장막벽은 비내력벽(non-bearing wall)으로 **커튼월**(curtain wall)이라고도 불리며 건축물 전체에 대한 구조요소가 아닌 자기 자신을 유지하는 정도의 내력만 갖춘 것을 말한다.

벽식구조 아파트의 시공상황

2. 1. 3 플랫슬래브구조

보를 사용하지 않는 슬래브구조로써 **플랫슬래브**(flat slab)가 있다. 플랫슬래브는 mushroom construction, **무량판**(無梁板)**구조**라고도 하고, 기둥과 슬래브만을 구조요소로 한 외형적으로는 매우 단순명쾌한 구조시스템이다. 그러나 수평하중의 처리, 기둥과 슬래브접합부의 **연성문제** 등 어려운 점도 있다.

플랫슬래브구조는 보가 없으므로 배관 · 덕트(duct) 등의 설치가 용이하고 층고를 낮게 할 수가 있으며 거푸집공사가 용이한 점 등이 이점이다. 특히 층고를 낮출 수 있다는 것은 동일 용적률 안에서의 세대수를 늘릴 수 있다는 경제적 장점이 있어, 최근 초고층 아파트에서 적용이 증가하고 있다.

플랫슬래브구조의 아파트 시공 사례

일반적인 플랫슬래브의 기둥 상단부에는 **뚫림전단**(punching shear)에 대비하기 위해 **주두**(capital)나 **지지판**(drop panel)을 두는데 지지판이 없는 것은 **플랫플레이트**(flat plate)라 한다.

플랫슬래브의 배근방법은 2방향 배근(two-way system), 3방향 배근(three-way system), 4방향 배근(four-way system) 등이 있으나, 주로 **2방향 배근**과 **4방향 배근**이 사용된다.

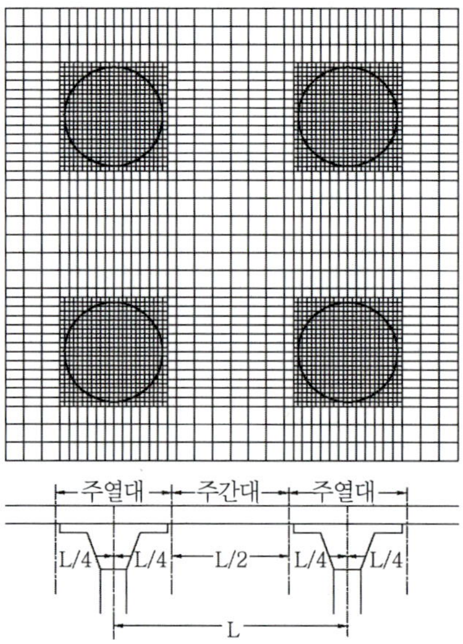

(a) 2방향 배근

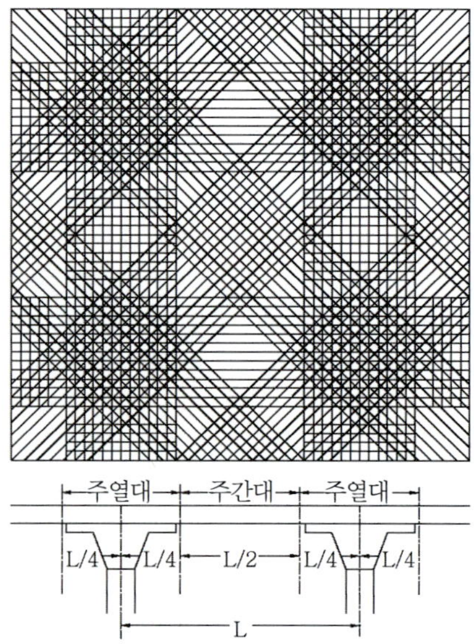

(b) 4방향 배근

플랫슬래브의 배근방법

각추형 드롭패널의 플랫슬래브

각형 드롭패널의 플랫슬래브

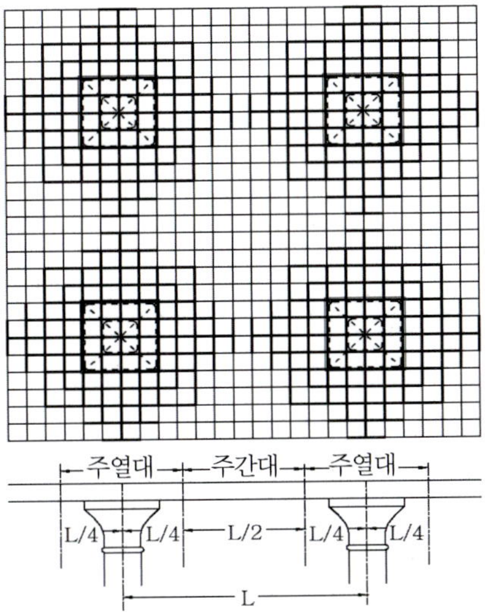

(a) 2방향 배근
Maillart system

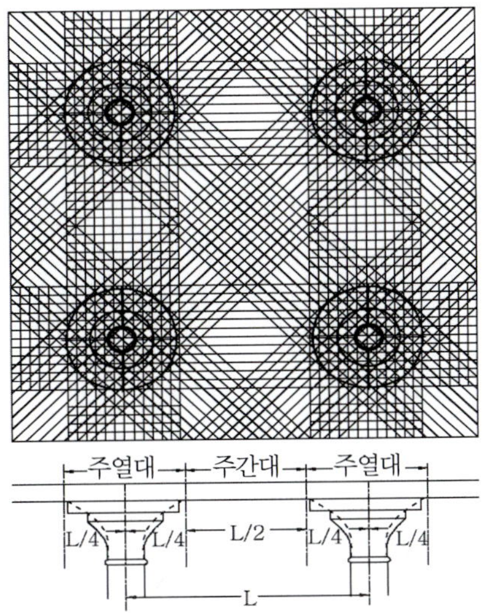

(b) 4방향 배근
Turner system

초기형태의 플랫슬래브 배근 (참고문헌 20)

Robert Maillart, Filter building, Rorschach, 1912 (참고문헌 20)

2. 1. 4 절판구조 및 쉘구조

(1) 절판(Folded Plate)

절판구조(折板構造)는 종이접기의 형태로 경사진 판을 골의 형태로 연속시켜 쉘구조처럼 형태상의 강성을 이용한 구조시스템이다. 일종의 평면판으로 된 쉘(Folded Plate Shell)이라고 볼 수도 있다. **면내강성**(面內剛性)이 요구되므로 대부분 철근콘크리트구조로 만들어진다.

철근콘크리트에 의한 절판구조의 장점은 다음과 같다.

① 휨강성을 얻기 쉽다.
② 평면판으로 구성되기 때문에 거푸집공사가 용이하다.
③ 능선부나 지지부의 처리가 간단하다.
④ 내화성이 뛰어나다.

한편, 스팬에 대한 골의 높이가 1/10 정도는 되어야 하므로 지붕의 표면적이 늘어나서 자중을 가볍게 하기 어렵다. 따라서 30m 정도의 스팬으로 하면 경제적이다. 큰 스팬의 경우에는 프리스트레스를 주는 경우가 많고, 이는 균열방지의 효과도 있다.

절판구조는 접은 골의 방향과 힘의 흐름의 차이에 의해 다음과 같이 3가지로 분류할 수 있다.(참고문헌 13, 14)

① 1방향 절판 : 장방형 또는 삼각형의 면을 단위로 하는 골판형의 절판
② 방사형 절판 : 삼각형의 단위면이 중심에서부터 방사형으로 연속면을 이룬 절판
③ 각추형 절판 : 삼각형이나 사다리꼴 모양의 면이 피라미드형으로 모인 절판

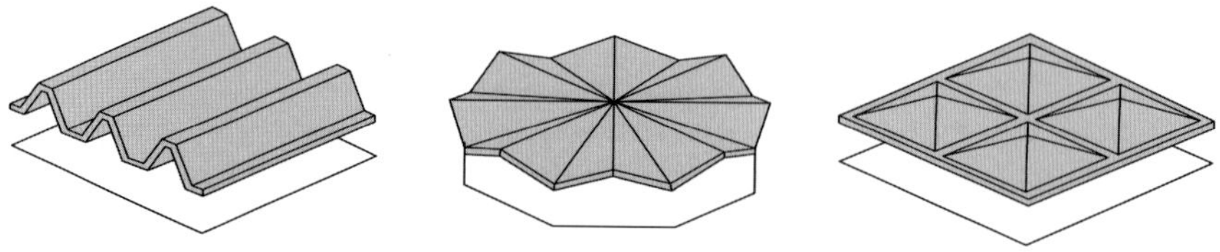

1방향 절판 방사형 절판 각추형 절판

절판구조의 종류

Pier Luigi Nervi 외, UNESCO Auditorium, Paris, 1958 (사진: Nicolas Janberg)

Pier Luigi Nervi 외, Termini Station, Rome (사진: Nicolas Janberg)

(2) 쉘(Shell)

쉘구조란 얇은 곡면판을 사용한 구조에 의한 것으로 하중을 주로 휨모멘트에 의하지 않고 면내응력에 의해 처리하는 방식을 취한다. 그 결과 큰 간사이의 공간을 씌우는 지붕 등, 강도에 비해서 가벼워야 하는 곳에 이용되는 일이 많다.

앞에서 기술한 바와 같이 철근콘크리트구조를 고안한 Monier는 콘크리트 평판이나 아치교량의 특허도 냈고, 이의 발전된 형태로 스테른의 시멘트산업전(1888년)에 스팬 40m, 폭 1m의 **Monier식 아치교량**을 출품하였는데 이것은 철근콘크리트의 얇은 판으로 합리적으로 만들어졌다. 이와 함께 **판(板)이론**이 역학적으로 연구되면서 철근콘크리트의 얇은 판부재의 시도가 **절판구조**나 **박판(薄板)쉘구조**의 모태가 되었다.

또한 1920년대에 들어와서 그전까지 철근콘크리트구조를 조적조의 연장으로 생각해왔다가 철근콘크리트의 특성을 이해하고 **평면판**이나 **곡면판**으로의 가능성을 추구한 구조기술자들이 나타나기 시작했다. 그중 유명한 기술자가 플랫슬래브를 설계한 스위스의 Robert Maillart(1872~1940)이다. 그는 수많은 아치교량을 남겼을 뿐 아니라 스위스박람회(1939)에서 스팬 약 20m, 두께 6㎝의 **시멘트관**을 건설해 쉘구조의 큰 획을 그었다.

Robert Maillart, Cement Hall, Zurich, 1939 (참고문헌 20)

대표적인 쉘을 그 곡면의 형상원리를 토대로 하여 4가지로 분류할 수 있다. 대표적인 형식의 쉘에 대해서는 이미 많은 해석연구가 있으나 수평하중의 처리, 지지방법, 기초에의 힘의 전달 등 충분히 해명되지 않은 부분도 많다. 또 얇은 두께의 구조인 만큼 균열에 의한 녹의 발생, 그리고 균열의 확대가 반복되어 대참사를 초래할 위험이 있어 뒤에 설명하는 **프리스트레스**(pre-stress)를 이용하는 방법도 시도되고 있다.

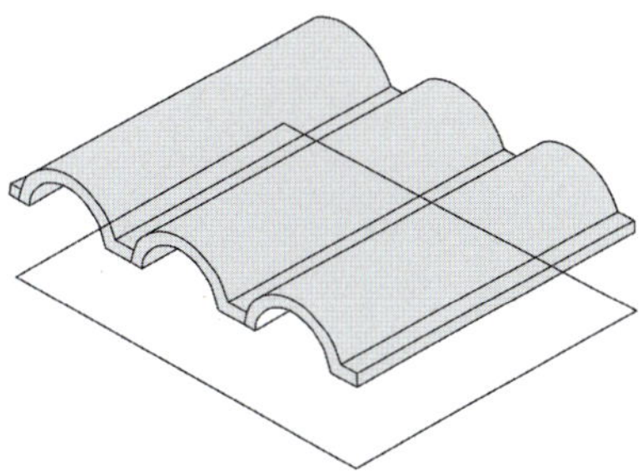

장반원통(長半圓筒, long barrel)형

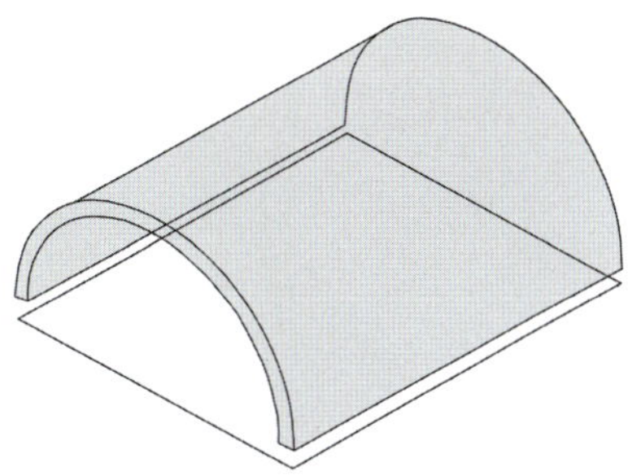

단반원통(短半圓筒, short barrel)형

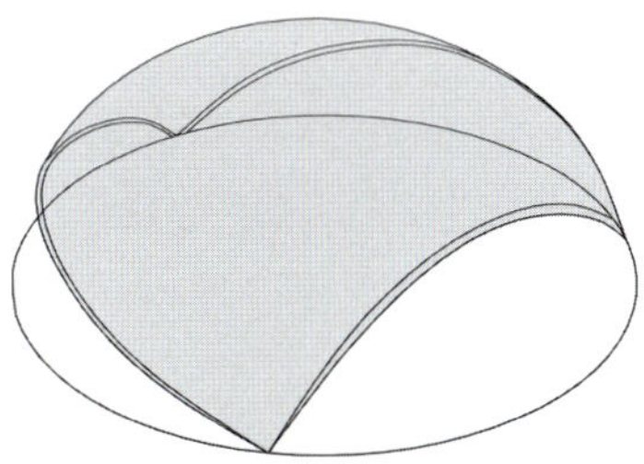

반구(半球, dome)형

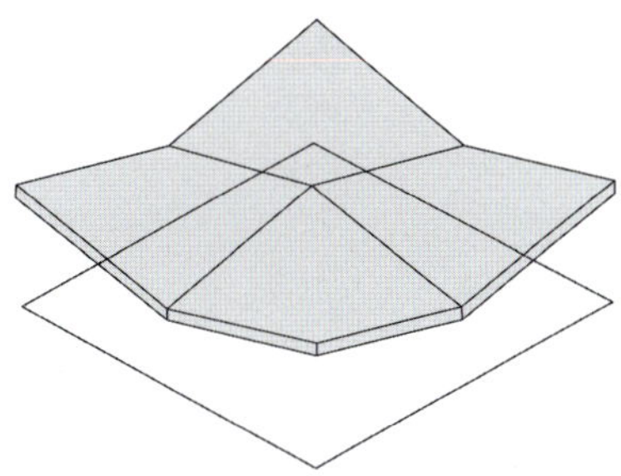

안장(hyperbolic paraboloid)형

쉘구조의 종류 (참고문헌 13, 14)

Jorn Utzon 외, Sydney Opera House, 1973

Eugene Freyssinet, Airship Hanger, Orly, 1916 (참고문헌 3)

Pier Luigi Nervi 외, Little Sports Palace, Rome, 1957 (사진: Nicolas Janberg)

2. 1. 5 프리캐스트 콘크리트(Precast Concrete)조

(1) 구법의 개요

일반적인 철근콘크리트구조는 무른 상태의 콘크리트를 현장에서 타설하여 경화시키는 과정을 거치는 이른바 **습식공법**(濕式工法)이다. 습식공법은 현장에서 많은 작업과 공기를 필요로 한다. 이러한 단점을 해소하고자 벽과 바닥 등의 부재를 공장에서 생산해서 현장에서 조립하기만 하는 건축물을 **프리캐스트 콘크리트조**(이하 PC[9] **조**)라 한다.

일찍이 바우하우스(Bauhaus)운동의 주축이 된 Walter Gropius(1883 ~1969)는 새로운 건축재료와 기술을 추구하고 주택의 공장생산화를 의도하여 **건식조립공법**(乾式組立工法: Trocken Montage Bau)을 제안하였다. PC조는 이 개념에 부응한 하나의 형태로 **공업화주택**(工業化住宅) 등에 다양하게 응용되고 있다.

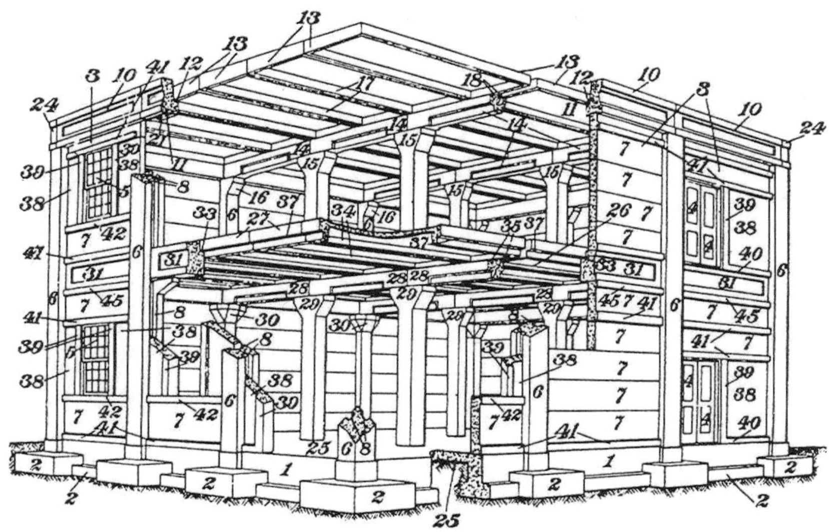

PC에 의한 Conzelman system의 특허도, 1912 (참고문헌 19)

PC조는 기후에 좌우되지 않는 부재생산, 현장작업의 기계화, 품질의 안정, 노무량의 삭감 등의 이점을 갖고 있다. 그러나 설계, 부재제작, 시공의 일관된 시스템이 요구되고 부재제작을 위한 공장시설이 요구될 뿐 아니라, 이를 가동하기 위한 충분한 수요량이 확보되어야 한다는 경제적 문제가 있고, 건축물의 형태가 어느 정도 한정지어진다는 디자인상의 단점뿐 아니라 구조적인 일체화가 안 된다는 단점도 있다.

9) 후술하는 프리스트레스트 콘크리트(Pre-stressed Concrete)와 구별하기 위해 PCa라고도 기재한다.

우리나라에서는 일본과 프랑스 등에서 기술이 도입되어 아파트, 공장 등에 적용되었으나 전술한 문제점들에 의해 크게 활성화되지 못하고, 2002년에 월드컵경기장 건설특수로 **공기단축**의 수단으로 스탠드 제작에 많이 적용된 정도이다.

PC조로서는 벽식구조의 바닥과 벽을 PC부재로 대치한 형식의 **벽식 PC조**, 강재와 콘크리트로 이미 만들어 놓은 기둥, 보, 벽판, 바닥판, 가새 등을 현장에서 조립해 나가는 형식의 **라멘식** PC조가 대표적이다.

(2) 제조법의 개요

PC조의 주요한 부재는 공장에서 생산된다. 바닥과 벽 등의 패널(panel)을 생산하는 거푸집(mold)의 설치방식에는 수평으로 설치하고 콘크리트를 타설하는 **플랫**(flat)**형**과 연직으로 나란히 설치, 타설하는 **배터리**(battery)**형**의 2종류가 있다. 설치비 등은 전자 쪽이 높지만 작업이 용이하고 후자는 설치효율과 평활도 면에서 우수하다.

플랫형

배터리형

PC공장은 이러한 거푸집 외에는 증기양생의 설비가 필요한 정도로 극히 간단한 것이다. 한편, 운반은 트럭에 의한 경우가 거의 대부분인데 중량이 큰 만큼 중요하다.

큰 건설현장의 경우에는 **현장 프리패브**(site prefab)라 하여 부지 및 그 주위에 PC공장을 가설하고 부재를 생산하는 방식을 취하는 경우도 있다. PC판을 달아매는 데에는 크레인을 사용하는데, 판을 달아맬 때와 운반 시에 최대응력이 생기는 경우가 많아 판의 설계시 충분히 검토해 둘 필요가 있다.

(3) 벽식 PC[10]조

기본적으로는 현장타설에 의한 것과 동일한 부재가 공장에서 생산되므로 다음과 같은 이점이 있다.

① 콘크리트 밀실한 충전
② 콘크리트의 충분한 양생
③ 철근의 정확한 배치

접합부에 대해서는 공법상, 패널에 매입된 철근과 철근을 접합하고 그라우트나 콘크리트를 타설하는 방법(wet joint)과, 패널단부에 매입된 강판과 강판을 용접으로 접합하고 조인트 콘크리트로 채우는 방법(dry joint)으로 나누어진다. 전자는 힘의 분산이 이루어져 좋으나 그만큼 접합개소가 많게 되고 시공품질에 의해 결과가 좌우되기 쉽다는 등의 문제점이 있다. 반대로 후자는 시공의 신뢰성이 높고 접합개소는 적어도 되나 힘을 집중적으로 처리할 필요가 생긴다.

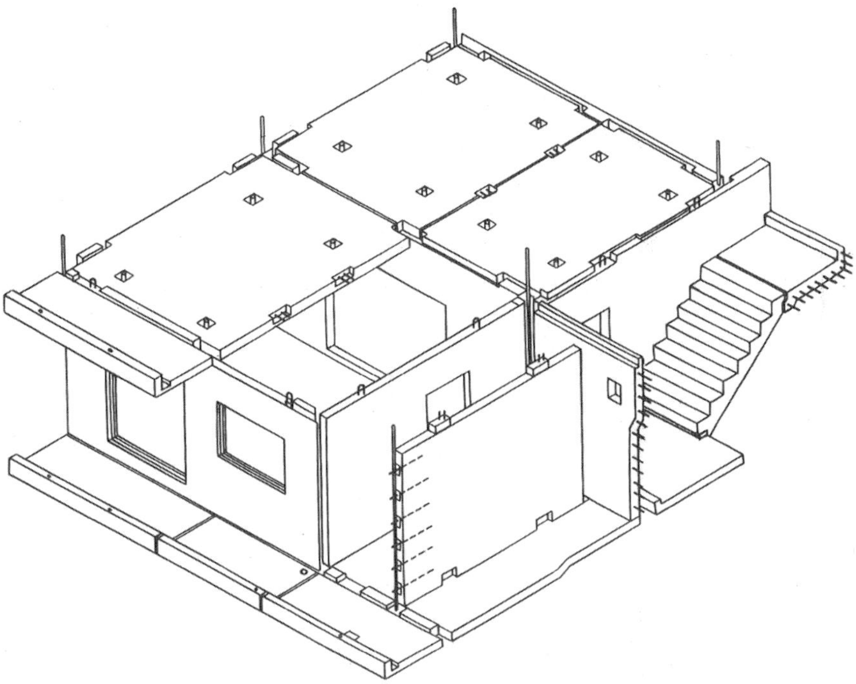

벽식 PC조 (참고문헌 10)

10) WPC라고 부르기도 한다. 또한 패널이 큰 경우에는 대형패널구법이라 한다.

(4) 라멘식 PC조

라멘식 PC[11]조란 벽식 PC구조가 벽판, 슬래브판 등을 조립해서 건물을 형성하는데 비해, 라멘골조에서 사용하는 **기둥**과 **보** 부재를 **PC화**해서 조립하는 구조를 일컫는다. PC부재는 일반적으로 철근콘크리트구조체이지만 부재간의 접합을 용이하게 하기 위해 철골을 매입한 부재를 사용하기도 한다.

벽식 PC구조가 횡력에 대해 약하기 때문에 고층화시키기 어려운 점을 개선하기 위해 개발된 방식이다. 그러나 기둥과 보 이외의 부재를 전부 PC화하는 것은 어려워 현장타설 콘크리트를 적절히 혼합하여 사용한다. 따라서 구조시스템으로 보면 후술하는 **부분PC구조**형태를 하는 것이 많다.

한편 부재의 절점을 두는 방법에는 두 가지가 있는데, 하나는 기둥과 보를 각각 단일부재로 형성시켜 보 부재를 기둥머리부에 얹는 방식과 기둥과 보의 중간부분을 절점으로 하여 十자형태의 PC부재를 만들어 각기 기둥 중간 및 보 중간에서 연결하는 방식이 있다. 전자를 **단일부재방식**, 후자를 **복합부재방식**이라고 하는데 복합부재방식과 **입체부재방식**은 형태상 **칼럼트리**(column tree)방식이라 부르기도 한다.

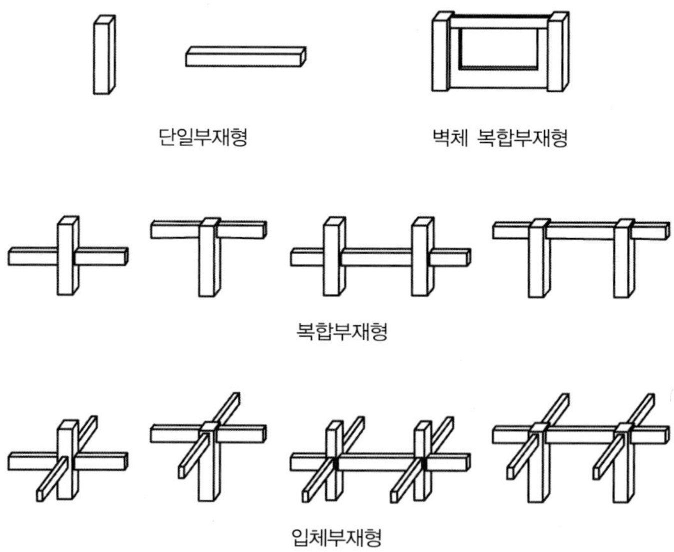

라멘식 PC조의 부재 (참고문헌 16)

11) RPC라고 부르기도 한다. 한편, 기둥부재를 장방형단면으로 해서 벽처럼 한 벽식 라멘구조일 때에는 WRPC라 부른다.

부재제작 측면에서 보면 전자의 경우가 쉽고 시공도 간편한 편인데, 후자의 경우는 제작이나 시공이 어렵지만 구조상 취약한 기둥과 보의 접합부를 사전에 일체화했다는 장점이 있다. 양자 모두 접합부분에 있어서는 콘크리트를 타설하여 일체화하는 방법을 쓰는데, 특히 후자의 경우에는 부재간의 접합위치를 크게 해서 현장타설 콘크리트로 완전히 일체화시키는 방법을 쓴다.

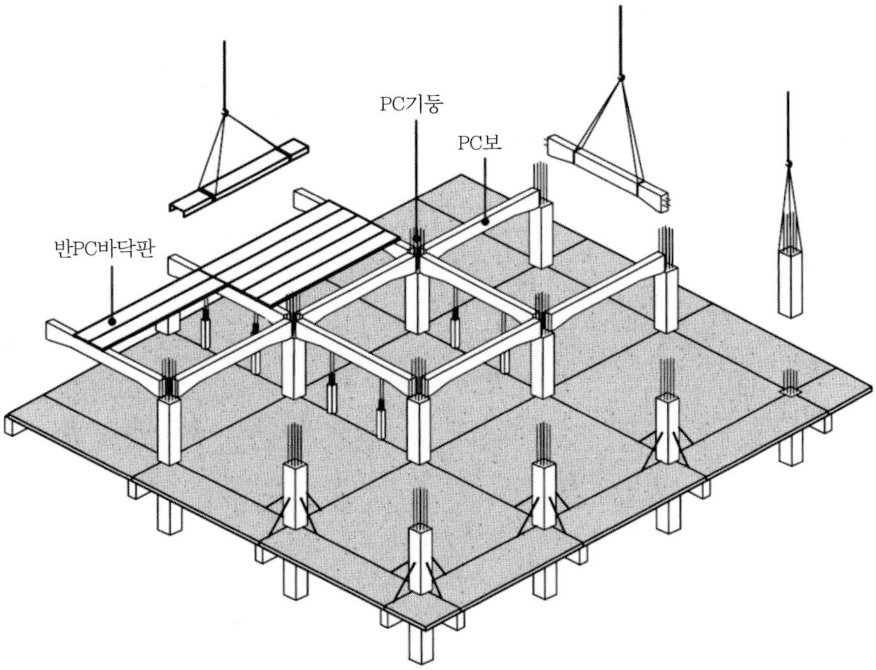

라멘식 PC조의 예

(5) 부분PC조

PC구조는 생산성 및 시공성 측면에서 매우 큰 장점을 가지고 있지만 접합부의 강성이 일체식구조인 현장타설 콘크리트조에 비해 부족하다는 구조적인 취약점을 가지고 있다. 따라서 양자의 장점을 취하여 전체를 PC로 하는 것이 아니라, 현장타설 콘크리트와 혼합하여 사용함으로써 전체적으로 일체화시킨 것을 **부분PC조**라 한다.

부분PC구조는 크게 두 가지로 분류할 수 있어, 전체 구조시스템 내에서 일부 부위를 PC부재로 하는 경우와 한 부위에 대해서 부분적인 PC를 사용하는 2가지 방식이 있다. 전자의 경우는 전체구조는 철근콘크리트구조나 철골구조로 하고 PC부재의 장점을 살릴 수 있는 부분은 PC부재를 혼합해서 사용하는 방법으로, 철근이나 거푸집 작업이 어려운 보, 슬래브, 계단 등을 공장생산해서 조립하는 방법이다. 이론적으로는 다양한 조합이 가능하게 되는데 이 방법을 다른 구법과 구분하는 뜻에서 **복합화구법**[12]이라 부르고, 단일 구조시스템에 비해 종합적인 시각에서의 장점을 가진다.

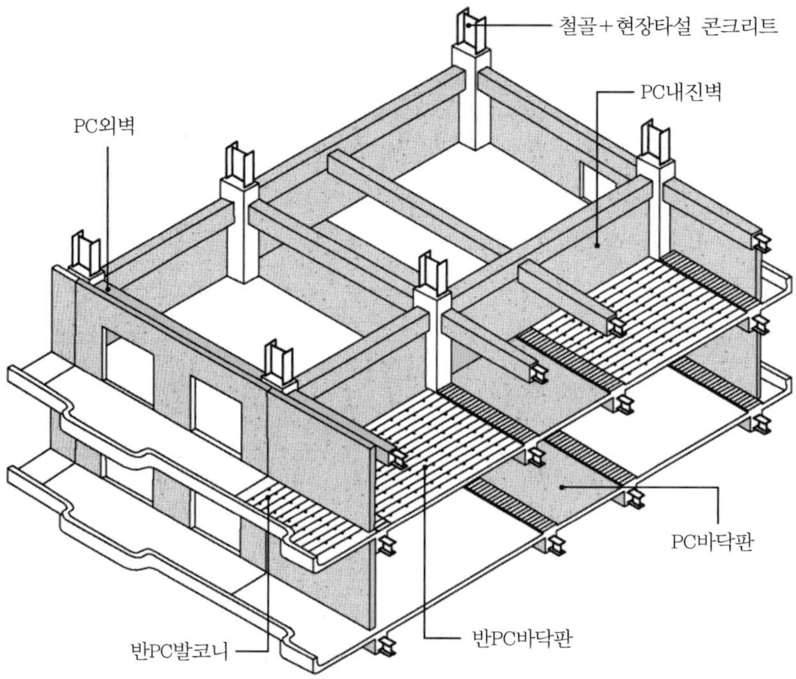

복합화구법의 예

후자의 사례로는 보나 슬래브에 있어서 부재의 하부 반(半)을 PC부재로 하고 상부의 반 두께를 철근콘크리트로 합성(合成)한다. 이때의 PC부재를 **반PC**(half PC)라 부르고 상부 콘크리트를 **덧침콘크리트**(topping concrete)라 부른다. 이 덧침콘크리트에 의해 구조적인 약점인 접합부가 일체화되므로 구조적 성능이 단일 PC구조보다 우수하게 된다. 또한 PC부재의 살두께를 보다 얇게 하여 구조적인 강도는 기대하지 않고 순수하게 **버림거푸집**[13]으로만 사용하는 경우도 있는데, 이것을 **박판**(薄板)**PC구법**이라 한다. 보나 벽에 적용되며 거푸집공사를 생략할 수 있을 뿐 아니라 PC면을 그대로 마감면으로 쓸 수 있다는 장점이 있다.

12) H형강을 이용한 철골조에 PC부재를 혼합사용한 것을 일본에서는 HPC공법이라 한다.

13) 시공 시에는 거푸집 역할을 하되 해체하지 않고 구조체와 일체가 되도록 남겨두는 것. 비탈형(非脫型)거푸집이라고도 한다. 철근배근 및 콘크리트 타설 시에 작업발판의 역할도 한다.

이들 방법은 비교적 최근에 개발된 구법으로 하나의 구조부위에 2종의 구조재료가 합성되는 형태이므로 **합성구조** 또는 **합성구법**이라 부른다. 이러한 합성구조에는 PC만 사용되는 것이 아니라 **데크플레이트**(deck plate)와 같은 강판도 이용된다. 고층건물의 공사에 있어서는 어떤 형태이든지 생산성을 목적으로 하여 합성화된 구법을 사용하고 있다.

PC판을 이용한 조립바닥구법은 다음과 같은 것이 있다.

① 중공 슬래브
② 평판 및 ㄱ, T, ㄷ형의 판
③ 여러 형상의 판의 조합
④ 하부철근을 매입한 버림거푸집과 판의 조합

이러한 조립바닥은 건축물의 주요한 구조부분으로서 인접하는 바닥과 벽을 긴결시켜 일체적으로 작용하도록 할 필요가 있다.

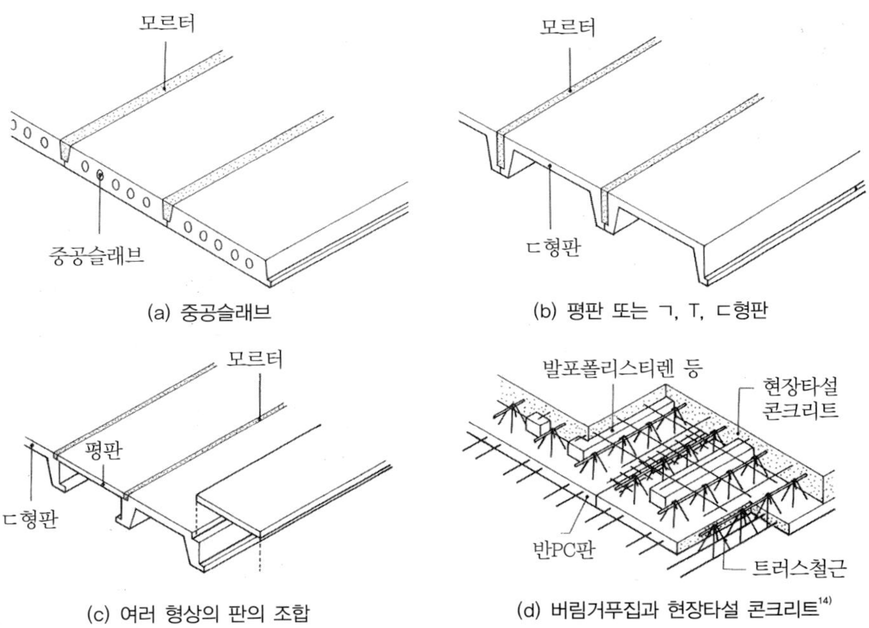

(a) 중공슬래브
(b) 평판 또는 ㄱ, T, ㄷ형판
(c) 여러 형상의 판의 조합
(d) 버림거푸집과 현장타설 콘크리트[14]

PC조립바닥구법

14) 발포폴리스티렌 등의 경량재를 넣는 것은 이것이 중공부와 같은 역할을 하므로 중공슬래브의 형태로 긴 스팬에 대응할 수 있게 하기 위함이다.

2. 1. 6 프리스트레스트(Pre-stressed) 콘크리트조

(1) 구법의 원리

프리스트레스구조의 원리는 철근콘크리트구조에서 철의 인장력을 적극적으로 사용하는 방법의 하나로, 1811년에 Thomas Pope가 블록을 옆으로 나열시키고 이것에 철봉을 통과시켜 양단에서 단단히 잡아줌으로써 보를 형성하는 방법을 제안하였는데, 이것을 프리스트레스구조의 원형으로 볼 수 있다. 이후에 이를 응용한 개념으로 Eugene Freyssinet(1879~1962)가 1928년에 프리스트레스트 콘크리트의 특허를 취득하고 장스팬 구조물에 적용시킴으로써 근대 건축기술에 큰 공헌을 하여 프리스트레스트 콘크리트의 아버지라 불리고 있다.

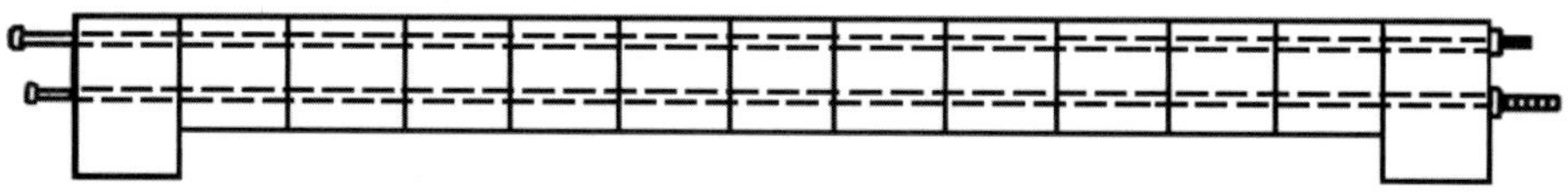

Thomas Pope의 블록보 (참고문헌 19)

통상 보는 하중에 의해 그림과 같이 단면상에서 상측이 압축, 하측이 인장으로 된다. 그런데 그림(b)와 같이 하측을 미리 압축시켜 두면 보통 상태에서 인장력이 상쇄되어 응력이 발생하지 않게 된다. 따라서 콘크리트와 같이 압축강도가 높고 인장강도가 낮은 성질의 재료에 매우 적절하다.

이렇게 설계하중에 의한 인장응력의 전부 또는 일부를 없앨 수 있도록 강재를 잡아당겨 두고, 이것의 **복원력**(復元力)으로 **압축응력**을 발생시킨 콘크리트 부재를 보나 기둥 등의 중요한 부분에 사용한 구조형식을 **프리스트레스트 콘크리트조**(이하 PSC조)라 한다.

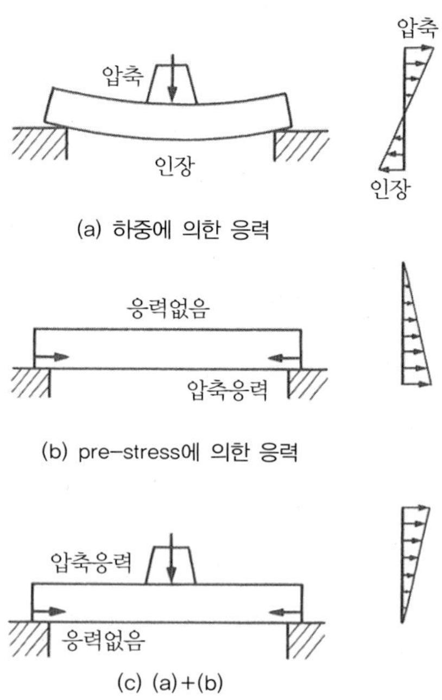

프리스트레스의 원리

또 프리스트레스 중 그림과 같이 설계하중에 의한 응력을 전부 소멸시켜 부재 단면에 인장응력이 생기지 않도록 한 것을 **완전프리스트레스**(full prestress)라 하고 부재 단면의 일부에 인장응력이 생기는 것을 **부분스트레스**(partial prestress)라 한다.

(2) 구법의 특징

PSC조[15]는 프리스트레스를 주는데 강재를 사용하는 것으로서, 광의로는 철근콘크리트조의 일종이라고 생각할 수 있는데 일반 철근콘크리트조와 비교해서 다음과 같은 특징이 있다.

① 보통 균열발생이 어렵고 예상 이상의 하중에 의해 균열이 발생해도 그 하중이 제거되면 균열이 없어지게 되므로 균열부에 물이 침입해서 내부에 녹이 발생하고, 이에 따라 다시 균열이 확대되는 악순환이 생기기 어려워 내구성이 우수하다.

② 고강도이며 강성도 뛰어나서 부재단면적을 삭감할 수 있고 자중경감에 의한 효과가 커서 큰 간사이 가구(架構)가 가능하다.

③ 균열발생하중과 파괴하중이 비슷하므로 설계하중의 가정에는 주의가 필요하다.

④ 프리스트레스를 준 강재는 항상 고응력(高應力)하에 있으므로 부식하기 쉽고 또 열에 의해 큰 손상을 입기 쉽다.

⑤ 고강도의 콘크리트와 강재를 사용하기 때문에 재료비가 높고 생산하는데 품이 많이 든다.

프리스트레스트 콘크리트는 프리스트레스를 주는 시기에 따라 **선긴장**(pre-tension) 방식과 **후긴장**(post-tension)방식의 2가지로 분류된다.

전자는 인장측에 미리 **PSC강재**에 의한 인장력을 부여한 후 콘크리트를 타설하고, 굳은 후에 단부를 절단함으로써 인장된 강재가 콘크리트에 부착된 상태에서 복원하려는 힘으로 압축응력을 부여하는 것으로 공장에서 제작된다.

후자는 인장측에 콘크리트와 직접 부착되지 않도록 **관상재**(管狀材)의 속에 관입되어 있는 **PSC강재**(unbond PSC강재라 함)를 배치하고 콘크리트를 타설해서, 콘크리트의 경화 후에 관 속의 PSC강재를 양단에서 인장시킨 상태에서 기계적인 방법으로 고정시켜 그 **복원력**으로 **압축응력**을 부여하는 것으로, 현장시공이 가능하다.

15) PC(Pre-stressed Concrete)라고도 하나 Precast Concrete와 구별하기 위해 PSC라 쓴다.

(3) 사용재료 및 제품

PSC조에 사용되는 콘크리트는 그 구조원리로부터 높은 압축강도가 요구되고, 또 **건조수축**이나 **크리프**[16](creep)가 크면 프리스트레스가 시간의 경과와 함께 감소하게 되므로 팽창성의 시멘트를 쓰기도 한다.

PSC조에는 보통의 철근콘크리트용의 봉강(棒鋼)과 함께 PSC강재가 사용되고 PSC강재는 프리스트레스를 주므로 높은 인장강도가 필요하다. 종류로는 PSC강봉(鋼棒), PSC강선(鋼線), PSC연선(撚線: strand rope)이 있고, 일반적인 강재에 비해 2배 이상의 강도를 갖고 있다.

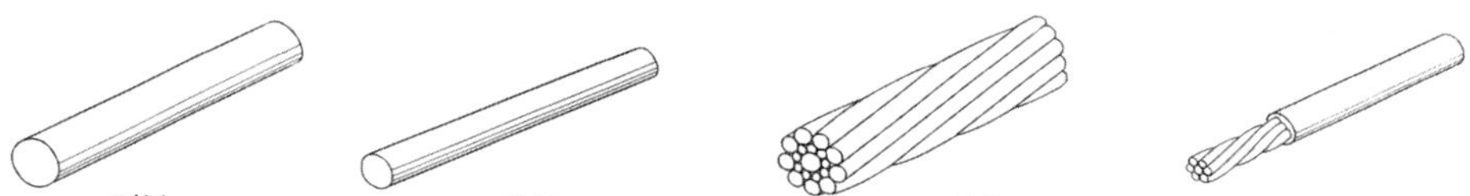

프리스트레스용 강재

프리텐션공법에서 PSC강재는 부착에 의해 콘크리트와 일체가 되나 **포스트텐션공법**에서는 프리스트레스를 부여하고 있는 PSC강재를 콘크리트에 정착하는 기구가 필요한데 이것을 **정착구**(定着具)라 한다. 정착구는 미리 콘크리트와 보강근 등으로 일체로 되어 있어 PSC강재를 나사식, 쐐기식 등의 방법으로 긴결한다. 한편, 이 정착기술은 흙막이널을 붙잡아 주는 **어스앵커**(earth anchor)**공법**에도 적용된다.

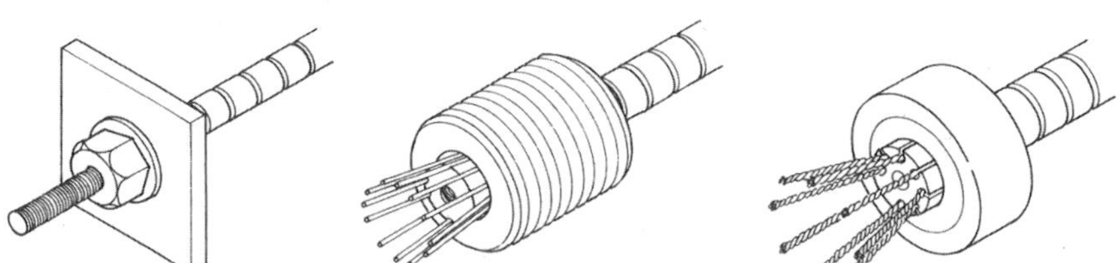

PSC강재와 정착구

PSC조에는 이 외에도 PSC 부재간의 접합부에 주입하는 **줄눈용 충전재**(grout)와 포스트텐션공법에서의 콘크리트 속에 PSC강재를 배치하기 위한 중공(中空)의 **도관**(導管:

16) 일정한 하중하에서 시간의 경과에 따라 변형이 증대하는 현상

sheath), 그리고 콘크리트와 PSC강재와의 부착을 위해 도관 내에 주입하는 **충전재**(充塡材) 등이 사용된다.

공장에서의 제작은 프리텐션에 의한 것이 많다. 이 경우 하나하나 만드는 것보다 두 대의 고정구(abutment) 사이에 여러 거푸집(mold)을 나란히 배치하여 한번에 대량으로 제작하는 일이 많아 이를 **롱라인**(long line)**공법**이라고 한다.

PSC제품은 다음 그림과 같은 것이 있고, 이것을 현장에서 접합하여 바닥이나 지붕을 형성하게 된다. PSC판은 PC판과 비교하여 판 두께를 훨씬 얇게 할 수 있고 큰 간사이 가구도 가능하다.

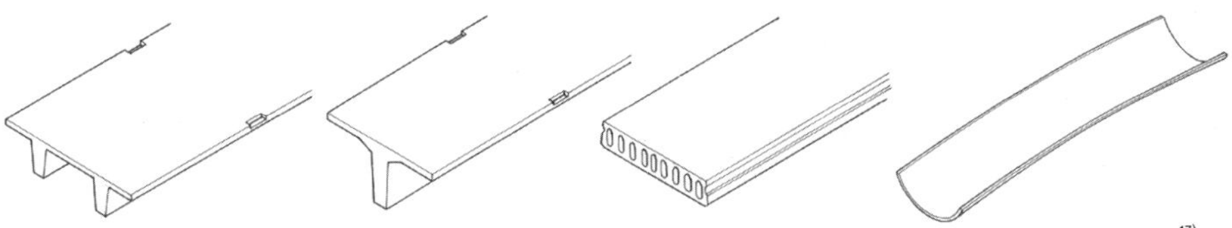

(a) Double T slab (b) Single T slab (c) Prestressed 콘크리트 패널 (스판크리트) (d) Silberkuhl slab[17)]

PSC제품

(4) 현장시공과 접합

PSC조의 현장시공은 크게 두 가지로 분류된다. 즉 공장에서 미리 제작된 PSC제품을 접합하는 것과 콘크리트를 타설한 후 건축물에 포스트텐션으로 프리스트레스를 도입하는 것이다.

전자의 경우 접합부를 **핀절점**으로 하는 경우는 일반적인 철근을 사용한 방식에 의하나 **강절점**(剛節點)으로 하여 라멘을 형성하기 위해서는 프리스트레스를 도입하는 경우가 많다. 다음 그림(위)은 PSC강봉을 사용한 기둥, 보, 접합부의 예이다.

후자의 경우 보 등의 강성, 강도의 향상, 그에 따른 접합부 강도의 확보가 주된 목적이다. 다음 그림(아래)은 기둥, 보, 벽을 일체가 되게 타설하고 기둥 바깥쪽에서 프리스트레스를 주는 경우의 배근 예이다.

17) W. J. Sillberkuhl 이 고안한 것으로 회전쌍곡면의 쉘에 프리스트레스를 도입한 콘크리트판이다.

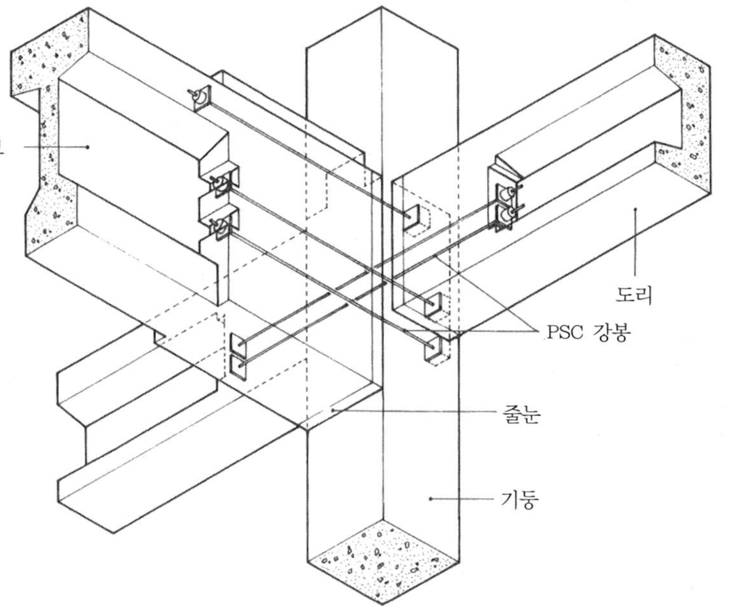

PSC강봉에 의한 PC부재의 조립

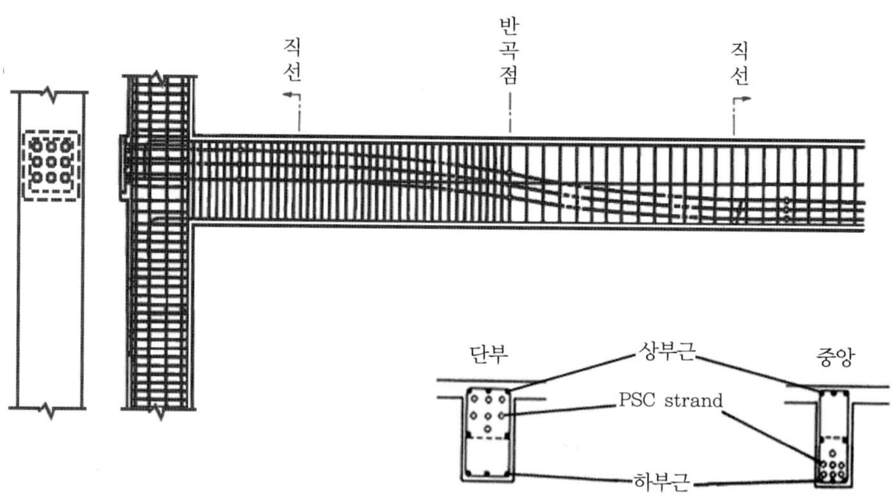

현장타설 콘크리트에 의한 라멘구조의 PSC강선의 배근

2-2 철골조(Steel Construction)

2. 2. 1 재료와 구조

(1) 철골구조의 역사

기둥과 보 등 주요한 구조부분에 강재를 사용한 건축물을 **철골조**라 하며, 특히 그 구조를 가리켜 **철골구조** 또는 **강**(鋼)**구조**라 한다. 유럽에서는 19세기 중엽부터 사용되었다.

철재 중 초기에 주체구조의 재료로써 많이 사용된 것은 주철(鑄鐵)이다. 주철은 18세기말까지는 교량에는 사용되었지만 건축물에서는 석조의 보강재나 장식재 정도의 역할밖에 하지 않았다. 그러다가 19세기에 들어와서 공장이나 창고의 내화성을 목적으로 목구조를 대신하는 재료로써 건축물에 사용되기 시작했고, 구조 또한 목구조를 답습한 형태였다. 아울러 건축가들은 아직 철에 대한 성질을 제대로 알지 못하였기 때문에, 건물의 설계 또한 증기기관이나 기계공작분야의 기술자들에 의해 건축물이 설계되었다.

또한 영국에서는 사회적으로 유행한 **온실건축**의 재료로도 사용되었다. 물론 이것은 **판유리**의 생산이 가능했기 때문이기도 하다. 이것이 응용된 형태로 런던 만국박람회의 **수정궁**[18](Crystal Palace, 1851)에서 주철제 아치에 유리를 끼워넣은 밝은 공간이 실현되었으며, 역사(驛舍)건물이나 아케이드 등에서도 유사한 구조를 찾을 수 있다.

그 즈음 Henry Bessemer(1813~98)에 의해 **제강법**(1856)이 발명되고 취성이 높아 깨지기 쉬운 주철을 대신해서 강재가 철구조물의 주역이 되었다. 강하고 인성(靭性)이 좋은 특징을 살려 고층과 큰 스팬(Span), 그리고 높은 인장강도를 이용한 현수구조(suspension structure)의 중요한 재료로서 폭넓게 사용되었다.

강구조의 선도적 역할을 한 사람은 Gustave Eiffel(1832~1923)로, 1889년 파리 만국박람회를 기념하여 **에펠탑**을 건설하고, Victor Contamin(1840~93)은 Ferdinand Dutert(1845~1906)와 함께 **기계관**을 건설하여 강구조의 기념비적 구조물로 손꼽히고 있다.

18) Joseph Paxton(1803~65)

수정궁

기계관

우리나라에서 철골조 건축물로서의 효시는 **삼일빌딩**(김중업, 1967~69)으로, 준공 당시에는 우리나라에서 최고층을 자랑하는 건축물로 꼽혔고, 외벽이 철제 커튼월로 된 것도 괄목할 만한 일이다. 또한 우리나라 최초의 실내체육관인 **장충체육관**(김정수, 1960~62)에서는 처음으로 대형 **철골 돔**(dome)을 사용하였다.

이후 1980년에 들어와서는 **63빌딩**(박춘명+S.O.M, 1980~85)을 위시하여 **한국종합무역센터빌딩**(정림+원도시, 1985~88) 등 초고층건축의 시대에 돌입하게 되었다.

삼일빌딩

한국종합무역센터

(2) 구조용 강재의 종류

강재는 일반적으로 포함된 **탄소량**에 따라 **인장강도**가 다르다. 강재를 인장할 때 생기는 응력과 늘어나는 비율, 즉 변형과의 관계를 보면 항복한 후 실제로 파괴에 이를 때까지의 여유가 크다. 이렇게 **인성**(靭性)이 큰 것은 구조재료로서 강재의 큰 이점이다. 한편, 강재는 불연재료이지만 고온에서 현저하게 강도가 저하되고 500℃ 정도에서 반감한다. 또 강재는 공기중에 방치해두면 산화하여 녹이 발생하는 단점을 가지고 있어 **열**과 **녹**에 대한 배려를 충분히 강구해 둘 필요가 있다.

강재는 매우 높은 강도를 갖고 있어서 장방형 단면인 채로 사용되는 일이 없고 공업적으로 생산된 각종 단면 중에서 사용목적에 맞춰 선택, 조합해서 사용한다. 건축에서 통상 사용되고 있는 강재의 단면은 다음 표와 같다. 일반적으로 형강은 **열간압연**(熱間壓延: hot roll)된 구조용 강재이며 긴 대강(帶鋼)으로 **냉간**(冷間)**롤**(roll)**성형**해서 생산하는 경량형강과는 구별된다. 이외에 평강(平鋼) 등을 조합하여 용접에 의해 규격에 없는 형강을 만드는 경우도 있다.

구조용 강재의 종류

	종류와 명칭	형상	치수표시		종류와 명칭	형상	치수표시
열간압연형강	등변 L 형강 (angle)	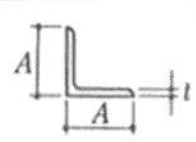	L −A×A×t	냉간성형경량형강	경량 ㄷ 형강	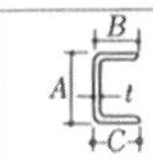	[−A×B×C×t
	부등변 L 형강 (angle)	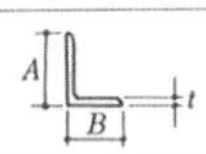	L −A×B×t		경량 Z 형강	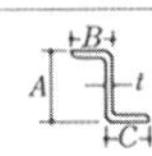	Z −A×B×C×t
	I 형강 (I beam)	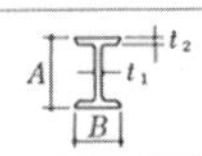	I −A×B×t_1×t_2		경량 L 형강	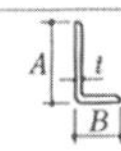	L −A×B×t
	ㄷ 형강 (channel)	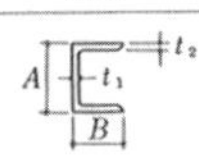	[−A×B×t_1×t_2		Lip ㄷ 형강	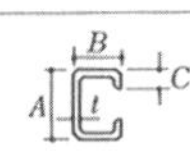	[−A×B×C×t
	T 형강	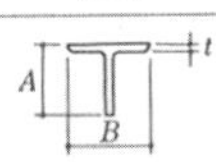	T −A×B×t		Lip Z 형강	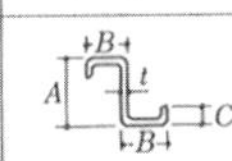	Z −A×B×C×t
	H 형강	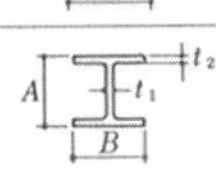	H −A×B×t_1×t_2		hat 형강	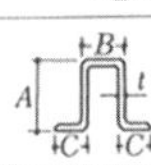	⎍ −A×B×C×t
기타열간압연강	봉 강		dϕ		강 관		Aϕ−t
	강 판 (plate)	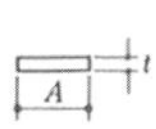	PL −t (PL−A×t)		각형강관	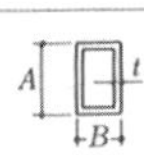	▯ −A×B×t
	평 강 (flat bar)	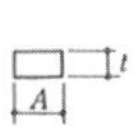	FB−A×t				

(3) 구법의 종류

철골조에는 그 규모와 용도에 따라 여러 가지 다양한 구조형식이 있고, 사용부재와 접합방법도 다르다. 철골조의 대표적인 구법은 다음과 같은 것이 있다.

① **축조구법** : 기둥과 보에 의한 축조(軸組)구성을 기본으로 하는 것.
② **트러스구법** : 절점이 핀(pin)접합으로 부재가 3각형을 단위로 하는 골조구성에 의한 것.
③ **ㅅ자형 라멘구법** : ㅅ자형으로 굽혀진 보를 사용한 라멘구조에 의한 것으로 공장 등 단층건물에 많이 쓰인다.
④ **강관구법** : 건축물의 구조상 중요한 부재구성을 강관(鋼管)으로 한 것.
⑤ **경량철골구법** : 건축물의 주요한 부재구성을 경량철골로 한 것.

이 중에서 ①, ②, ③은 구조형식의 차이에 의한 구분이고, ④, ⑤는 구조형식은 동일하지만 구조부위를 구성하는 재료의 차이를 가지는 경우이다. 재종(材種)의 차이가 구법 전체에 큰 영향을 주므로 여기에서는 별도로 분류한다.

2. 2. 2 시공과 접합방법

(1) 시공법의 개요

철골조는 구조용 강재를 공장에서 미리 가공하여 현장에 반입한 후, 각종의 양중기를 써서 현장에서 조립, 접합하는 생산방식을 취하는 것이 대부분이다. 보나 기둥의 구조부재가 공장에서 설계도서로부터 뽑은 **원척도**[19](原尺圖)에 따라 가공되므로 그 정밀도가 매우 높고, 일종의 **선가공**(先加工)**부재**로서 현장에서는 각 부재를 조립만 하면 되므로 현장공기(現場工期)를 크게 단축할 수 있는 장점을 가지고 있다.

뿐만 아니라 운반제한 내에서 부재의 **대형화**를 꾀할 수 있어 건물 전체에 소요되는 부재수를 줄일 수 있게 됨에 따라 **양중**(揚重)이나 **조립**(組立)에 소요되는 시간도 절약할 수 있다는 점에서, 재료의 구조적 성능이 아니더라도 고층이나 초고층건축의 시공에 매우 적합한 건축재료라고 할 수 있다.

19) 축척이 1:1인 도면

접합은 절점에서의 힘의 전달형식에 따라 다음과 같은 종류가 있다.

① 롤러(roller)지지 : 연직방향의 힘만으로 지탱하는 형식으로 수평방향의 이동 및 회전은 자유이다. 교량 등 토목분야에서 흔히 사용하나 건축에서는 거의 쓰이지 않는다.

② 핀(pin) 접합 : 연직, 수평방향의 힘을 지탱하는 접합으로 회전은 자유이다.

③ 강접합 : 연직, 수평방향의 힘을 지탱하는 동시에 회전에 저항하는 접합

또 철골조에서의 접합방법은 **용접**, **리벳**이나 **볼트접합**을 하는 것이 일반적이다.

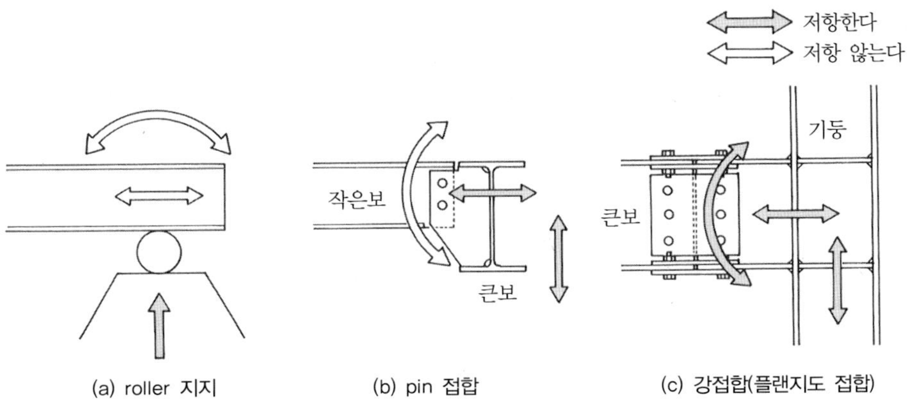

힘의 전달방식에 따른 접합의 종류

(2) 용접

용접은 다른 접합방법에 비해 구멍에 의한 재료단면의 결손이 없고 덧댄판 등의 부자재가 불필요하므로 경량으로 단순한 접합부가 가능하며 용접 시에 소음이 생기지 않는 등의 이점이 있다.

반면에, 용접공의 기능수준에 따라 접합강도가 좌우되거나 접합하고자 하는 재료 자체에 열에 의한 변형과 응력이 생기는 등의 결점이 있으나 최근에는 용접기술과 재료 · 기계 등의 발달과 병행하여 간편한 품질검사법이 개발됨에 따라 현재는 뒤에 기술하는 **고력볼트**와 함께 철골조의 접합방법으로 제일 폭넓게 이용되고 있다.

용접의 종류에는 부재접합면의 형태에 따라 **맞댄용접**(butt weld, groove weld), **부분녹임용접**(partial penetration weld), **모살용접**(fillet weld)의 3종류가 있는데 이 중에서 부분녹임용접은 결함이 생기기 쉬워 잘 쓰이지 않는다.

(3) 리벳접합

리벳접합은 볼트 · 너트 대신에 약 800℃로 가열한 리벳을 **리베터**(rivetor)로 때려 리벳머리를 만들어 물리는 접합방법이다. 볼트접합과 비슷하나 리베터를 사용할 때에 커다란 소음이 발생하고 현장작업 및 품질검사가 번거로우므로 건축현장에서는 현재 사용하지 않는다.

(4) 보통볼트접합

볼트접합은 리벳접합에 비교하면 시공· 해체가 용이하고 소음도 적은 이점이 있으나, 장기간 사용에 따라 볼트가 풀려 느슨해질 위험이 있고 볼트구멍과 볼트지름과의 차이만큼 **초기변형**(初期變形)하기 쉽다는 등의 결점이 있어 구조상 중요한 부분에서는 사용할 수 없다.

(5) 고력볼트접합

고력볼트접합은 보통볼트접합이 볼트축의 **전단내력**으로 접합하는 방법을 취하고 있는 데 비해, 인장내력이 매우 큰 **고력볼트**(high-tension bolt)를 사용하여 접합시키는 강재를 강하게 체결해서 부재간의 압축에 의해 발생하는 **마찰력**으로 접합하는 방법을 취한다.

보통볼트접합의 경우와 같이 볼트 구멍에 의한 부재의 단면결손이 있고 덧판 등의 접합자재가 필요하다는 결점을 갖고 있지만 T.S(torque shear) **볼트**라 하여 일정 조임값이 되면 볼트축의 단부(pin tail)가 파괴되면서 시공상태를 확인할 수 있으므로, 시공이 확실하고 소음이 적어 대부분의 철골조 고층건축물에 사용된다.

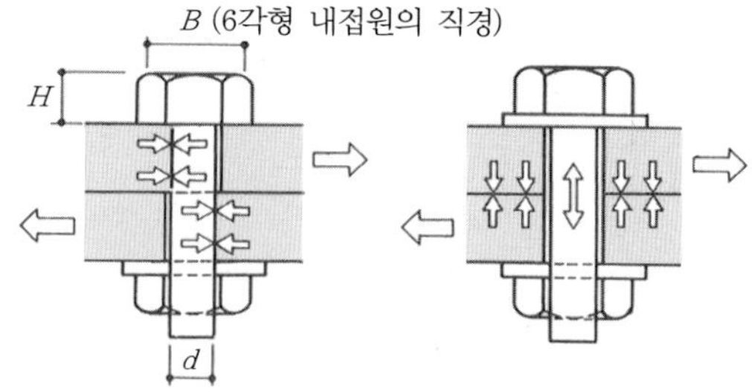

(a) 보통볼트접합　(b) 고력볼트접합

볼트접합

2. 2. 3 축조구법

(1) 개요

철골조에서의 **축조**(軸組)**구법**이란 각종 형강 등을 이용한 **기둥**과 **보**에 의해 입체적인 격자상(格子狀)골조를 형성하고 수평강성 요소로서 **바닥**과 **수평가새**(brace)나 **내력벽** 등을 필요에 따라 적절히 사용하는 **가구식**(架構式)**구법**을 말한다. 초고층건물의 고층부 등이 그 전형적인 예이다.

또 축조구법은 구조가 명쾌하고 시공이 간편하여 중층 이하의 건축물에 대해서도 사무소 건물과 시가지의 주상복합건물 등에 널리 사용되고 있다.

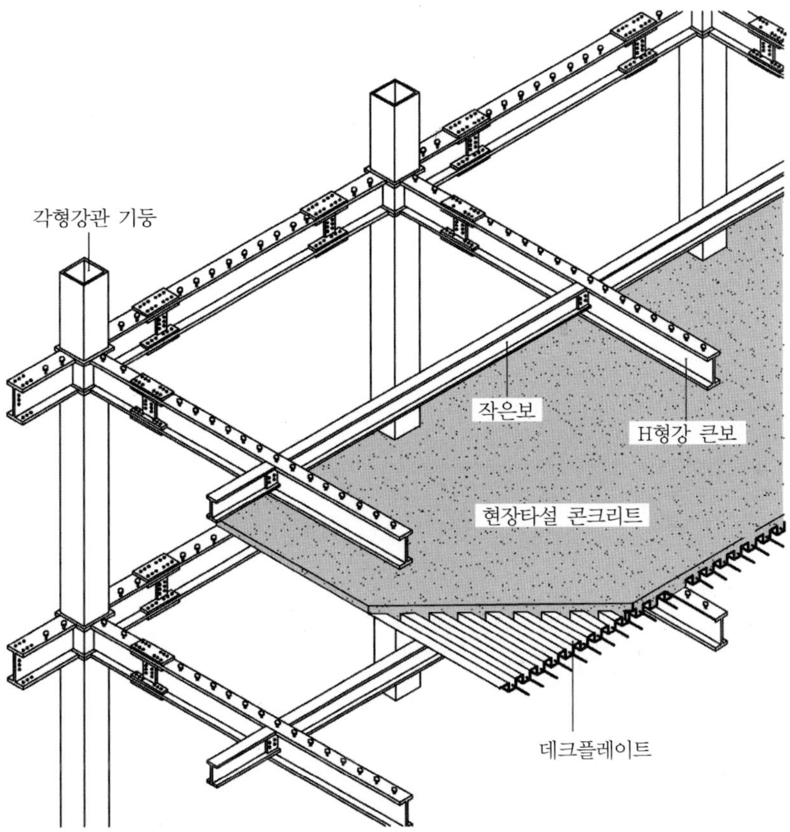

철골축조구법의 예

(2) 보

강재의 단면형상에서 보 등의 휨재에서 휨내력을 주로 받는 부분을 **플랜지**(flange)라고 하고 전단내력을 받는 부분을 **웨브**(web)라 한다. 보는 특히 휨응력에 견딜 필요가 있어 플랜지의 살두께를 두껍게 하는 한편, 플랜지와 플랜지 사이의 간격을 멀리하는 쪽이 효율이 좋다.

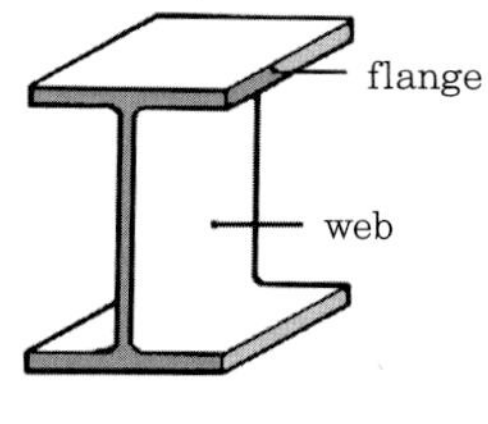

H형강

축조구법의 보로 사용되는 단면형상을 예를 들면 다음과 같다.

① H형강

부재의 가공품이 적고 기둥과의 접합부 형상도 간단하다.

② 조립강(組立鋼)

T형강과 L형강, 평강 등을 조합해서 조립하므로 가공품이 드나 단면성능이 좋다. 큰 보 높이를 얻을 수 있다.

③ 허니콤(honey-comb) H형강

강재량에 비해서 단면성능이 좋고 개구부에 덕트 · 배관 등을 관통시켜 설치할 수 있는 장점이 있다.

④ 래티스(lattice)

가공품은 많이 드나 큰 보 높이가 가능하다. 덕트 · 배관의 관통도 용이하다.

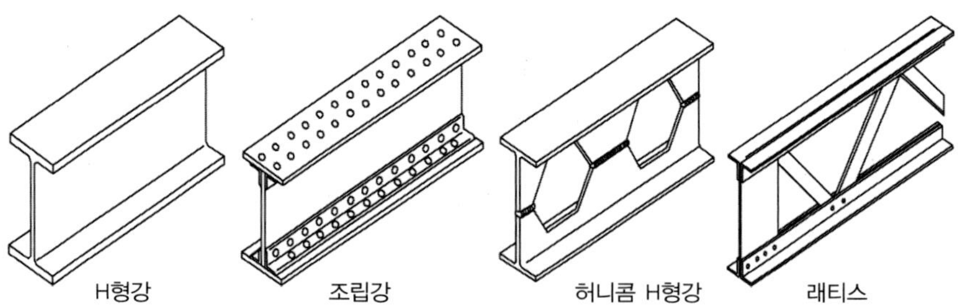

철골보의 종류

이 중에서 웨브를 래티스로 하는 것은 가공품이 많이 들어 그다지 사용되지는 않는다. 높은 단면성능을 얻을 목적으로 보 높이만을 크게 하면 휨에 의한 **횡좌굴**이 일어나기 쉬워진다. 횡좌굴을 막는 것은 **보높이/보폭**을 어느 정도 이하로 억제하는 것 외에 작은보와 바닥판으로 횡방향을 구속하는 것도 효과가 있다.

보높이에 비해 웨브의 살두께가 얇은 경우 보에는 횡좌굴 외에 웨브의 좌굴이 일어나는 일이 있다. 이 좌굴을 막기 위해서는 **스티프너**(stiffener)라 불리는 보강판을 설치하는 것이 효과가 있다. 스티프너는 이외에도 **하중점**과 **지지점** 등 국부좌굴이나 국부변형을 일으키기 쉬운 곳에 사용한다.

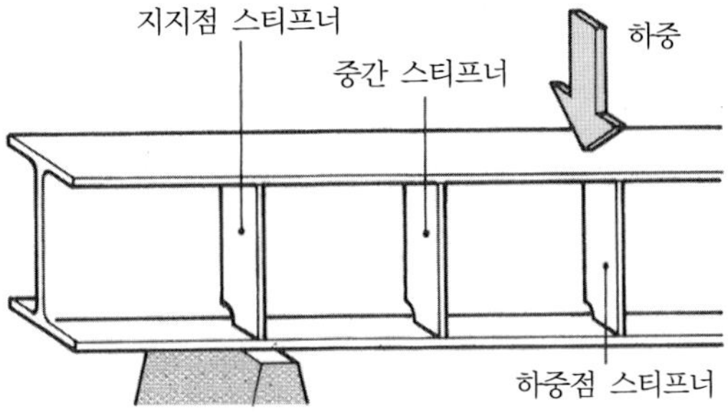

스티프너

(3) 기둥 및 주각

기둥은 일반적으로 큰 압축응력에 견딜 필요가 있고 그 강도에 맞는 만큼의 단면적이 필요하다. 또 수평하중이 작용할 때에는 큰 휨응력이 생겨 그 응력에 견디기 위해서는 어느 정도 기둥중심에서 떨어진 곳에 단면이 있는 강재를 선택하는 쪽이 유리하고 이것은 또 압축에 의한 휨좌굴에도 효과가 있다.

축조구법의 기둥으로서는 다음과 같은 것이 대표적이다.

① H형강 : 접합부의 가공은 용이하나 단면성능에 방향성이 있고 통상, 큰 쪽의 스팬과 평행하게 웨브를 배치한다.

② 각형강관 : 접합부의 가공은 어려우나 단면성능에 방향성이 없다.(정방형 단면의 경우)

③ 강관 : 각형강관과 같다. 강관의 외경을 바꾸지 않고 두께의 변화로 강도에 대응하는 경우도 있다.

④ 래티스 : 가공품이 많이 드나 경량인 데 비해 강도가 크고 공장건물과 같이 방향성이 있는 큰 스팬의 가구(架構)에 쓰인다.

이 경우에도 웨브를 래티스로 구성하는 것이 강재량은 절약되지만 가공품이 많이 들어가기 때문에 최근에는 **H형강**이나 **강관** 등을 그대로 사용하는 예가 많다. 또한 **강관기둥**의 경우, 최근에는 내부에 콘크리트를 충전하여 **강성** 및 **내화성**을 향상시킨 구법도 있어 이를 **CFT기둥**[20](Concrete Filled Steel Tube)이라고 한다.

20) p.87

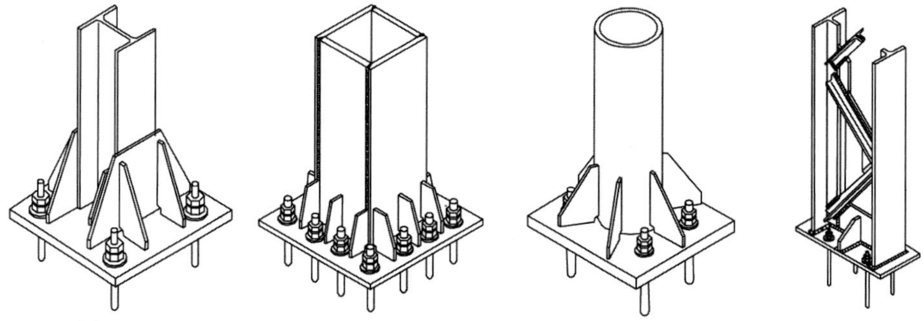

(a) H형강 (b) 각형강관 (c) 강관 (d) 래티스

철골기둥의 종류 (참고문헌 10)

주각(柱脚)은 기둥에서 힘을 기초로 전달하는 부분이다. 기초는 강재에 비해 강도가 작은 철근콘크리트로 만들어지는 것이 보통이므로 힘을 평균적으로 분산시킬 필요가 있어 **베이스플레이트**를 기초와 기둥 사이에 끼운다. 주각을 **핀접합**으로 하면 기초에는 휨모멘트가 전달되지 않으므로 기초를 작게 할 수 있지만, 기둥의 단면은 크게 된다. 반대로 주각을 **강접합**, 즉 고정으로 하면 기초는 다소 크게 되나 기둥은 작게 해도 된다.

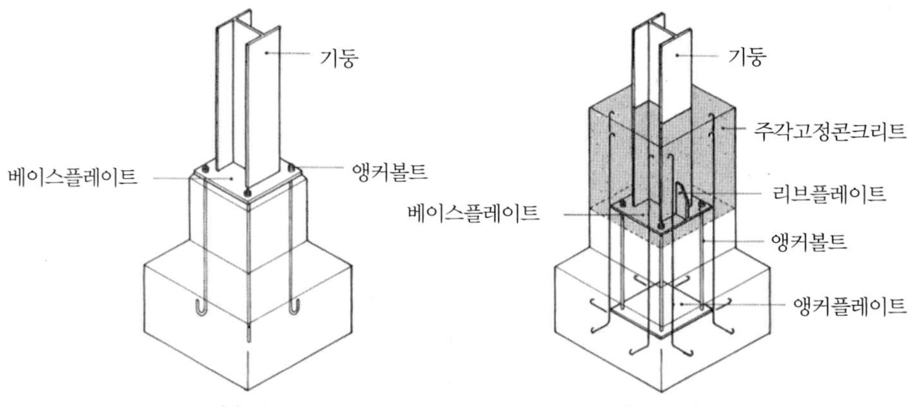

(a) pin (b) 고정

주각의 형식

그러나 고정으로 하기 위한 시공은 복잡하다. 일반적으로 저층의 건축물에는 **핀접합**, 중층 이상의 건축물에는 **고정**으로 하는 것이 보통이다. 또 주각이 핀접합인 독립기초의 경우에도 부동침하에 대한 대책 등의 이유에서 **지중**(地中)**보**(연결보)를 설치하는 경우가 많다.

(4) 이음과 접합

구조적으로 기둥과 보에는 이음이 없는 것이 좋다. 그러나 너무 길면 운반 및 조립이 불편해서 부재분할이 불가피하므로 이음부가 생기게 되고, 또 상하·좌우로 단면형이 바뀌는 경우에는 필연적으로 두 부재를 연결할 필요가 생긴다.

통상 기둥은 2~3층분[21], 약 10m 정도의 것을 바닥판 위 1m 전후의 곳에 이음부를 둔다. 이음은 강접합으로 하는 것이 보통이며 덧판(splice plate)도 접합되는 기둥과 보의 단면 이상으로 한다.

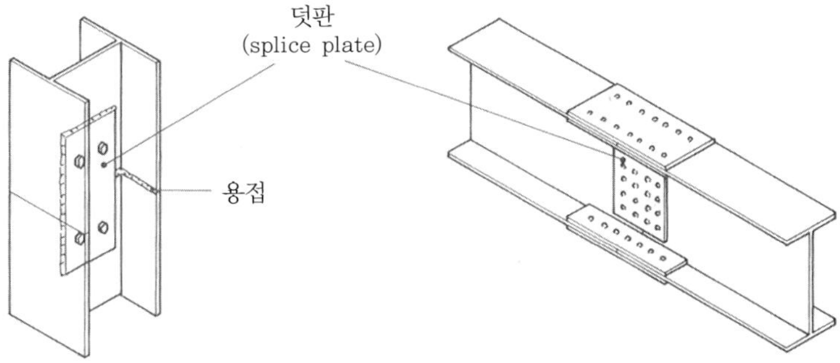

기둥의 이음 및 보의 이음

기둥과 보의 접합부는 구조방식에 따라 **강접합** 또는 **핀접합**으로 한다. 핀접합의 경우는 접합형식이 간단하기 때문에 보의 단부를 기둥에 **볼트접합**하는 것이 보통이다. 강접합의 경우는 접합을 확실히 하기 위해 미리 보의 단부에 해당하는 부분을 기둥에 강접합하여 두고 현장에서는 보의 이음접합만을 하는 형식이 많다.

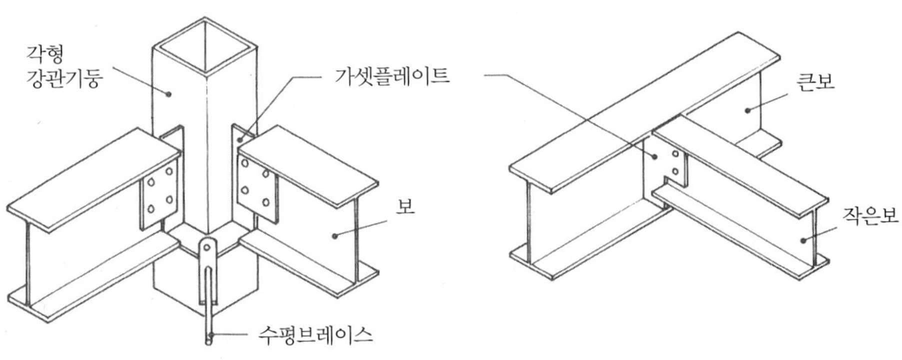

웨브의 접합 (핀접합)

21) 이 부재크기를 2층 1절 또는 3층 1절이라 한다.

강관이나 **각형강관**을 기둥으로 하는 경우, 보로부터의 힘을 전달하기 위한 보강판을 기둥의 4주위에 붙이거나 기둥의 내부에 배치할 필요가 있다. 외관상으로는 후자 쪽이 좋으나 가공품을 고려해서 전자의 형식을 취하는 일이 많다. **H형강**의 경우는 보강판의 배치가 용이하다. 큰보와 작은보의 접합부는 강접합에 의한 것도 있으나 핀접합으로 하는 경우가 대부분이다.

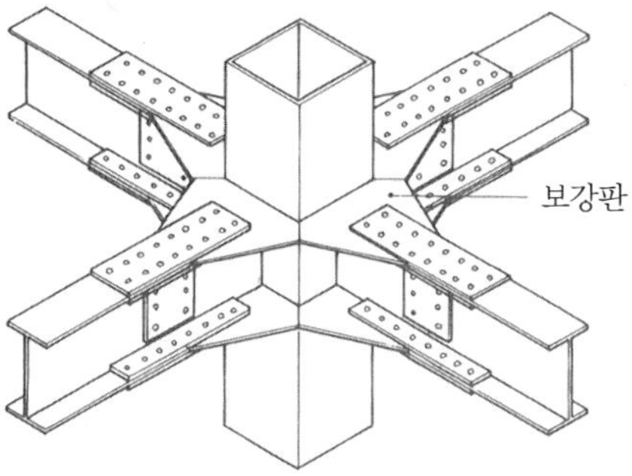

(a) 각형 강관기둥

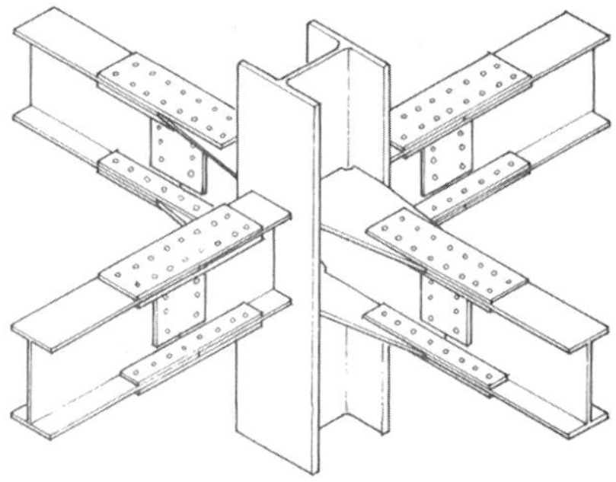

(b) H형강 기둥

기둥과 보의 이음(강접합)

(5) 내진벽과 바닥

축조구법에서 기둥, 보 이외의 구조상 주요한 부재로는 **내진벽**과 **바닥**이 있다. 철골조에서의 내진요소로서는 내진벽이 있으나, 내진벽을 형성하는 방법으로는 강재에 의한 **가새**(brace)를 설치하는 방법과 **강판**(鋼板)이나 **PC판**을 기둥과 기둥 사이에 끼워 넣는 방법이 있다.

전자의 방법으로는 **구조용 형강**을 구조프레임에 볼트접합하거나 **강봉**을 대각선 방향으로 고정시키는 방법을 사용하는데, 벽구조체로 완전히 시각적으로 차단하지 않으므로 개방성이 있어 의장적 효과를 겸해 노출시키는 경우가 많다.

후자의 경우 기둥, 보 골조에 비해 내진벽의 강성이 극단적으로 높게 되는 경향이 있어 기둥, 보에 의한 라멘가구와 내진벽이 서로 작용되도록 강성을 조절하는 방법을 사용하는 경우도 있다. 내진벽에 **틈새**(slit)를 넣어 마치 폭이 좁은 벽을 나란히 세운 것처럼 하여 기둥, 보의 큰 변형에 대해 변형거동이 생기기 쉽게 하거나 기둥, 보와의 접합부에 변형하기 쉬운 철물(**가요철물**, 可撓鐵物)을 부착해서 강성의 차를 흡수하도록 한다.

가새의 사용 예

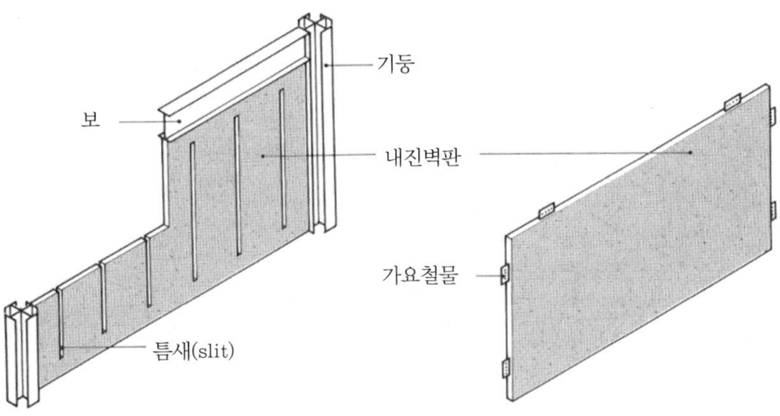

(a) 틈새가공 내진벽

(b) 가요철물 부착 내진벽

가요(可撓)내진벽

철골축조구법의 바닥으로서는 철골보에 **데크플레이트**(deck plate)를 걸쳐서 그 위에 철근을 배근한 뒤, **현장타설콘크리트로** 일체화하는 경우가 일반적이다. 이때의 데크플레이트는 일종의 거푸집 역할을 하고 작업발판의 역할도 한다. 한편, 철근이 미리 용접된 데크플레이트도 개발되어 있다. 이 데크플레이트는 콘크리트를 타설한 후에도 제거하지 않는 버림거푸집으로 사용한다. 이렇게 두 부재를 혼합해서 바닥을 구성하므로 이를 **합성바닥구조**라 한다. 단순한 구조의 경우에는 **ALC**(Autoclaved Lightweight Concrete)**판**이나 **PC판**을 얹어서 시공하기도 한다.

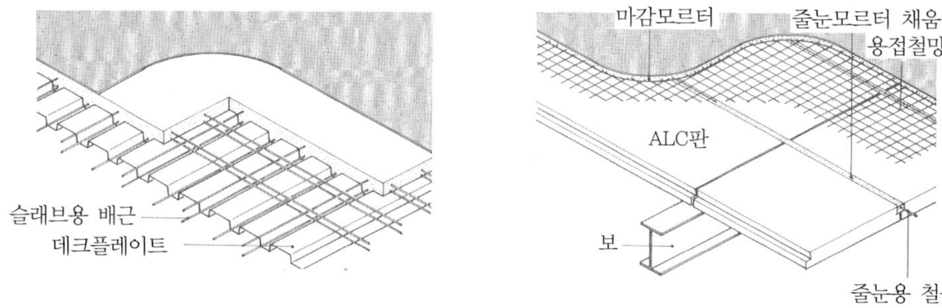

철골축조구법의 합성바닥

어느 방식에서나 수평면의 강성을 확보하기 위해서 보와의 접합을 강하게 할 필요가 있다. 데크플레이트의 경우, 철골보 위나 데크플레이트에 **스터드볼트**(stud bolt)를 용접해서 **전단연결재**(shear connector)로 작용하게 하여 콘크리트와의 일체화가 되도록 하며 표면의 마찰력을 증대시키기 위해 엠보싱가공도 한다.

데크플레이트의 시공상황

(6) 내화피복

철골조의 건축물은 구조상 주요한 부분을 규정에 따라 내화구조로 할 필요가 있다. 내화구조로 하기 위해서는 화재시 강재가 열에 의해 강도저하를 일으키지 않도록 부재 외면에 열에 대한 차단층을 두어야 한다. 이것을 **내화피복**이라고 하고, 다음과 같은 공법들이 고안되어 있다.

① **뿜칠** : 부착재를 도포한 철골과 라스(lath) 바탕에 암면(rock wool)을 spray gun으로 뿜칠한다. 복잡한 부분에 시공하기 좋으나 피복두께와 비중관리가 어렵고 뿜칠재 비산은 공해의 원인이 된다.

② **미장** : 각종 플라스터와 모르터를 봉강(棒鋼)으로 보강한 라스 위에 칠한다. 재료값이 싸고 마감을 겸할 수 있으나 시공에 숙련을 요한다.

③ **타설** : 경량콘크리트 등을 타설한다. 복잡한 접합부가 없고 시공이 용이하고 안전도도 높으나, 타설·양생에 시간이 걸리고 균열도 발생하기 쉽다.

④ **성형판 붙임** : ALC판과 규산칼슘판 등을 철물과 부착재로 설치한다. 작업능률이 좋고 품질관리도 용이하나 파손과 패널나누기에 의한 손실 등이 있다.

⑤ **멤브레인(membrane)** : 내화피복을 겸한 천장재와 바닥이 조합되어 내화구조를 형성한다. 시공이 간단하고 정밀도도 좋으나 1개소의 파손이 전체적인 파괴를 초래할 우려가 있어 천장에 부착되는 설비기구의 설치에 특히 주의해야 한다.

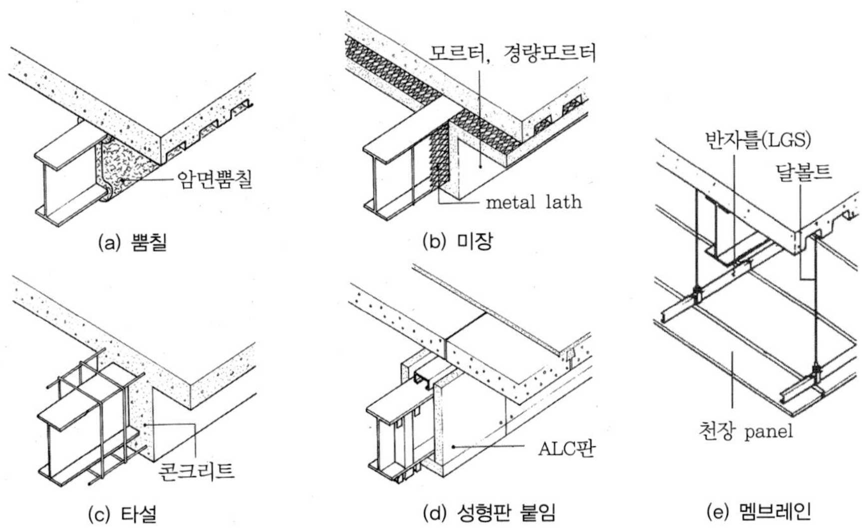

내화피복의 종류

2. 2. 4 트러스구법

(1) 구법의 개요

절점이 핀으로 부재가 삼각형을 형성하고 있는 골조를 **트러스구조**라 하며, 여기서 말하는 트러스구법이란 건축물의 구조상 필요한 일부 또는 전부가 이 트러스구조로 이루어진 것을 말한다. 축조구법의 기둥, 보 등의 몇몇 부재를 트러스로 구성한 것도 일단 트러스구법이라고 말할 수 있는데, 저층 건축물에서 "ㅅ" 자 형의 경사지붕을 지탱하는 지붕틀에 이 트러스를 사용하는 것이 가장 전형적이다.

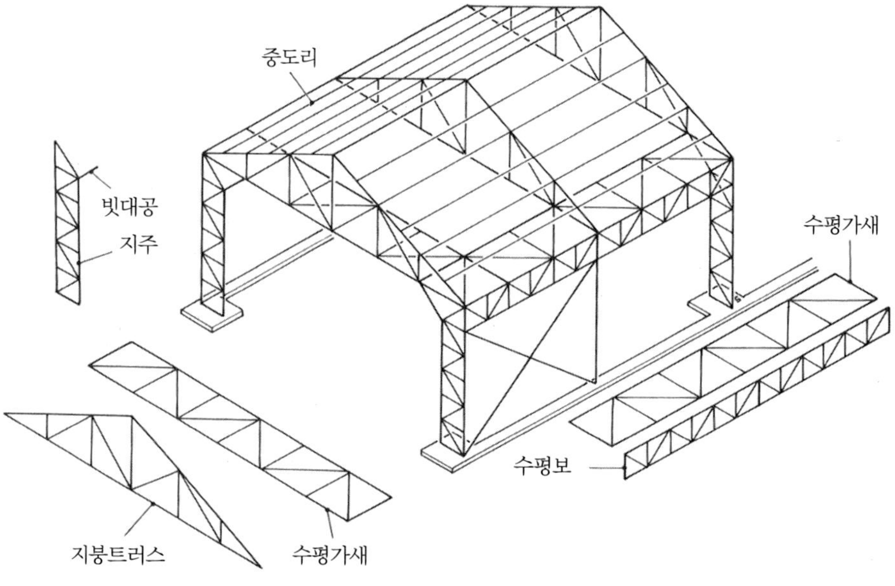

트러스구법의 예

(2) 트러스의 종류

트러스에서 3각형의 형성방법에 대해서는 몇 개의 정석이 있고 다음 그림은 그 대표적인 것들이다. **왕대공**(king post), **쌍대공**(queen post)지붕틀은 본래 목구조에서 지붕틀로서 사용한 것을 강재로 조립한 형태이다.

핑크(fink), **호우**(howe), **프랫**(pratt), **와렌**(warren)들은 각각 발명자의 이름을

붙인 트러스이다. 이 중 핑크트러스와 프랫트러스는 좌굴에 의한 영향을 고려하여 압축재는 짧게, 인장재는 길게 되도록 고안한 것으로 강재와 같이 단면적당의 강도가 높고 비교적 작은 단면으로 사용할 수 있다.

2힌지식, 3힌지식까지 포함한 트러스의 구성은 평면적이므로 **평면트러스**라고 하고, 돔(dome) 등을 형성하는 트러스는 입체적으로 구성되므로 **입체트러스**라 하며 **스페이스 프레임**(space frame)이라고도 한다.

입체트러스는 힘의 흐름이 3차원이므로 2차원인 평면트러스에 비해 생기는 응력이 작다. 또 3차원의 모든 방향에 대해서 절점의 이동이 구속되어 있는 셈이므로 변형, 좌굴에 대해서도 유리하다. 이러한 이유에서 입체트러스는 큰 간사이 구조에 이용되는 일이 많으나 구조해석이 어렵고 가공이 복잡하며 조립에도 품이 많이 드는 등의 난점이 있다.

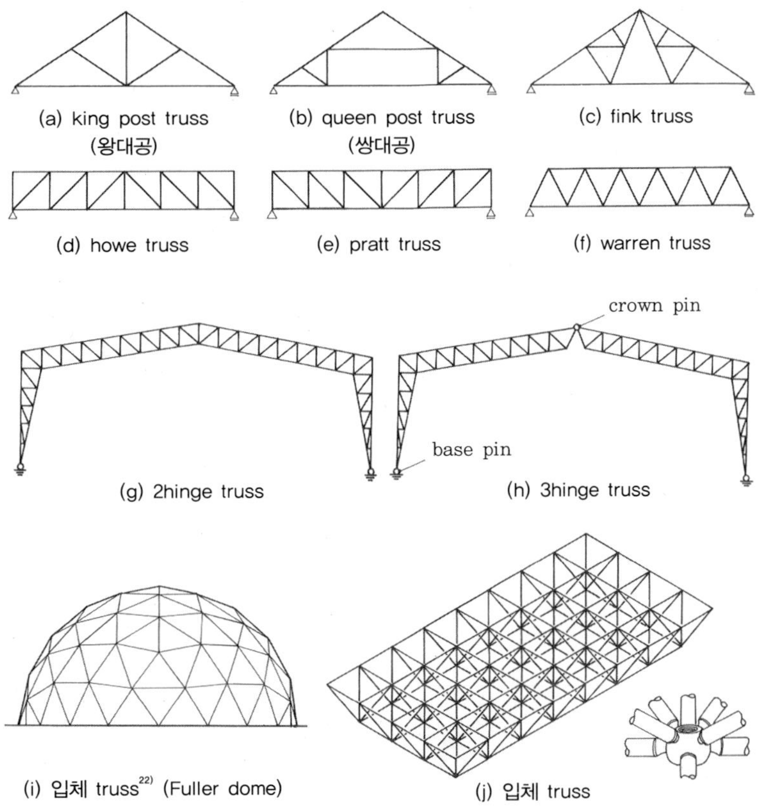

트러스의 종류

22) Richard Buckminster Fuller가 고안하여 명명됨. Geodesic dome 이라고도 한다.

Helmut Jahn 외, St. Mary's College Athletic Facility, Notre Dame, Indiana, 1977 (참고문헌 24)

(3) 접합부

트러스구법에서의 접합부는 두 가지로 대별된다. 즉 트러스 내의 핀 접합부와 또 하나는 트러스 부재와 다른 구조방식의 부재와의 접합부이다.

전자의 경우 절점을 핀으로 하기 위해서는 접합부에 모이는 각 부재의 중심선을 1점으로 교차시킬 필요가 있다. 단, L형강 등에서는 **중심선**(重心線)과 볼트 및 리벳을 배치하는 **게이지선**(guage line)과는 다르지만 편의상 이 게이지선이 1점으로 교차되도록 설계한다.

후자의 경우 트러스 내의 부재는 일반적으로 축방향력에 알맞는 정도의 단면밖에 되지 않으므로, 다른 구조방식의 부재와의 접합에 있어서는 트러스 내와 같이 휨응력 발생을 억제시키거나 부분적인 보강을 할 필요가 있다.

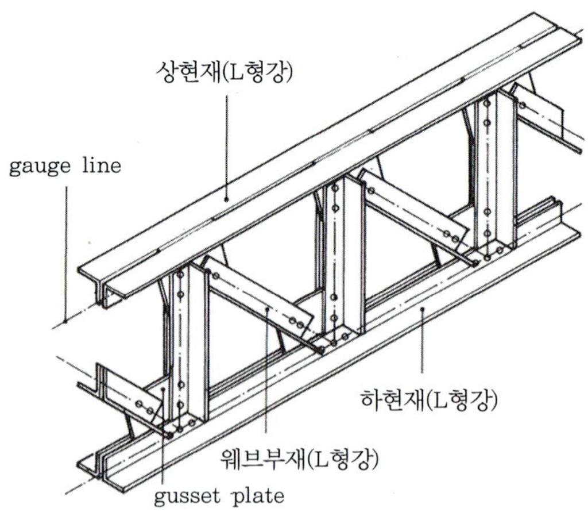

핀접합의 형태

입체트러스 교점부

R. Buckminster Fuller, Expo '70 American Pavilion, Montreal (사진: Nicolas Janberg)

한편, 입체트러스의 경우에는 교점이 볼(ball)로 구성되고, 여기에 강관으로 이루어진 선재(線材)가 각 방향에서 끼워 맞춰지는 형상을 한다.

2. 2. 5 ㅅ자형 라멘구법

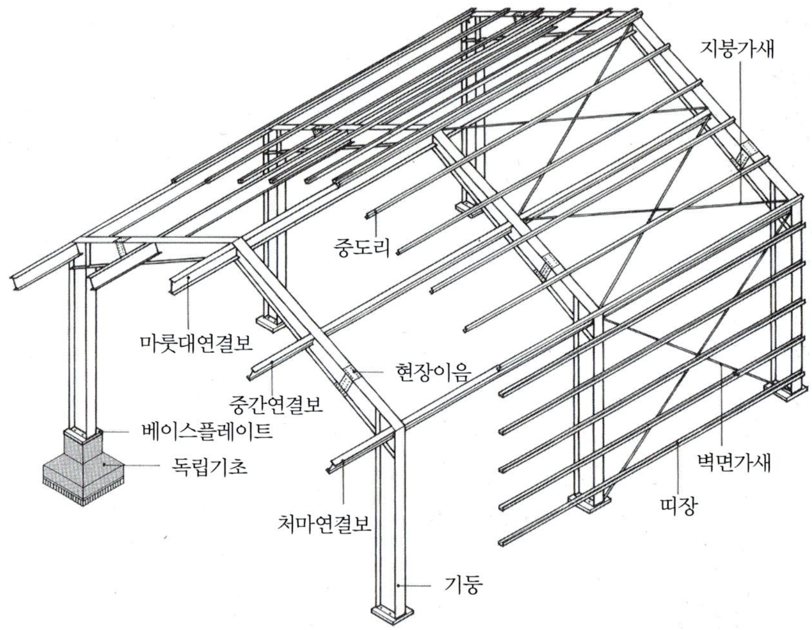

ㅅ자형 라멘구법의 예

위의 그림은 각 부재를 트러스로 하는 대신에 형강을 사용한 예이다. 트러스구법은 일반적으로 강재의 사용량에 비해 커다란 내력을 가지므로 재료비는 싸게 되나 조립 등에는 품이 많이 든다. 그러므로 최근에는 상당히 큰 간사이를 필요로 하는 경우를 제외한 체육관이나 공장 등에서는 그림과 같은 단순한 형식의 것을 많이 사용한다. 본 서에서는 지붕골조의 형태에 따라 **ㅅ자형 라멘**이라 명명하였는데, 일본에서는 이를 **산형**(山形) **라멘**이라 한다.

변단면 기둥

골조부재의 단면 크기를 응력에 맞춰 변화시킨 **변단면**(変斷面)**구조**도 사용된다.

2. 2. 6 강관구법

(1) 구법의 개요

기둥, 보 등 구조상 중요한 부재에 강관을 사용한 구조방식을 **강관구법**이라 한다. 원형중공 단면의 강관은 휨, 비틀림, 국부좌굴 등에 대해 강하며 단면의 방향성도 없어 구조재로서 많은 이점을 갖고 있다. 강관을 사용한 외관은 단순명쾌하여 의장상의 목적으로 구조체를 노출하는 경우가 많다.

그렇지만 강관과 강관을 리벳과 볼트를 써서 접합하는 것은 어렵고 강관을 정확히 가공하는 것도 고도의 기술을 요하므로, 간단한 기둥재로서 사용하는 경우를 제외하고 지금까지 거의 일반화되어 있지 않았다. 그러나 최근 용접기술의 발달과 자동절단기의 개발, 개량에 따라 일반적으로 사용되고 있다. 특히 큰 스팬이 요구되는 경기장이나 전시장, 역사(驛舍) 등의 건물에 **트러스형태**의 **강관구법**이 많이 사용되고 있다.

서울역사 대합실 내부

EXCO 대구

(2) 접합부

관과 관의 이음은 보통 **맞댄용접**으로 하나 관지름이 차이 나는 경우에는 굵은 쪽의 관을 좁혀 용접한다. 현장시공의 용이성을 위하여 접합하고자 하는 양단부에 미리 강판을 용접하여 두고, 이 판을 서로 **볼트**로 체결하기도 한다. 또 관과 관의 접합은 트러스구법의 경우와 같이 각 부재의 중심선이 한 점에 교차되도록 접합할 필요가 있다. 이 경우 절단, 가공에 특히 높은 정밀도와 확실성이 요구된다. 지점과 절점 등 힘이 집중하는 곳에서는 강관이 **국부변형**과 **좌굴**을 일으킬 위험이 있어 부분적으로 보강할 필요가 있다.

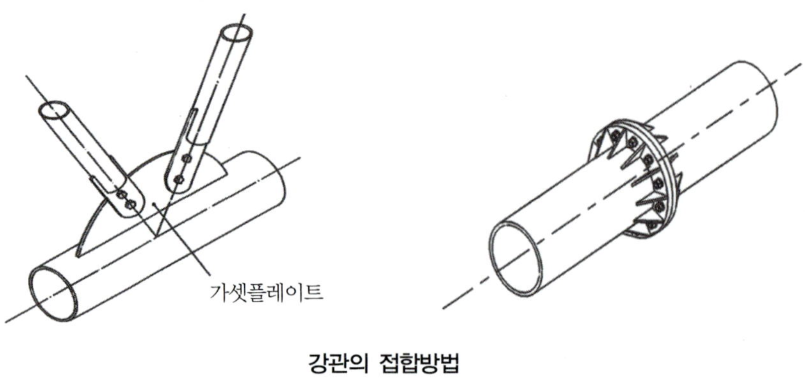

강관의 접합방법

2. 2. 7 경량철골구법

(1) 구법의 개요

경량철골구법이란 **경량형강**(Light Gauge Steel)을 중요한 구조부분에 사용한 것을 말한다. 경량형강은 경량인 데 비해 강하다는 이점을 갖고 있어 중량이 거의 같을 경우에 단면 2차모멘트 등의 특성은 경량형강이 보통 형강의 대략 2배 이상이 된다. 단, 생산방법상 재료가 얇고 단면도 작은 것에 한정되므로 대규모 고층건축물에는 적합하지 않다.

종래 목조에 의했던 중소규모의 건축물에 불연화 등을 목적으로 이 구법을 채용하는 경우가 있다. 경량형강은 가벼워서 부재의 운반과 조립은 용이하나 두께가 길이, 폭에 비해 얇아서 **비틀림**과 **국부좌굴**, **국부변형**이 생기기 쉽다. 또 녹의 영향도 크게 받으므로 녹방지 도장 등에 의한 처리는 물론, 결로 등에 대해서도 충분한 배려가 필요하다.

접합법으로서는 볼트, 특히 **보통볼트**에 의한 경우가 많다. 그러한 경우에는 건물 완성 후 풀리는 일이 없도록 2중너트와 탄성철물 등을 사용할 필요가 있다. 용접의 경우에는 두께가 얇으므로 용접온도가 높으면 재료가 녹아 구멍이 나는 사례가 많아 보통형강보다 고도의 기술이 요구되며, 특히 현장에서의 용접은 피하는 것이 좋다.

(2) 부재와 접합부

구법의 원리는 전반적으로 보통형강에 의한 축조구법에 준하여 생각하면 된다. 단 보통형강에 비해 단면이 작아 **비틀림**이 발생하기 쉬우므로 기둥과 보 등의 주요부재에 대해서는 단일재를 사용하지 않고, 두 재료 이상의 조합에 의한 **2축대칭**의 단면형으로 보강하여 사용하는 것이 일반적이다.

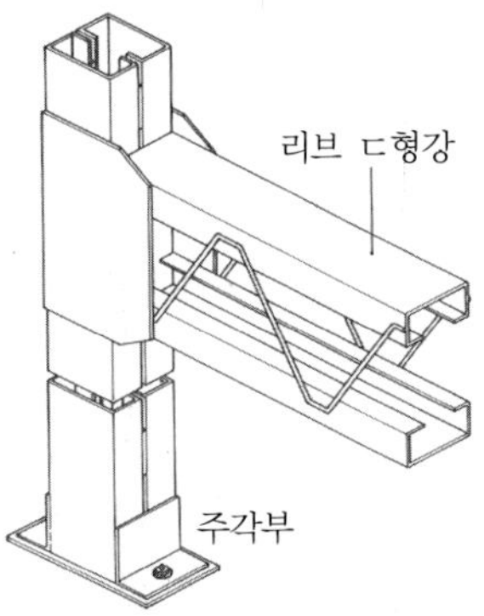

부재조합의 예

주각과 기둥, 보의 접합부에 대해서는 보강을 겸한 철판을 써서 볼트 접합하는 일이 많으며, 응력집중에 의한 국부변형이 생기기 쉬우므로 다음 그림과 같은 배려가 필요하다.

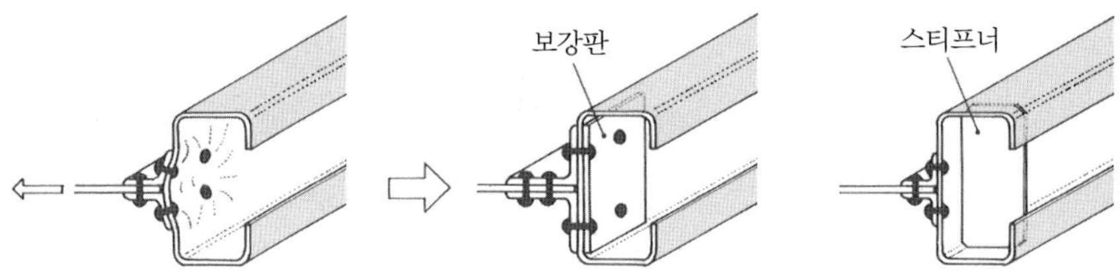

국부변형에 대한 대처방법

(3) 경량철골 공업화구법

경량형강은 일반 철골에 비해 다루기 쉽고 공장에서 생산되기 때문에 생산성을 목적으로 하여 **공업화구법**으로 사용된다. 건축부재로의 형성방법에 따라 다음과 같이 분류된다.

① 현장제작방식

사전에 설계된 도면에 따라 경량형강을 이용하여 현장에서 패널로 조립하고 이 부재들을 현장에서 세워 건축물을 만드는 방식으로, 기본적인 시공방법 및 구조형식은 목재에 의한 **2×4구법**[23]과 같다.

② 공장제작 패널방식

공장에서 사전에 패널부품을 제작하고 현장으로 운반하여 현장에서는 조립만 하는 방식으로, 현장에서의 가공작업이 적어지므로 매우 생산성이 높은 방식이다.

③ 유닛방식

공장에서 패널을 조립하여 입방체의 형태로 미리 실(室)을 구성하여 현장으로 운반하고 현장에서는 이들을 입체적으로 쌓아올려 건축물을 구성하는 방식이다. 공장가공도가 높으므로 공기가 매우 짧게 된다. 그러나 실공간이 한정되므로 동일 평면이 반복되는 학교건축이나 단위공간이 작아도 되는 주택 등에 적합하다. **모듈러 시스템**(modular system)이라고도 한다.

23) p.130

이것은 일반제품과 마찬가지로 설계, 제작, 시공이 일관된 시스템으로 갖추어져야 하므로 일반화하는 데에는 어려움이 있어 실용화의 한계성이 있으나, 현재 우리나라에서는 **스틸하우스**(steel house)라는 이름으로 보급되고 있다.

현장제작방식

공장제작 패널방식

유닛방식

완성모습

스틸하우스의 골조 (참고문헌 5)

2-3 철골철근콘크리트조

2. 3. 1 개요 및 시공

(1) 구법의 개요

철골골조의 주위에 철근을 배근하고 둘레에 거푸집을 짜서 현장타설 콘크리트로 일체화시키는 방식의 구조를 **철골철근콘크리트조**(SRC조: Steel framed Reinforced Concrete)라 한다.

SRC조는 인성(靭性)이 뛰어난 철골조와 잘 변형되지 않는 철근콘크리트조의 구조특성을 살린 **합성구조**(合成構造)이다. 일반적으로 철근콘크리트조와 비교했을 때 강재의 비율이 많은 만큼 내진적이고, 철골조와 비교하면 지진이나 바람에 의한 변위(變位)가 적고 진동도 적어 **거주성**이 우수하며, 강재가 콘크리트에 피복되어 있는 만큼 **내화적**이다. 이러한 이유에서 고층건축물이나 초고층건축물의 하층부에 사용한다.

최근에는 전술한 것처럼 철골조나 철근콘크리트조의 이종(異種)부재를 조합한 **복합구조**[24)]가 보급되어, 간사이에 따라 보만을 철골로 한 SRC조로 하거나 접합부의 작업성을 고려해서 철골을 매입한 PC보를 사용한 철근콘크리트구조, PC패널을 사용한 SRC조(HPC구법)로 하는 사례들이 있다.

SRC조는 지진이 많은 일본에서 독특하게 진보된 공법으로, 구조원리상 다량으로 필요한 철근 대신에 철골을 넣은 식의 극히 철근콘크리트조에 가까운 것부터 콘크리트에 의한 내화피복을 매우 두껍게 한 듯한 철골조방식에 가까운 것에 이르기까지 개념적으로 여러 종류가 있을 수 있다.

구조설계에 있어서도 철골을 동등한 단면적을 가진 철근으로 취급해서 계산하는 **철근콘크리트식**과 철골 부분과 철근콘크리트 부분의 허용 휨모멘트의 합이 설계모멘트를 상회하도록 하는 **누가강도**(累加强度)**식**이 있는데 후자로 설계하는 일이 많다.

24) p.52

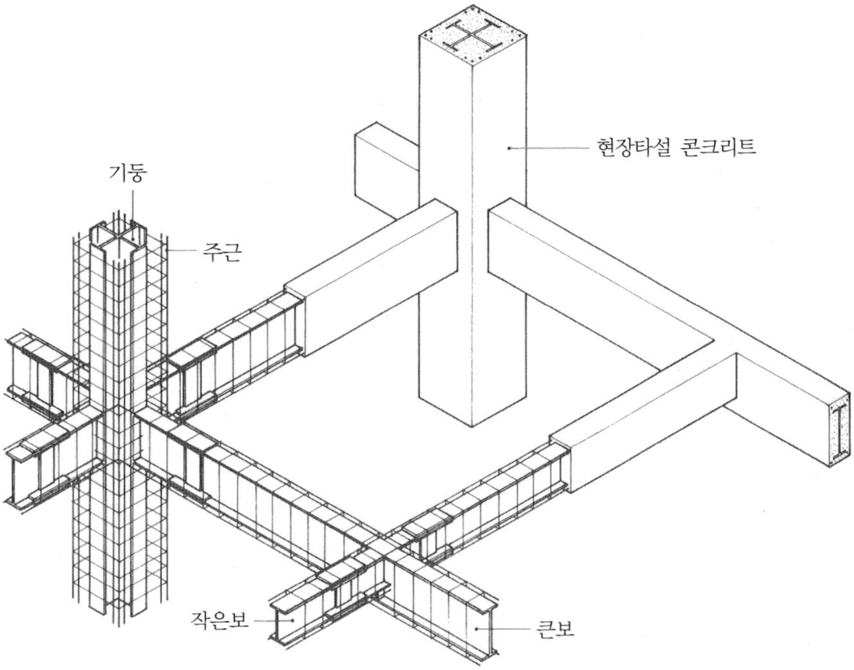

골조가구도

(2) 재료와 시공

SRC조에 사용되는 재료는 원칙적으로 철근콘크리트조와 철골조에 사용되는 것과 같은 것으로, 철골철근콘크리트로서의 비중은 강재의 비율이 많은 만큼 보통의 철근콘크리트보다 0.1 t/m^3 정도가 더 무겁다.

시공상의 문제점으로는 철골조나 철근콘크리트조와 비교했을 때 **철골**과 **철근**의 **상호간섭** 때문에 교차부의 처리가 어렵고, 경우에 따라서는 단면을 작게 하는 것도 어려움이 있는 등 시공이 어려워 공기가 길어지는 단점을 가지고 있다.

이 외 SRC조는 콘크리트를 타설해야 비로소 적정 구조내력을 가진 구조체로서 완성되는 것이나 철골을 사용하는 관계상, 꽤 높은 층수까지 가설구조물인 상태로 철골을 **선행**(先行)**조립**하도록 시공계획하는 경우가 많아 공사중에 강풍 등에 대해 충분한 대비가 필요하다.

2. 3. 2 각부구조

(1) 보

보의 단면형상으로서는 아래 그림과 같은 것이 사용된다. 그림(a)는 최근 사용되고 있는 형태로 **H형강** 등의 단일 형강을 이용한 것, 그림 (b)는 종래부터 있는 형으로 **L형강**과 **래티스**(lattice) 등을 조립한 것이다. 강관과 각형(角形)강관은 콘크리트가 잘 채워지지 않으므로 그다지 사용하지 않는다. 또 그림(a)와 같은 충복형(充腹形)의 경우, 배관이나 콘크리트 타설을 고려하여 구멍을 뚫는 경우가 있다.

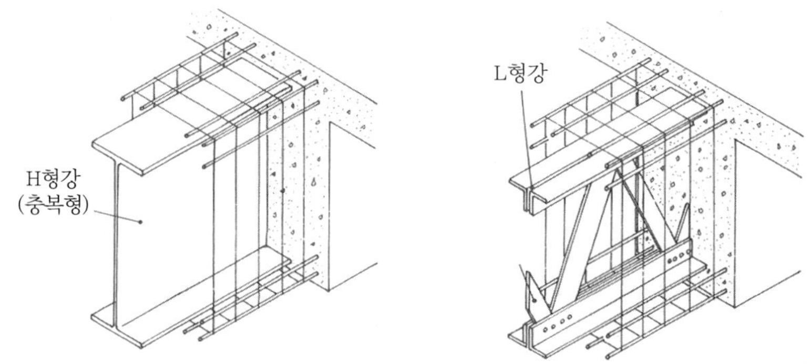

(a) H형강 (b) L형강+래티스

보의 단면형상

조립에 사용되는 철골로서는 **L형강**과 **T형강**을 주로 사용하고, 그 경우 그것을 접합한 웨브(web) 형식으로서는 다음의 세 가지가 대표적이다.

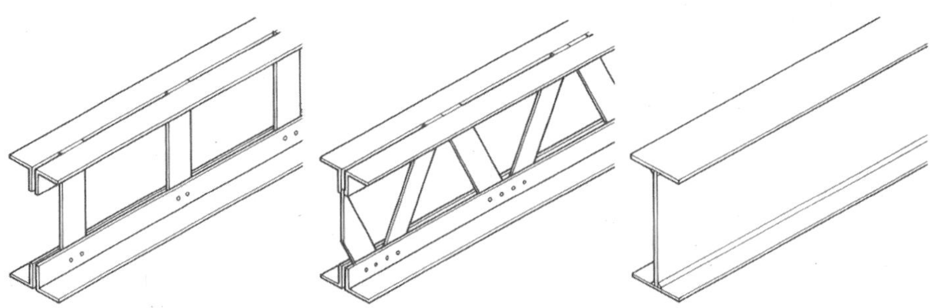

(a) 대판형 (b) 래티스 (c) 충복형

철골보의 종류

대판(帶板)형과 래티스형의 비충복형(非充腹形)의 형식을 open web, 충복형의 것을 full web라 부른다. 대판형은 구조상 문제가 생기기 쉬워 최근 사용하지 않는데 웨브의 내력은 대판형, 래티스형, 충복형의 순으로 커진다.

(2) 기둥 및 주각

기둥의 단면형상은 보와 유사하여 L형강, H형강을 사용하고, 이외에 강관이나 각형강관에 의한 것도 있다. 웨브형식도 보와 같이 3종류로 나눌 수 있다.

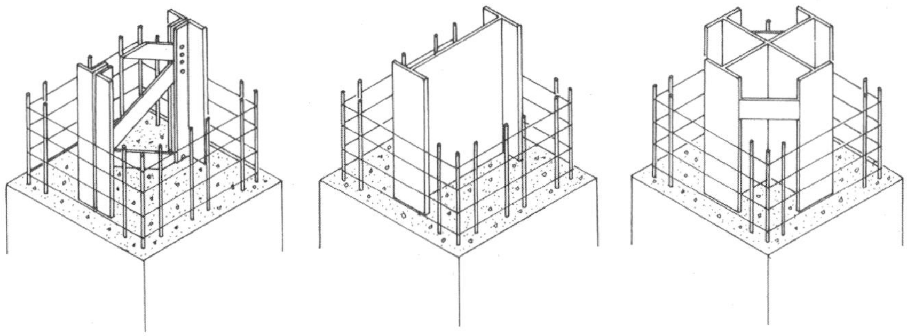

(a) L형강 (b) H형강

기둥의 단면형상

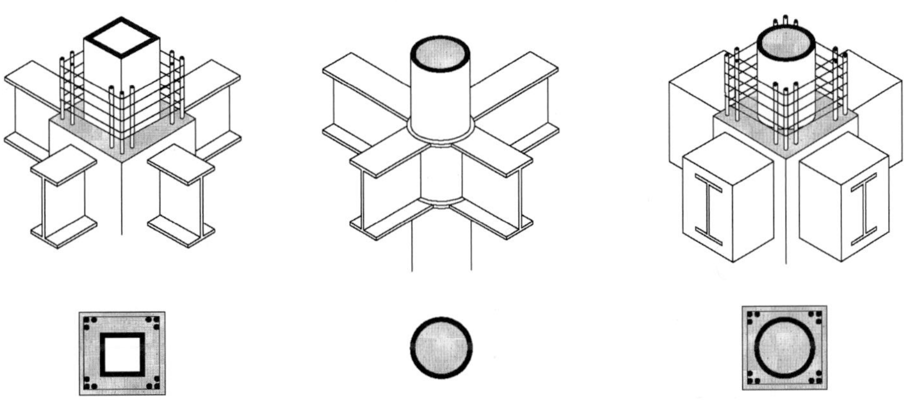

피복형 각형강관 콘크리트 충전형 강관 콘크리트 충전피복형 강관 콘크리트

강관기둥의 종류 (참고문헌 10)

철근콘크리트조의 주각은 일반적으로 고정으로 하고, 고정은 철근과 앵커볼트로 하며 베이스플레이트는 연결보 상단부 높이에 설치하는 경우가 많다.

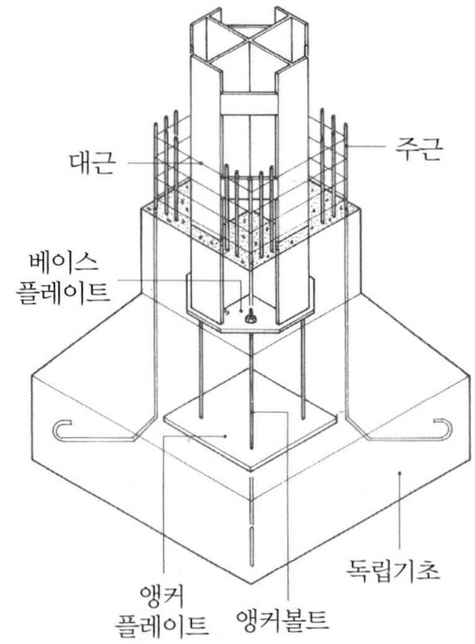

주각상세

(3) 이음

SRC조에서의 이음으로서는 철골과 철근의 양쪽에 대해 생각할 수 있는데, 시공적으로는 철골이 철근보다 우선한다는 점 이외에 기본적인 것은 철골조나 철근콘크리트조의 경우와 같아 다음과 같은 점에 주의한다.

① 커다란 응력이 생기는 위치는 피한다.
② 이음부를 동일개소에 집중시키지 않는다. 특히 철골과 철근은 어긋나게 한다.
③ 접합시킨 부재가 일체가 되도록 충분히 내력을 고려한다.

보 철골은 철골조와 같이 단부를 미리 기둥에 접합하여 놓고 중간부분의 양측을 현장에서 접합하는 방식이 많다. 또 철근이음은 철근콘크리트조에 준하여 생각한다.

일반적으로 웨브가 래티스나 대판 등으로 된 비충복형식의 기둥과 보의 접합에는 **가셋플레이트**(gusset plate)에 의한 방법이 사용되고, 웨브가 충복형식인 기둥과 보와의 접합에는 **용접**에 의한 방법이 사용된다. 용접에 의한 경우의 기둥은 철근콘크리트 부분의 내력분담이 커서 기둥철골이 보철골보다 작아지게 되므로 기둥을 보의 상하단에서 접합하는 방법도 많이 사용된다.

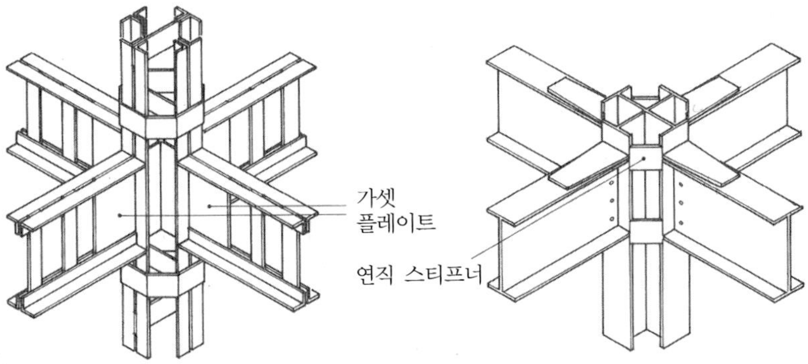

(a) 가셋플레이트에 의한 비충복형 기둥, 보의 접합

(b) 용접에 의한 십자기둥과 I형 보의 접합

기둥과 보의 접합

기둥·보 접합부는 응력전달기구가 명쾌해서 무리가 없을 것, 철근배근에 무리가 없을 것, 콘크리트 타설이 용이할 것 등이 고려되어야 한다.

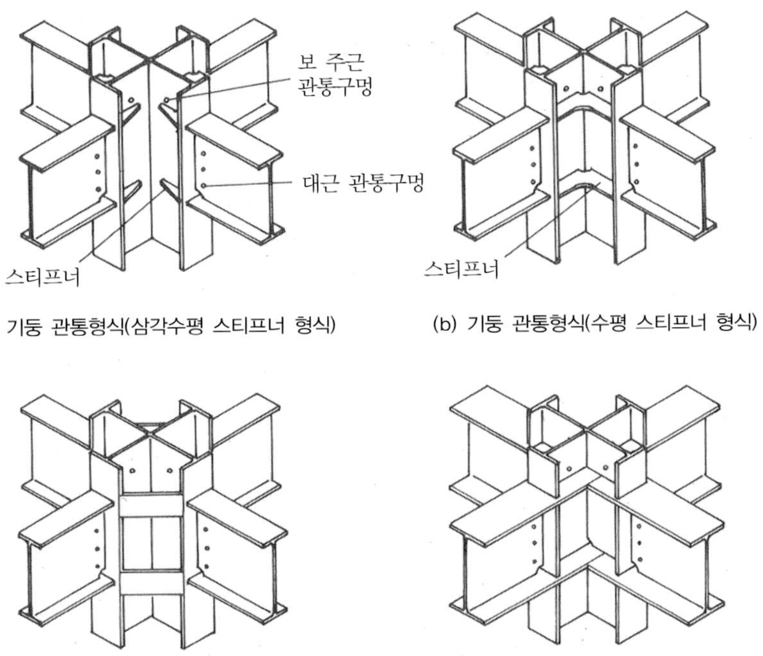

(a) 기둥 관통형식(삼각수평 스티프너 형식)

(b) 기둥 관통형식(수평 스티프너 형식)

(c) 기둥 관통형식(연직 스티프너 형식)

(d) 보 플랜지 관통형식

기둥 · 보의 접합방식

2-4 조적조(Masonry Construction)

2. 4. 1 종류 및 구조

(1) 조적조의 종류

유럽에서는 옛부터 벽돌과 돌 등을 모르터 등으로 접착해서 쌓아올려 건축물을 만들었다. 이렇게 벽돌과 돌과 같이 작은 부재를 쌓아 완성하는 건축물을 일반적으로 **조적조**(組積造)라 한다. 고대의 건축물로 유명한 **피라미드**나 **지구라트**(Ziggurat)는 물론 그리스, 중세 로마의 건축물 등 대부분이 석재나 벽돌에 의한 조적조이다.

지구라트(Ziggurat)

포세이돈 신전(Temple of Poseidon)

콜로세움(Colosseum)

지금 일반적으로 사용하는 조적재는 **벽돌**과 **콘크리트블록**이 일반적이다. **석재**에 의한 조적조는 지금은 거의 볼 수 없고, 석재는 판상(板状)으로 가공하여 구조체에 부착시키는 **마감구법**으로 바뀌었다. 콘크리트블록은 근대에 들어와 만들어진 재료로, 인력으로 작업할 수 있는 범위에서 작업성을 위해 크기를 최대화한 재료라고 볼 수 있다. 최근에는 신재료로서 **ALC**(Autoclaved Lightweight Concrete)**블록**이 개발되어 건물 벽체에서 콘크리트블록의 역할을 대신하고 있다.

조적조는 유럽이나 우리나라와 같이 지진이 적어 연직하중만 처리하면 되는 경우에 적당한데 지진이 많은 나라에서는 이를 고려하여 철근과 콘크리트로 보강한 형식이 많다. 대표적인 것으로서 콘크리트블록의 공동(空洞)부분을 철근으로 보강하면서 쌓아 올라가는 **보강블록조**와 일종의 버림거푸집으로서 쓰이는 콘크리트블록에 의한 **거푸집 블록조** 등이 있는데, 이것들은 엄밀히 보면 철근콘크리트에 의한 벽식구조라고 볼 수 있다.

현재 사용하는 조적조는 기둥에 해당하는 것이 없는 일종의 **벽식구조**이다. 기둥과 가새와 내진벽을 겸한 **내력벽**과 내력벽 위의 **테두리보**, 그리고 **연속기초**가 구조요소이다. **슬래브**는 일반 벽식 철근콘크리트구조와 마찬가지로 현장타설 콘크리트로 시공된다. 그러나 구조적인 일체성은 미약하므로 비교적 소규모의 단독주택의 벽체나 고층건물의 칸막이벽에 많이 사용된다.

(2) 내력벽(bearing wall)

조적조에서의 내력벽은 벽돌이나 블록을 쌓아올려 만들므로 일체적으로 만들어진 벽식 철근콘크리트조와 비교해서 풍압력이나 지진력 등의 수평력에 저항하는 힘이 약하므로 다음과 같은 제한이 있다.

① 조적재에 의한 건축물높이를 13m(처마높이는 9m) 미만으로 한다.
② 2층 또는 3층의 건물에서 최상층 부분의 내력벽 높이는 4m 이하로 한다.
③ 내력벽의 길이는 10m 이하로 한다.
④ 내력벽으로 둘러싸인 부분의 바닥면적은 80㎡ 이하로 한다.
⑤ 내력벽의 두께는 바로 위층의 내력벽 두께 이상이어야 하고, 다음 표의 두께 이상으로 하되, 벽돌조에서는 벽높이의 1/20 이상으로 하고 블록인 경우에는 1/16 이상으로 한다.

(cm)

건물높이	5m 미만		5m 이상 11m 미만		11m 이상	
벽길이 / 층별	8m		8m		8m	
	미만	이상	미만	이상	미만	이상
1층	15	19	19	29	29	39
2층	–	–	19	19	19	29
3층	–	–	19	19	19	19

⑥ 내력벽으로 둘러싸인 바닥면적이 60㎡를 넘는 경우에 그 내력벽의 두께는 다음 그림과 같다.

(단위 : cm)

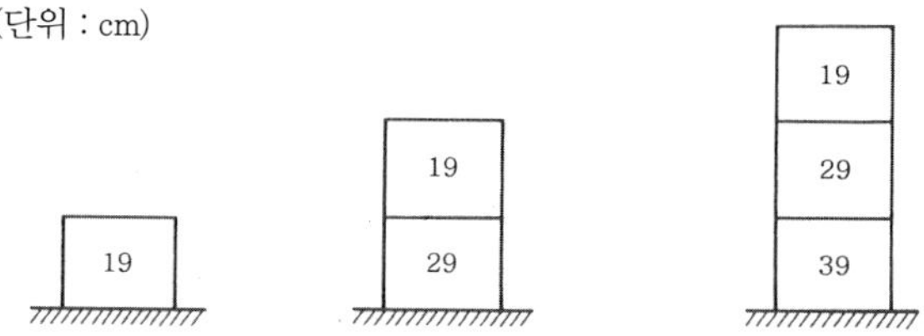

(a) 단층건물 (b) 2층건물 (c) 3층건물

조적식구조인 **칸막이벽**(비내력벽)의 두께는 9㎝ 이상으로 하고, 칸막이벽의 바로 위층에 칸막이벽이나 주요구조물을 설치하는 경우에는 당해 칸막이벽의 두께는 19㎝ 이상으로 한다.

한편, 배관 등을 목적으로 층높이의 3/4 이상인 연속한 **세로홈**을 설치하는 경우에는 그 홈의 깊이는 벽두께의 1/3 이하로 하고 **가로홈**을 설치하는 경우에는 그 홈의 깊이는 벽두께의 1/3 이하로 하되, 길이는 3m 이하로 한다.

(3) 개구부 및 인방(lintel)

조적조인 내력벽에서 개구부는 구조적으로 매우 취약한 부분이다. 따라서 다음과 같은 구조제한이 있다.

① 각 층의 대린벽으로 구획된 각 벽에서 개구부의 폭의 합계는 벽길이의 1/2 이하로 한다.

② 한 층의 개구부와 바로 위층의 개구부와의 수직거리, 또 같은 층의 벽에 상하의 개구부가 분리되어 있는 경우, 그 개구부 사이의 거리는 60㎝ 이상으로 한다.

③ 각 층마다 개구부 상호간 또는 개구부와 대린벽의 중심과의 수평거리는 그 벽두께의 2배 이상으로 한다.

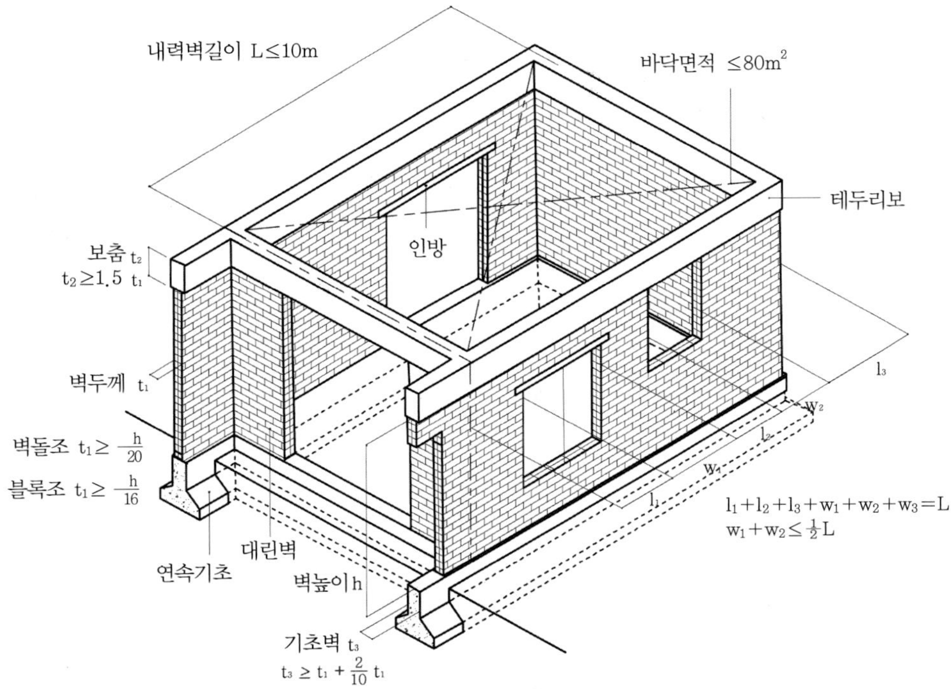

조적조 규정

이러한 규정들은 개구부를 균형적으로 분산배치하기 위한 것이다. 또 조적재를 겹쳐 쌓는 형식이므로 개구부 상부의 **인방**을 설치하는 곳에는 주의가 필요하다. **인방**으로서는 다음 그림의 3종류가 대표적이나 폭이 1.8m를 넘는 경우에는 **철근콘크리트구조**의 인방을 설치해야 하며, 의장상의 목적으로 **철골**을 사용하기도 한다.

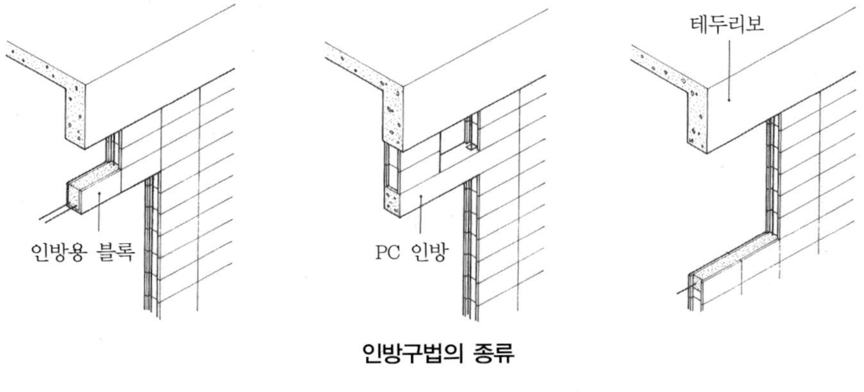

인방구법의 종류

(4) 테두리보(wall girder)

조적재의 상부를 연결하는 부재가 **테두리보**이며 이것은 내력벽의 보강근을 정착시켜 수평하중에 대해서 내력벽을 일체화하거나 하중을 분포하는 등의 역할 외에 연직하중을 아래층에 전달하거나 줄눈을 어긋나지 않게 하고 수평면을 고르게 하는 조정역할도 한다.

보통은 현장타설의 철근콘크리트로 하여 바닥이나 지붕 슬래브와 일체로 한 것이 많다. 테두리보는 건축물의 수평방향의 변형을 최소한으로 하고 내력벽의 면외방향에의 흔들림을 방지하기 위한 주요 요소로 그 춤이 벽두께의 1.5배 이상이어야 한다.

(5) 기초

조적조에는 내력벽의 최하부에 현장타설 콘크리트조의 **연속기초** 또는 기초 연결보를 연속하여 설치한다. 기초도 테두리보와 같이 내력벽을 일체화하는 중요한 요소이다. **기초판**은 철근콘크리트구조 또는 무근콘크리트구조로 하고 **기초벽**의 두께는 최하층의 벽두께에 2/10를 가산한 두께 이상으로 한다.

(6) 담장

조적식구조인 담의 **높이**는 3m 이하로 하고, **두께**는 19㎝ 이상으로 한다. 단, 2m 이하의 담에서는 9㎝ 이상으로 할 수 있다. 또한 담의 길이 2m 이내마다 담의 벽면으로부터 담두께 이상 튀어나온 **버팀벽**을 설치하거나, 길이 4m 이내마다 담두께의 1.5배 이상 튀어나온 **버팀벽**을 설치한다.

조적식 담장

2. 4. 2 벽돌조(Brick Construction)

(1) 구법개요

벽돌은 조적조 중에서 가장 대표적인 재료 중의 하나이고 고대로부터 많이 사용되어 왔다. 처음 사용한 것은 고대 **수메르인**[25]이고 벽돌 쌓는 기술은 **로마인**에 의해 유럽에 널리 전파되었다고 한다. 그러나 많은 줄눈을 갖고 있는 관계로 구조상 **횡하중**에 대해서는 매우 취약해서 지진이 많은 나라에서는 기피되고 있다.

그렇지만 벽돌이 가지는 의장성이나 내구성 때문에 우리나라에서는 선호도가 매우 높다. 따라서 구조적인 의미보다도 지금은 **외벽구법**의 하나로 이용되는 경우가 많다. 저층건물에서는 중공벽으로 된 내력벽으로 많이 사용하고 중층에서는 바탕구조체와 긴결재로 연결해서 단순히 외장용 중공벽으로 설계한다.

명동성당 입구

25) B.C.4500~4000에 메소포타미아의 땅, 지금의 이라크, 파키스탄 지역에 바빌로니아를 세운 민족.

(2) 쌓기방식

일반적인 벽돌크기는 **길이** 190㎜, **마구리** 90㎜, **높이** 57㎜이고 이는 줄눈을 10㎜로 했을 때, 길이방향으로는 **200㎜** 배수로, 마구리 방향으로는 **100㎜** 배수, 또 높이방향으로는 3장을 쌓았을 때 201㎜가 되나 벽돌의 자중을 고려하면 **200㎜** 배수가 되므로 벽돌나누기에 편리한 치수로 생산되고 있다. 또 이 치수에 의하면 입면상 벽돌 6장의 크기와 블록 1장의 크기가 같으므로 혼용해서 쌓을 수 있다.

벽돌쌓는 방법의 종류로서는 벽두께에 따라 **반장(0.5B)쌓기**, **1장(1B)쌓기**, **2장(2B) 쌓기** 등이 있고 줄눈의 교점형상에 따라 **막힌줄눈**과 **통줄눈**이 있으며, 줄눈의 패턴과 쌓는 법에 따라 **영식 쌓기**, **플랑드르식 쌓기** 등이 있다. 각종의 조적법이 가능하기 위해서는 분할된 벽돌이 필요하며, 벽면에 나타나는 형태에 따라 각기 명칭이 있다.

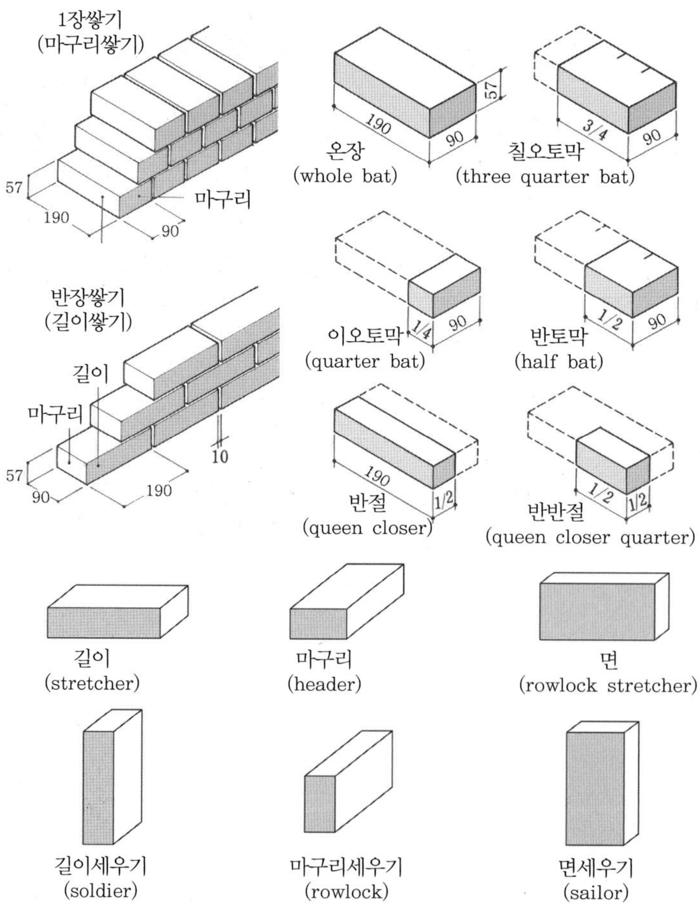

벽돌의 형상 및 명칭

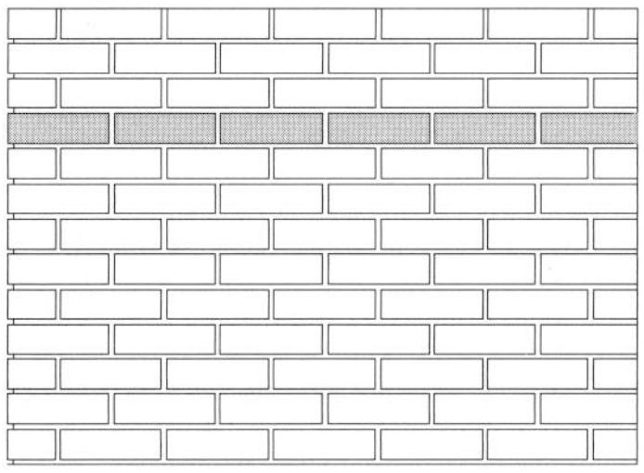

(a) 막힌줄눈 길이쌓기
Running bond

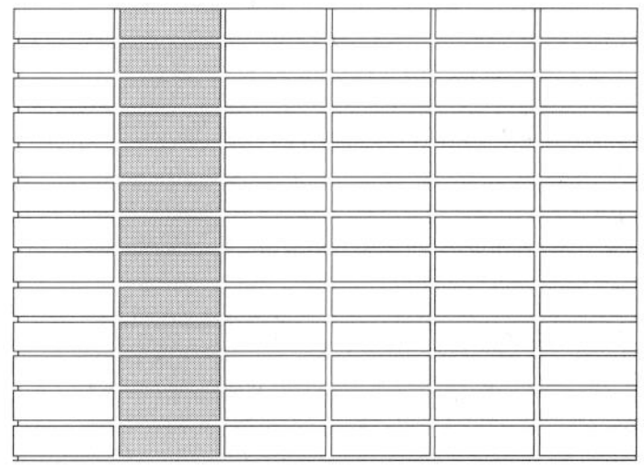

(b) 통줄눈 길이쌓기
Stack bond

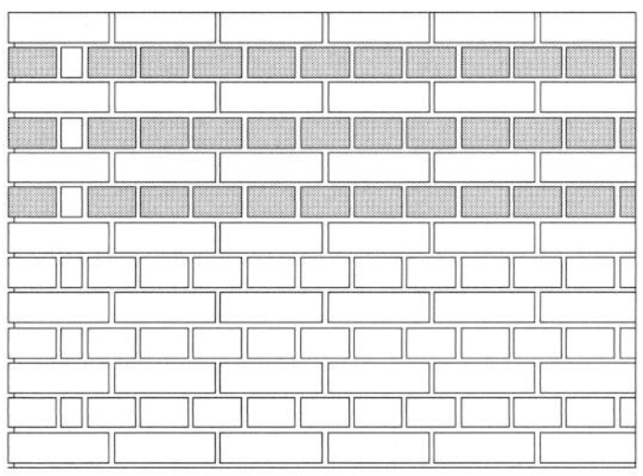

(c) 영식 쌓기
English bond

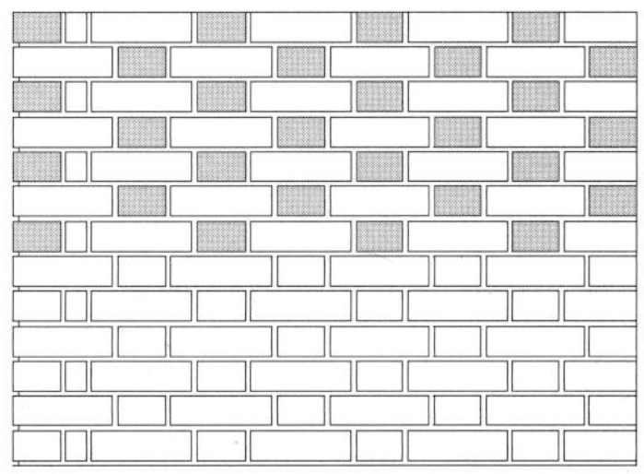

(d) 플랑드르식 쌓기
Flemish bond

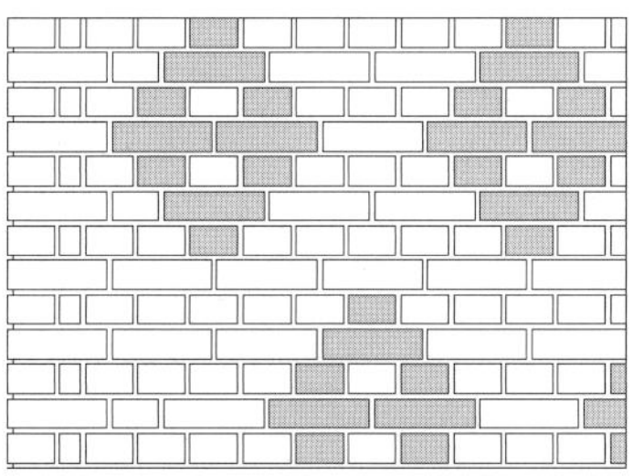

(e) 영식 비켜쌓기
English cross bond

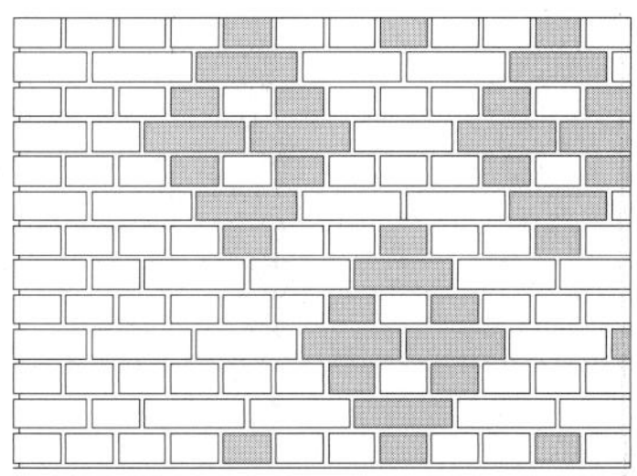

(f) 화란식 쌓기
Dutch bond

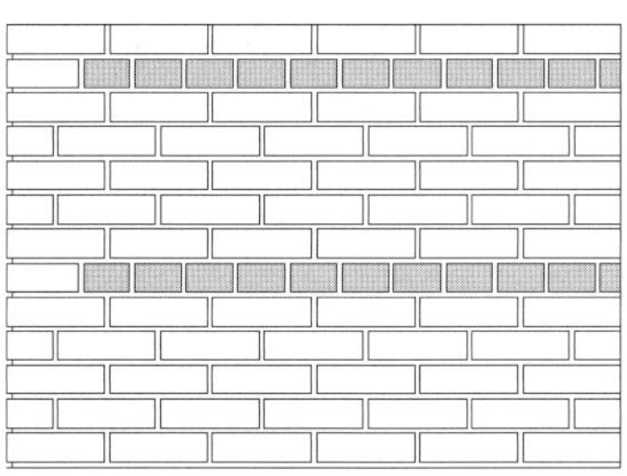

(g) 미식 쌓기
American bond

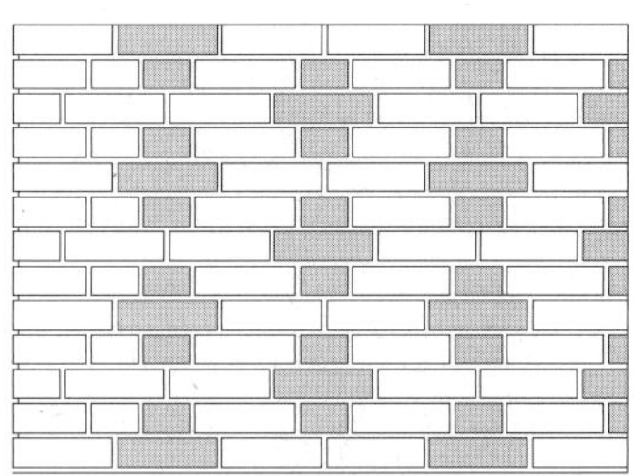

(h) 플랑드르식 비켜쌓기
Flemish cross bond

벽돌쌓기의 종류(1)

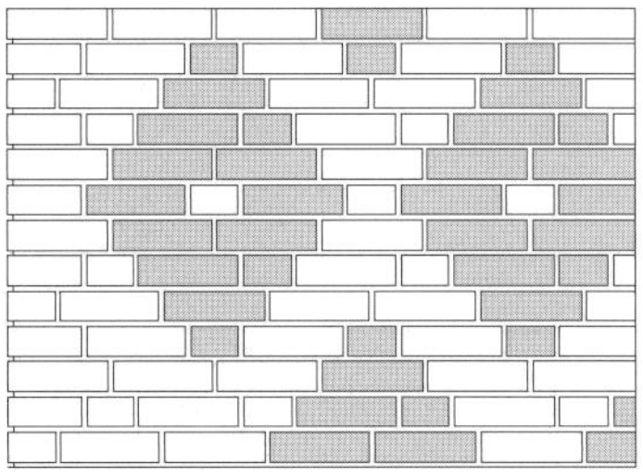

(i) 플랑드르식 경사쌓기
Flemish diagonal bond

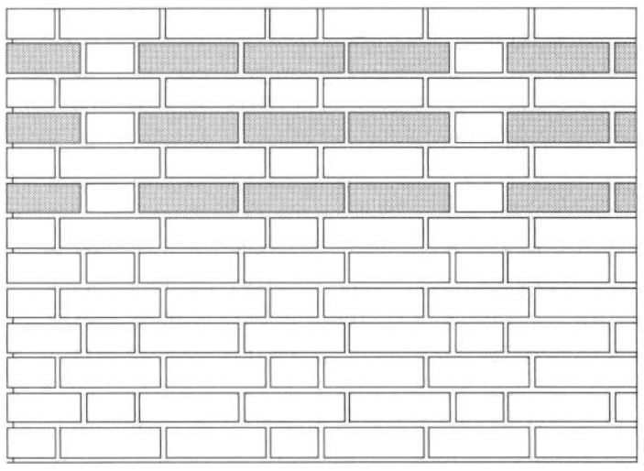

(j) 정원벽 쌓기
Garden walll bond

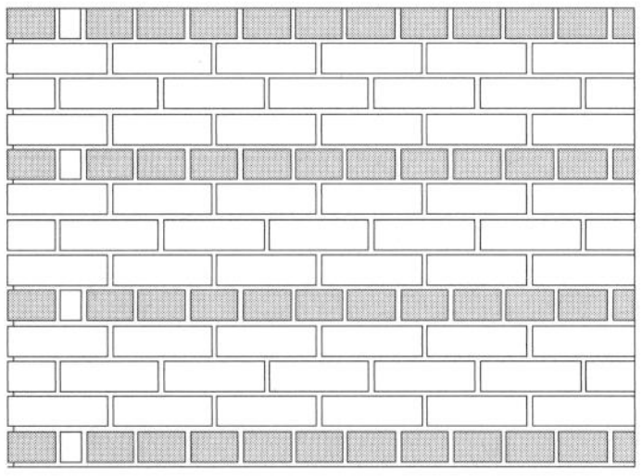

(k) 영식 정원벽 쌓기
English garden wall bond

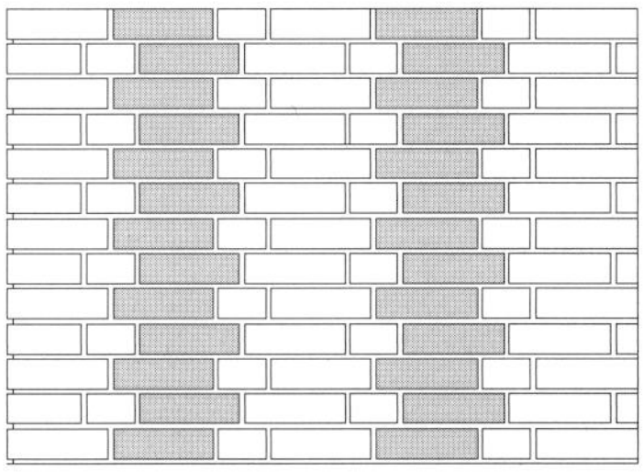

(l) 몽크 쌓기
Monk bond

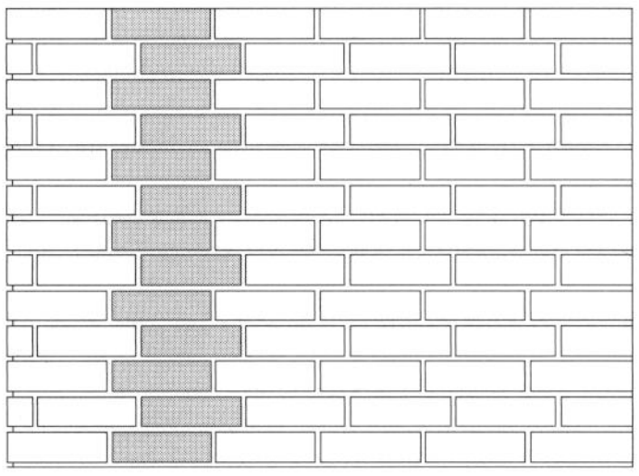

(m) 1/3 비켜 길이쌓기
1/3 Running bond

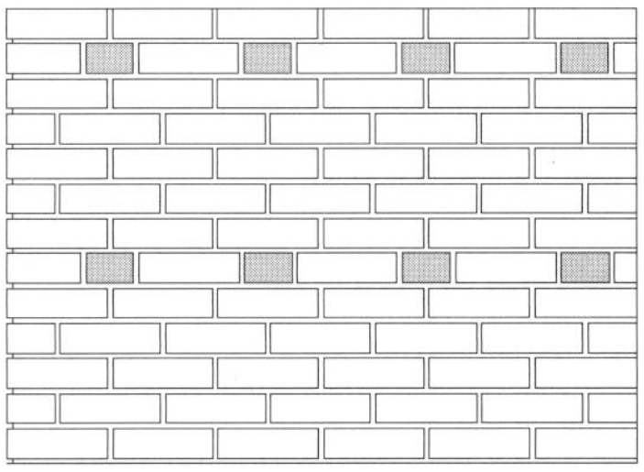

(n) 미식 쌓기(변형)
American bond

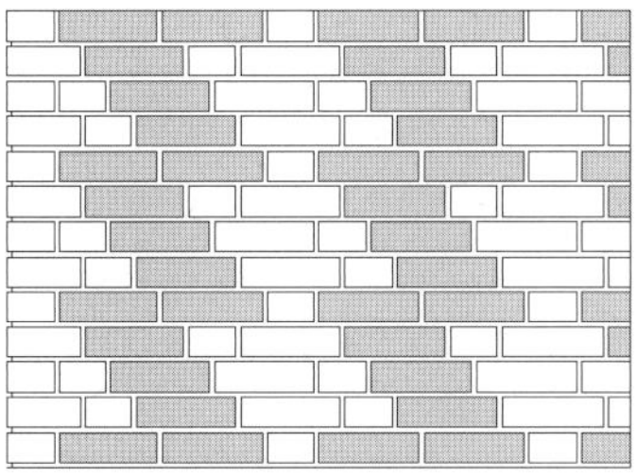

(o) 몽크 쌓기(변형)
Monk bond

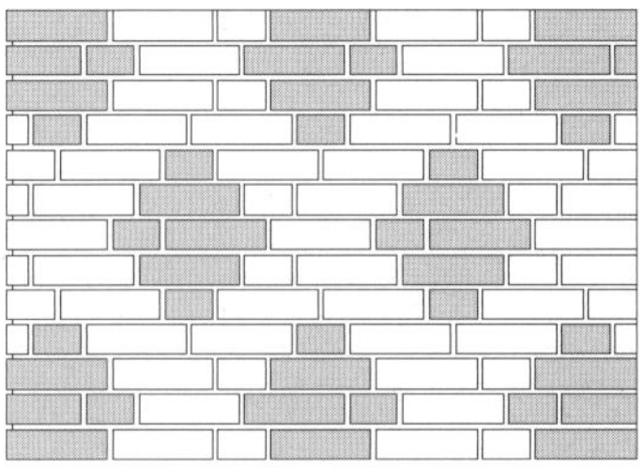

(p) 길이 2장 정원벽 쌓기
Double stretcher garden wall bond

① 길이쌓기 (막힌줄눈: running bond)

0.5B쌓기의 일반적인 쌓기방식으로 벽돌이 상하로 겹쳐져 줄눈이 막힌 형태로 하중을 분산시켜 준다.

② 길이쌓기 (통줄눈 : stack bond)

0.5B쌓기의 형태인데 상하로 줄눈이 통해 있어 구조적으로 취약하여 쓰이지 않으나 줄눈에 보강조치를 해서 사용할 수도 있다.

③ 영식 쌓기

한 켜는 길이쌓기, 다른 켜는 마구리쌓기로 하고 마구리쌓기 켜의 모서리 부분에 **이오토막**을 사용한다. 구조적으로 튼튼한 쌓기방식이다.

④ 플랑드르식 쌓기

한 켜 안에서 길이와 마구리를 번갈아 쌓는 방식이다. 모서리 부분에 **이오토막**(영식)이나 **칠오토막**(화란식)이 필요하다. 일본에서는 이것을 **불식 쌓기**라 오역하여 우리나라에서도 이를 그대로 옮겨 표기해 왔으나 **플레미쉬**(Flemish)는 벨기에의 **플랑드르**(Flandre, 영어로는 Flanders)지방을 의미한다.

⑤ 영식 비켜쌓기

영식 쌓기의 변형으로 영식 쌓기에서는 길이켜의 줄눈이 상하로 일치하나, 여기에서는 길이쌓기 켜의 모서리부에 마구리 한 장을 끼워 넣어 길이켜의 줄눈이 상하로 어긋난 패턴을 만들어낸다.

⑥ 화란식 쌓기

영식쌓기와 마찬가지로 한 켜는 길이쌓기, 다른 켜는 마구리쌓기로 하되, 길이쌓기 켜의 모서리부에 **칠오토막**을 쓰고 마구리 한 장을 끼워 넣어 **영식 비켜쌓기**와 같은 패턴이 된다.

⑦ 미식 쌓기

길이쌓기의 변형으로 5켜에서 7켜마다 마구리쌓기로 함으로써 구조적으로 튼튼하게 한 쌓기방식이다. 미국에서는 이를 **일반쌓기**(common bond)라 한다.

⑧ 플랑드르식 비켜쌓기

플랑드르식 쌓기의 변형으로 한 켜에 길이와 마구리를 번갈아 쌓고, 한 켜 걸러 길이쌓기켜를 둔다.

⑨ 플랑드르식 경사쌓기

플랑드르식 비켜쌓기의 변형으로 모서리부의 벽돌 조합으로 다이아몬드 패턴을 만든다.

⑩ 정원벽쌓기

각 켜에 길이 석장마다 마구리 한 장이 들어가고 마구리는 길이쌓기의 정중앙(正中

央)에 오게 한다. 정원벽쌓기는 구조적으로 약하므로 비내력벽이나 정원 등의 하중이 작은 소규모 벽에 사용되는 쌓기방식이다.

⑪ 영식 정원벽쌓기

미식 쌓기와 영식 쌓기의 중간적인 성격을 가지고 있다. 길이쌓기 3켜마다 마구리쌓기가 오는데 마구리쌓기의 모서리부에 이오토막이 쓰인다.

⑫ 몽크쌓기

길이 두 장마다 마구리 한 장을 쌓고 모서리부에 칠오토막을 쓴다. 이 방식은 수직으로 지그재그 패턴이 만들어져 채색벽돌로 벽면을 강조한다. 영문 명칭과 달리 수도원과의 연관은 없고 **플랑드르식 쌓기**의 변형인데, flying bond라고도 한다. 중세 독일에서 사용되었다가 지금은 거의 사용되지 않는다.

⑬ 1/3 비켜 길이쌓기

길이쌓기의 변형으로 1/3 어긋난 막힌줄눈 쌓기이다. 모서리에 3분할된 벽돌이 쓰인다.

⑭ 미식 쌓기(변형)

미식 쌓기의 마구리켜에 길이 한 장을 번갈아 넣는다.

⑮ 몽크쌓기(변형)

몽크쌓기의 변형으로 마구리벽돌이 길이벽돌의 정중앙에 오는 쌓기방식으로 지그재그 패턴을 더 크게 나타낸 것이다.

⑯ 길이2장 정원벽쌓기

몽크쌓기와 마찬가지로 길이 2장에 마구리가 1장이 오는데, 다이아몬드 형태가 나오도록 한 정원벽쌓기이다.

영롱쌓기

엇모쌓기

(3) 줄눈(joint)

모르터에 의한 벽돌줄눈은 벽돌간의 간격을 채워 벽돌을 접착하는 역할 외에 벽돌 치수의 차이를 보정하는 역할도 하고 의장상의 효과도 줄 수 있다. 줄눈형성방법은 크게 2가지가 있는데, 하나는 쇠흙손에 의한 방법과 별도의 연장을 사용하는 방법이 있고, 형태는 다음 그림과 같은 것이 대표적이다.

오목줄눈과 **V형 줄눈**은 특수 연장을 사용해서 만들며 빗물의 통과를 막는데 효과적으로 강우가 심하거나 바람이 센 지역에 적합하다. **윗빗줄눈**[26)]은 쇠흙손으로 다지면서 깎아내 물이 쉽게 흘러내리도록 할 수 있고, **아래빗줄눈**도 쇠흙손작업은 동일하나 다른 줄눈만큼 물이 잘 흘러내리지는 않는다. **민줄눈**은 가장 단순한 줄눈으로 쇠흙손으로 벽돌 표면에 맞춰 깎아내므로 줄눈이 다져지지도 않고 작은 실눈이 생기기도 한다. 이 줄눈은 방수성능이 없다.

평줄눈은 모르터가 굳기 전에 파내서 만들기 때문에 잘 다져지지 않아 방수성능이 떨어져 비가 많거나 기온이 영하로 떨어지는 지역에서는 피하는 것이 좋지만, 벽돌 크기가 균질하지 않을 때 효과적인 줄눈이다. **퍼진 줄눈**은 벽돌을 눌러 모르터를 약간 짜내서 굳을 때까지 그대로 방치해서 만들고 **볼록줄눈**은 연장을 사용해 만든다. 이 줄눈들은 건조한 지역에 적합하다.

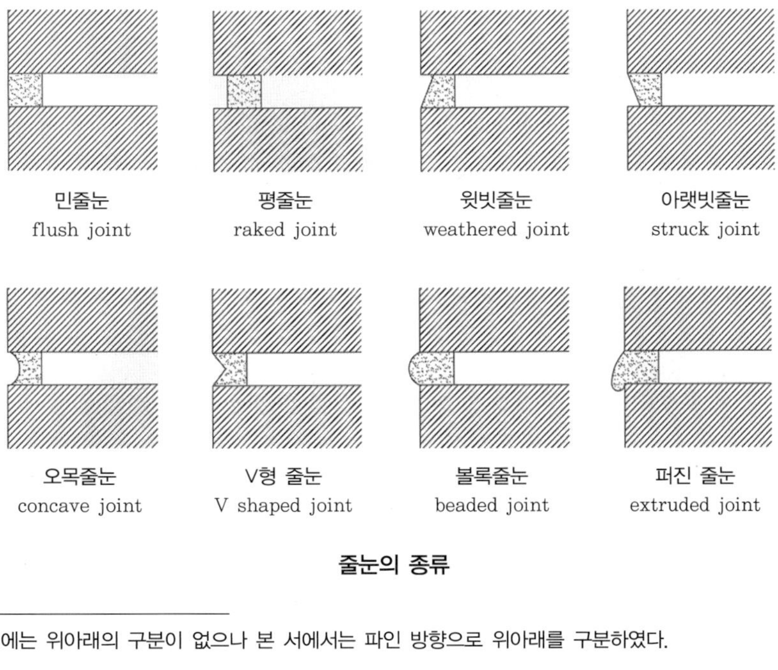

줄눈의 종류

26) 기존의 문헌에는 위아래의 구분이 없으나 본 서에서는 파인 방향으로 위아래를 구분하였다.

(4) 아치쌓기

조적조에서는 작은 부재를 쌓아올려 구조체를 만들므로 개구부를 형성하기 어렵다. 따라서 일반적으로 개구부 상부의 조적재를 지지하기 위해 **인방**을 두게 된다.

그러나 인방을 두지 않고 조적재만으로 개구부를 두기 위해서는 **아치**(arch)를 쌓아 개구부 상부의 조적재의 하중을 **압축력**만으로 옆으로 분산시키는 방법을 쓴다. 아치쌓기는 고대로부터 조적조인 건축물이나 교량 등에서 큰 개구부를 만들기 위한 수단으로, 이에 따라 다양한 구법이나 양식이 탄생하게 되었다.

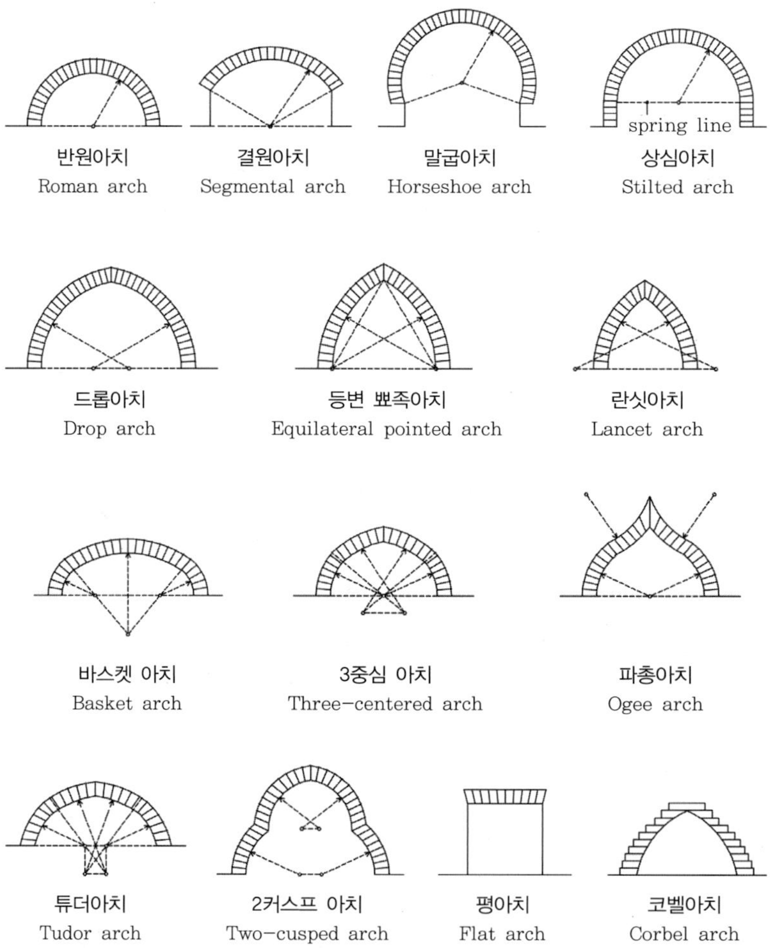

아치의 종류

불국사

앙코르와트신전

아치구조는 중세시대에 와서는 더욱 다양한 방법으로 발전되어, **볼트**(vault)[27)]나 **돔**(dome)은 아치구조를 응용한 지붕구조로서 큰 공간을 형성하는 데 매우 유용한 방법으로 사용되었다.

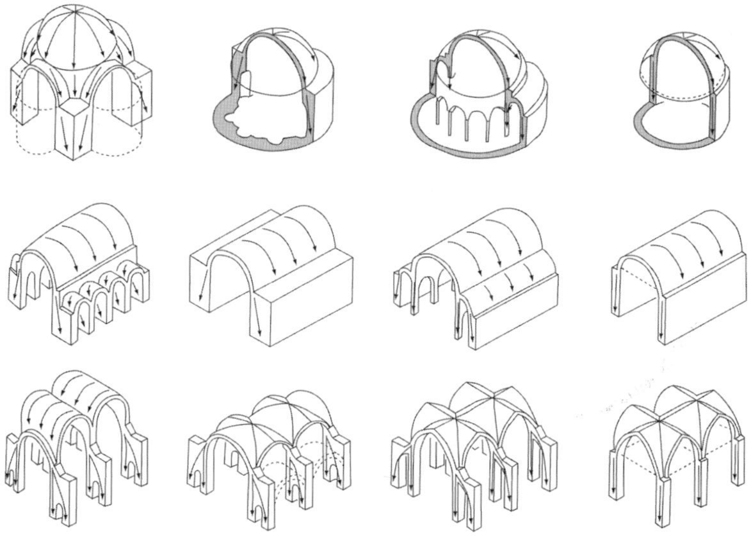

아치를 이용한 볼트의 개념(참고문헌 19)

근대에 들어와서 사용된 **쉘구조**도 이것의 응용형태로, **원통형 쉘**은 아치의 **수평연속면구조**이고 **반구**(半球)**형 쉘**은 아치의 **회전면구조**의 형태라고 할 수 있다.

종교건축에서의 볼트

27) 아치를 기본으로 한 곡면천장. 교회나 성당건물 등 주로 종교건축에 사용됨.

2. 4. 3 조적블록조

(1) 구법의 특징

단순히 **콘크리트블록**(concrete block, Concrete Masonry Unit)을 쌓아 내력벽이나 비내력벽을 형성하여 만드는 건축물을 **조적블록조**라 한다. 전술한 일반 조적조 규정을 따르며 벽돌쌓기와 시공방법은 같다. 단 줄눈은 반드시 통줄눈이 되지 않도록 쌓아야 한다.

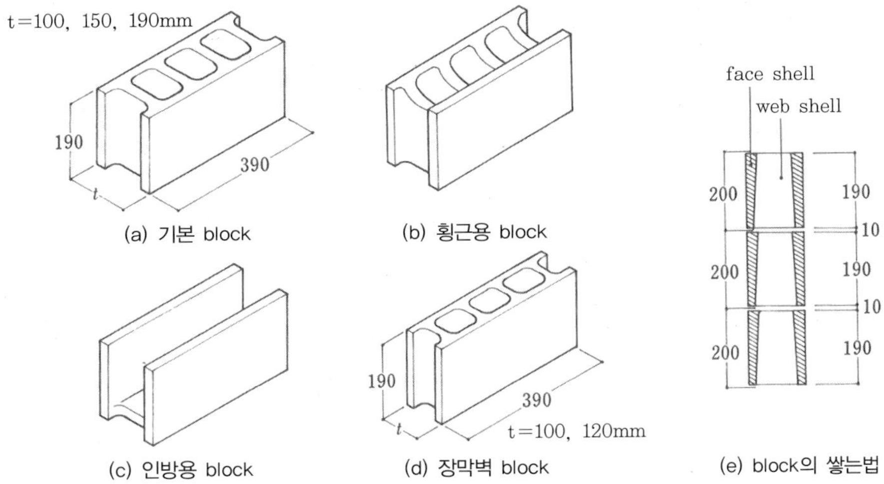

블록의 형상 및 치수

(2) 장막벽

하중을 받지 않는 비내력벽으로 설치하는 것으로 철골조 및 철근콘크리트조의 건축물의 **칸막이벽**과 **징두리벽**에 많이 사용된다. 장막벽은 지지형식에서 양단 지지되는 **일반장막벽**과 구조적으로 한변고정인 **징두리장막벽**으로 나뉘어진다.

장막벽에는 자중 이외에 면내방향의 하중은 가해지지 않으므로 그다지 내력이 필요하지 않으나 지진이나 강풍시의 도괴(倒壞)와 낙하를 고려해야 한다. 따라서 인접하는 보나 기둥과의 체결을 확실히 해야 한다. 보통 블록장막벽의 시공은 기둥과 보 등의 구조체가 완성된 후에 이루어지는 것이 많고 구조체와의 긴결은 보강근과 구조체측 철근 또는 철골과의 용접에 의한 것이 많다.

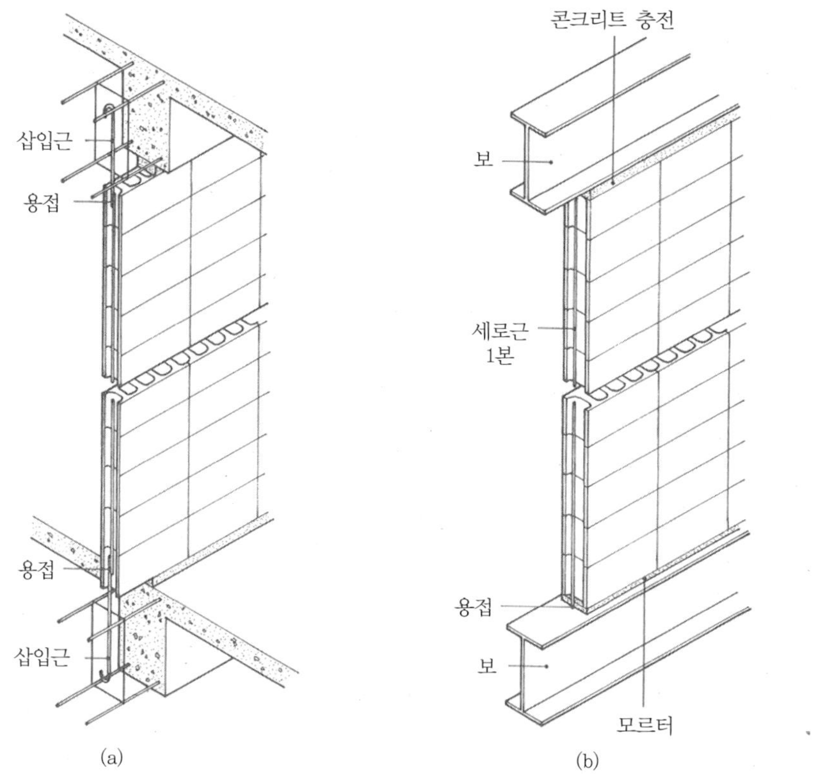

장막벽의 긴결방법

블록장막벽

2. 4. 4 보강블록조

(1) 구법의 특징

콘크리트블록을 쌓아 세로근 및 가로근을 배근하고 1개 또는 2개의 중공부분에 콘크리트를 부어넣어 내력벽을 형성하는 것을 **보강블록조**(Reinforced Concrete Unit Masonry)라 한다. 조적블록조가 반드시 막힌줄눈으로 쌓는 데 비해 보강블록조에서는 철근콘크리트로 보강되므로 **통줄눈**으로 쌓을 수 있다.

보강블록조가 그 내력을 충분히 발휘하기 위해서는 정밀도가 높게 쌓아진 블록이 건축물로서 일체화 되어야 하므로, 내력벽의 **단부**와 L형, T형의 **접합부** 등은 반드시 **현장타설 콘크리트**로 충전할 필요가 있다.

(2) 내력벽

각 층에서 건축물의 길이방향 또는 너비방향의 내력벽 길이의 합계가 그 층의 바닥면적 1m²당 0.15m 이상으로 되도록 하되, 그 내력벽으로 둘러싸인 부분의 바닥면적은 80m²를 넘을 수 없다. 내력벽의 두께는 15cm 이상으로 하되, 그 내력벽의 구조내력에 주요한 지점간의 수평거리의 1/50 이상으로 해야 한다.

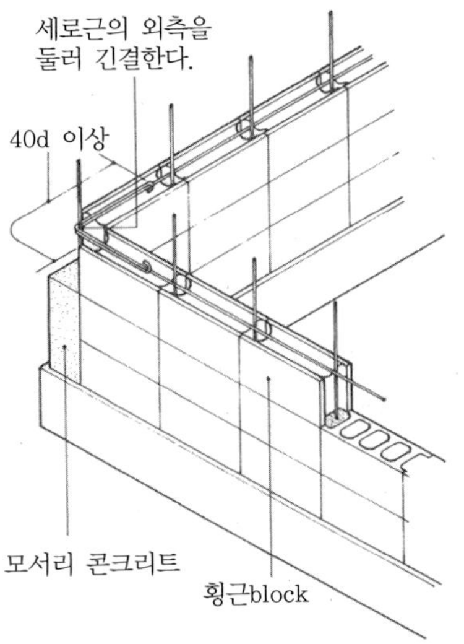

(a) 모서리부분

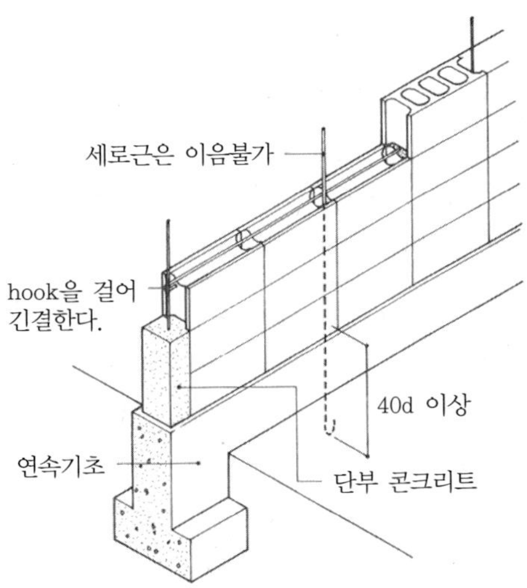

(b) 단 부

벽철근의 정착 및 이음

내력벽의 그 끝부분과 벽 모서리부분에는 12㎜ 이상의 철근을 세로로 배치하고 9㎜ 이상의 철근을 가로 또는 세로 각각 80㎝ 이내의 간격으로 배치하며, 세로철근의 양단은 각각 그 철근지름의 40배 이상을 기초부분이나 테두리보 또는 바닥판에 정착시켜야 한다.

(3) 테두리보

최상층의 벽으로 그 벽 위에 철근콘크리트구조의 옥상슬래브가 있는 경우를 제외하고, 보강블록조인 내력벽의 각 층의 벽 위에는 춤이 벽두께의 1.5배 이상인 철근콘크리트구조의 테두리보를 설치해야 한다.

(4) 블록담장

블록담장은 지진력과 풍압력 등의 수평하중과 자중만 견디면 되므로, 장막벽과 같이 비교적 용이하게 시공할 수 있다는 점에서 넓게 보급되어 있다. 단, 너무나 안이하게 설계 · 시공하는 예가 많아 사고에 연결되는 경우도 적지 않다. 건축기준법시행령에 의한 개요를 다음에 표시한다.

① 담의 높이는 3m 이하로 한다.
② 담의 두께는 15㎝(높이 2m 이하에서는 9㎝ 이상) 이상으로 한다.
③ 담의 내부에는 가로 또는 세로 각각 80㎝ 이내의 간격으로, 담의 끝 모서리부분에는 세로로 9㎜ 이상의 철근을 배치한다.

2. 4. 5 거푸집블록조

살두께가 얇은 블록을 쌓아올려 속에 철근을 배근하고 콘크리트를 타설하여 구조체를 형성하는 것으로, 거푸집 역할의 블록이 채워지는 콘크리트와 일체가 되어 내력을 부담하는 방식과 블록을 단순히 버림거푸집으로서만 취급하며 내력을 기대하지 않는 형식의 순수거푸집블록조로 나뉜다. 이에 따라 내력벽으로 계산되는 길이 및 두께가 달라진다.

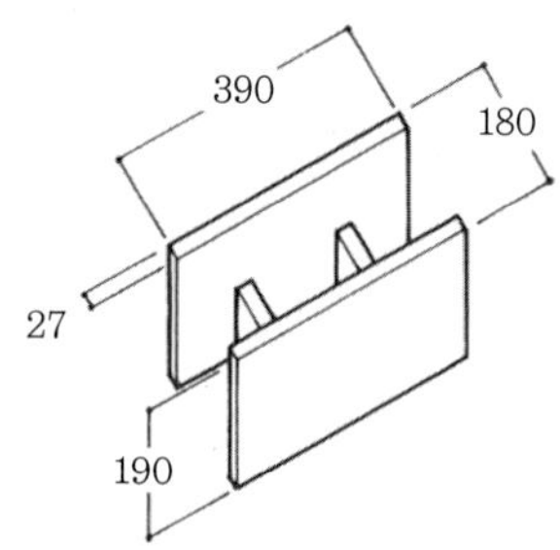

거푸집블록

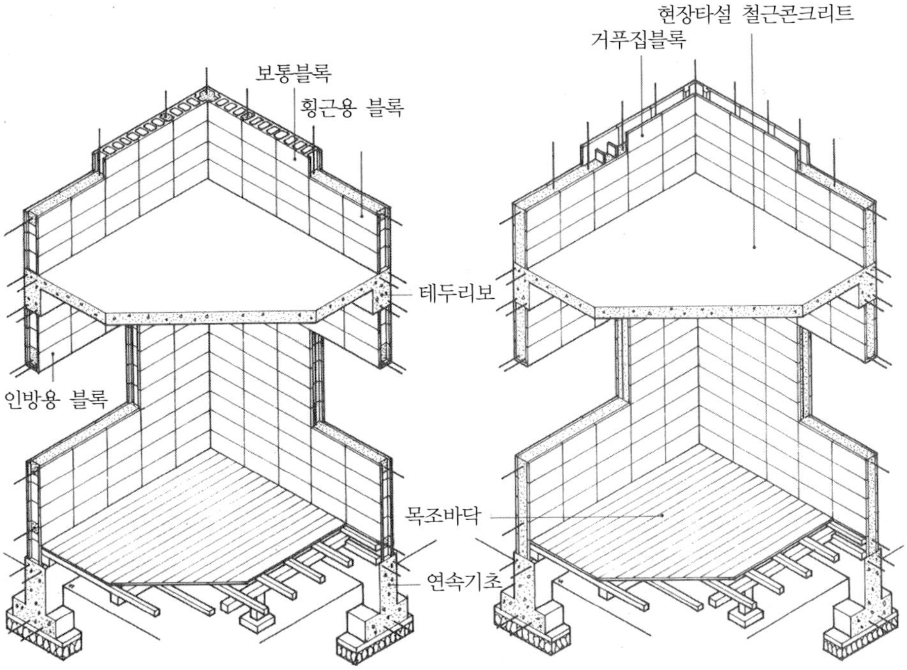

(a) 보강블록조

(b) 거푸집블록조

블록조의 종류

2. 4. 6 ALC 블록조

ALC(Autoclaved Lightweight Concrete)는 콘크리트에 발포제를 사용하여 미세한 기포를 발생시키고 증기가압 양생하여 제조한 **경량기포콘크리트** 블록이다.

ALC블록쌓기

일반 콘크리트에 비해 **경량**으로 시공이 편리하며 열전도율이 작아 **단열성**이 우수하다. 속이 비어 있지 않아 철근보강은 하지 않고 조적블록조로 접착시공한다. 비교적 소규모의 주택에 사용한다.

2-5 목조(Timber Construction)

2. 5. 1 개요 및 종류

(1) 개요

목재는 천연재료로서 재료의 입수 및 가공과 조립이 용이해서 옛부터 동서양을 가리지 않고 중요한 건축재료로서 많이 사용되어 왔다. 따라서 나라별로 다양한 건축양식을 가지고 있다. 또한 규모나 용도에 따라서도 구조형식의 차이를 갖고 있다.

우리나라에서도 중국의 영향을 받아 **궁실**이나 **사원건축**에 시대별로 다양한 양식이 존재하고, **민가**에 있어서도 지역별로 그 특성을 달리한다. 그러나 이러한 전통적인 양식들은 근대화와 함께 점차 개량된 형태로 변화되었고, 인공건축재료의 발달에 따라 그 적용이 점차 줄어드는 상황이다.

그러나 최근 들어 목조건축의 장점이 다시 부각되면서 주택이나 펜션 등에 활발하게 사용되고 있고, 인공목재의 가공기술의 개발에 따라 대공간구조물 등, 보다 다양한 용도로 사용되면서 새로운 전환기를 맞고 있다.

사원건축의 공포(栱包)**와 단청**(丹靑)

(2) 종류

목조구법은 **축조식**, **벽식**, **조적식**으로 대별된다. 축조식에는 **전통목조구법**과 **개량형 목조구법**이 있는데 기둥과 보를 위주로 한 가구재(架構材)로 건축물을 형성한다. 전통목조구법은 본 서에서 따로 다루고 있지 않으나 **통나무 원목**을 사용하고 개량형 목조구법은 **제재목**을 사용하는 차이점이 있다.

벽식의 예로는 2×4**구법**과 **패널구법**을 들 수 있다. 이것은 가는 선상부재(線狀部材)를 뼈대로 하여 **벽판**을 형성하고 이 벽판을 **내력벽**으로 사용하는 구법이다. 벽체를 구성하는 개개의 가는 선상재는 구조적으로 단독으로는 지탱할 수 없으나 판재와 함께 일체화에 의해 구성되는 두꺼운 벽체는 튼튼하다.

조적식의 예로는 강원도 지방에서 볼 수 있는 전통적인 방식의 **통나무구법**(방틀쌓기)을 들 수 있다. 이것은 선상재를 수평으로 쌓고 교차부를 맞대어 벽체를 구성하는 구법으로, 가공과 시공이 간편하여 소규모의 별장이나 펜션 등에 적용되고 있다.

전통목조구법

2×4구법

통나무구법

집성재구법

2. 5. 2 목재

(1) 목재의 성질

목재는 **경량**인 데 비해 적당한 **강도**와 **탄성**을 갖고 있다. 또 가공과 조립, 접합도 용이하다는 시공적 장점을 가지고 있다. 뿐만 아니라 **촉감**이나 **질감**이 좋고 아름다운 **무늬**를 갖고 있는 등의 의장적인 장점을 가지고 있고, 대기중의 수분을 흡수하거나 배출하는 역할을 함으로써 **조습(調濕)능력**이 있는 것도 장점으로 들 수 있다.

그런데 목재는 섬유방향의 차이에 따라 강도 및 건조수축의 정도가 달라서 **함수율**이 적을수록 강도가 크고 **신축변형**이 작아진다. 따라서 충분히 건조시킨 것을 사용해서 시공해야 하고 함수율의 변동에 따라 생기는 변형을 배려하여 부재를 조립해야 한다. 또한 부패하기 쉬워 지반과 접하는 곳은 **방부처리**를 해야 한다.

(2) 목질재료

목재 생산량에는 한계가 있어 효율적으로 목재를 사용해야 하고, 천연적인 결점을 제거한 목질건축재료가 많이 개발되어 있다. 얇은 단판을 접착한 **합판**은 대표적인 재료이고, 또 **구조용 집성재**(集成材: glue laminated timber)는 판재를 집성한 것으로 기둥이나 보 등의 부재 외에 아치용의 대형부재도 제조한다. **파티클보드**(particle board), OSB(Oriented Strand Board)는 내력벽재로 사용한다. 아울러 철골과 합성한 트러스부재, 보부재 등이 개발되어 사용되고 있으며, 목재의 접합부 가공을 단순화, **기계화**[28]시킨 것, 목조부품을 **공장생산화**한 것 등 다양한 시도가 이루어지고 있다.

집성목재

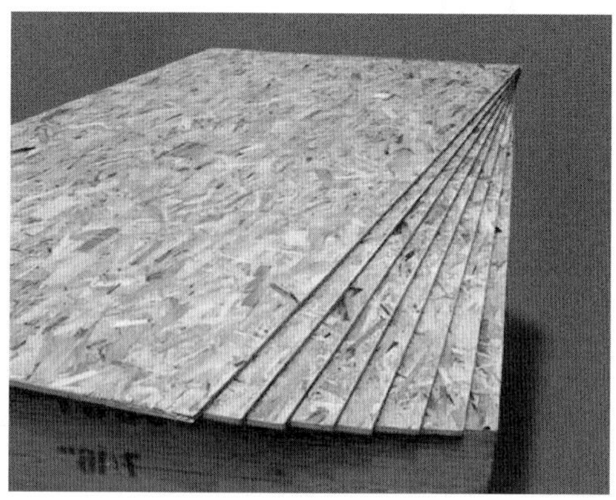

OSB

28) 기계로 미리 가공한다고 하여 일본에서는 pre-cut이라 한다.

2. 5. 3 목재의 접합

(1) 이음 · 맞춤

목재는 보통 일정한 규격으로 제재된 **정척재**(定尺材)이므로 연결해서 사용할 필요가 있다. 목조의 접합에는 복수의 부재를 직선상으로 연결하는 **이음**과 토대와 기둥의 교차부와 같이 부재 서로를 각이 지게 접합하는 **맞춤**이 있다. 접합부에는 그 위치에 따라 여러 가지 힘이 작용하기 때문에 적절한 이음, 맞춤을 선택해야 한다. 또 치장물의 이음, 맞춤은 보기 좋은 것을 선택할 필요가 있다.

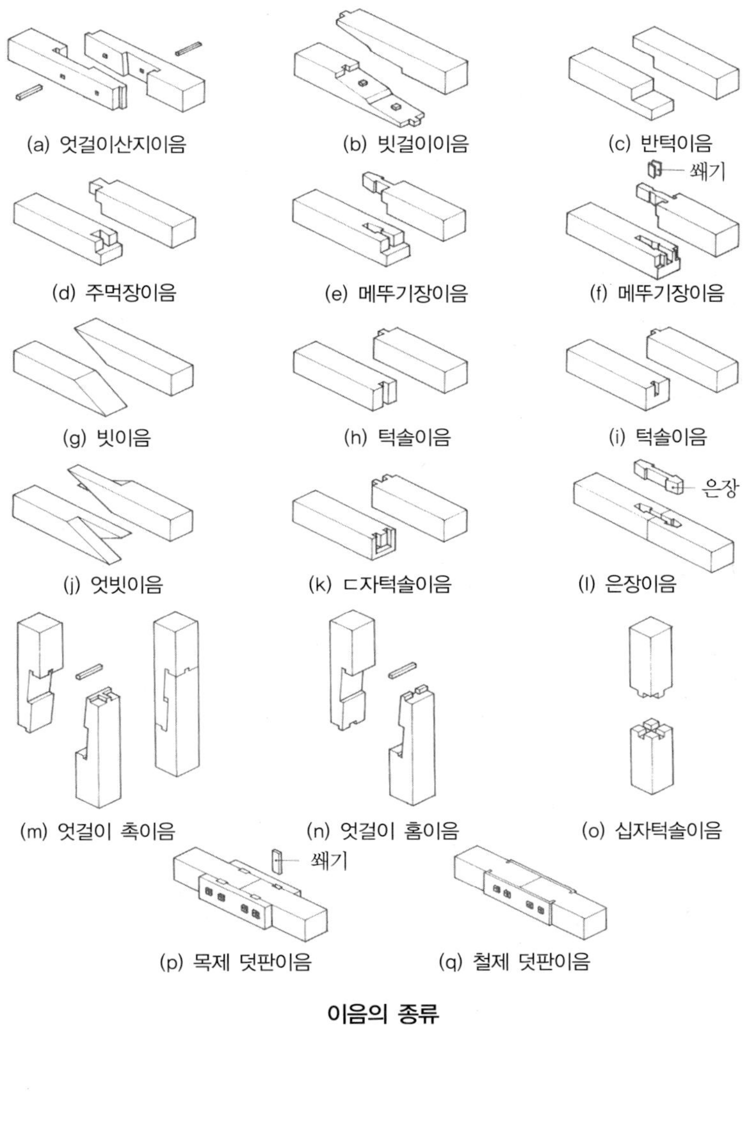

이음의 종류

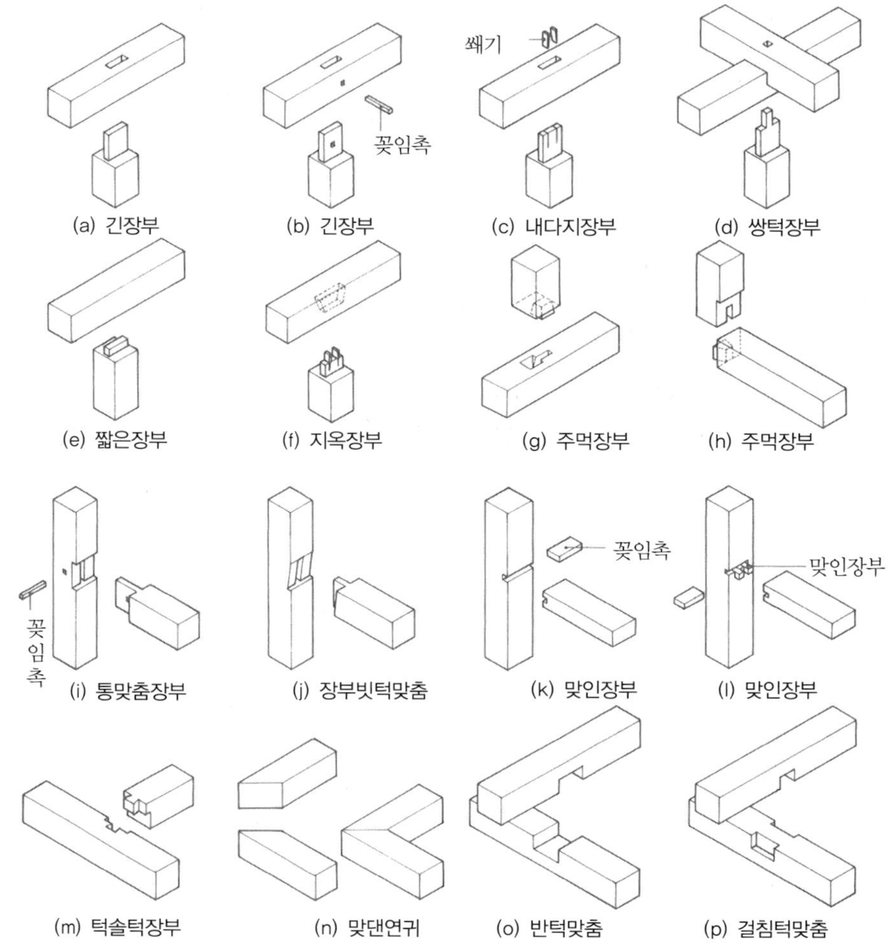

맞춤의 종류

동양에서는 옛부터 굵은 부재에 정교한 공작을 하고 철물을 쓰지 않는 이음과 맞춤이 많이 사용되어 왔다. 현재는 부재가 가늘어지고 또 내진성 확보를 위해 철물로 이음·맞춤을 충분히 보강하도록 되어 있다.

이음이 사용되는 곳은 **토대, 층도리, 도리, 보, 멍에, 장선, 중도리, 서까래** 등이다. 맞춤에서 부재의 홈파기가 큰 경우는 철물로 보강하거나 부재의 단면을 크게 한다. 부재가 중첩하여 교차하는 이음에는 반턱이음, 걸침턱 등이 쓰인다. 한쪽의 부재가 다른 쪽에 맞닿아 T자형을 이루는 맞춤에는 장부넣기, 통넣기를 기본으로 하는 각종 맞춤이 사용된다.

가새 단부와 양식지붕틀의 사재(斜材)의 단부(端部) 등과 같이 부재가 경사지게 맞춰지는 부분에는 볼트 등의 철물로 보강하는 맞춤이 많이 사용된다. 또한 구조물 외에 수장재(修裝材)에도 이음·맞춤이 쓰이나, 이 경우 강도 외에 접합부가 보기 좋아야 하고 부재의 움직임이 생기지 않아야 한다.

(2) 보강철물

산지, **촉**, **은장** 등은 떡갈나무 등으로 만들고 접합하는 두 부재에 서로 마주하는 홈에 넣어 **전단내력**으로 두 부재의 이동을 막는다. **쐐기**는 한쪽이 얇게 된 판상의 것으로 틈 사이에 넣어 부재의 이동을 막는다. **못**과 **꺾쇠**는 부재에 직접 박아 대어 접합하는데 볼트와 비교하여 강도는 작으나 간편하게 사용할 수 있고 용도에 따라 많은 종류가 있다.

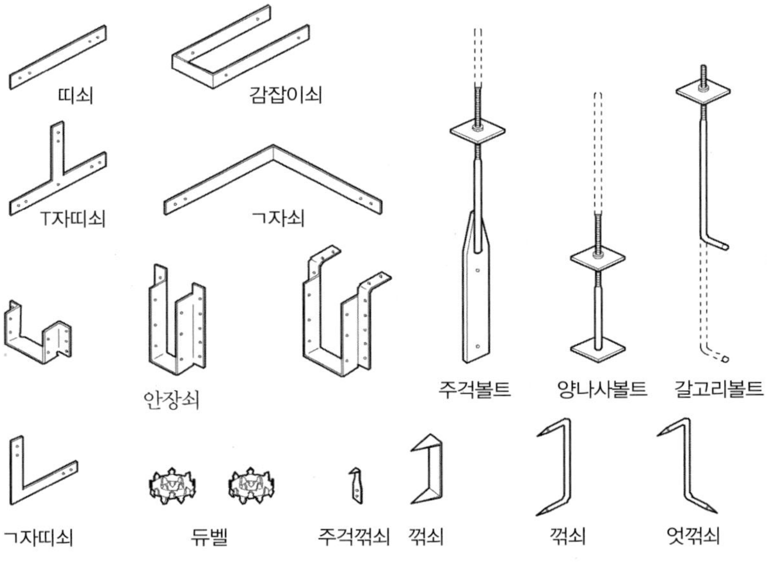

보강철물

볼트는 접합부의 보강재로서 구조상 중요한 접합부에 사용한다. 볼트에는 접합부의 힘이 전달방향에 따라 인장볼트와 휨볼트가 있다. 볼트머리 및 너트부분에는 풀림을 방지하기 위해 충분한 크기와 두께의 **와셔**(washer)를 쓴다. 또 부재 상호의 어긋남을 막기 위해 필요한 개소에는 **듀벨**(dübel)을 병용한다. 강판제 철물 중 **띠쇠**, **ㄱ자쇠**, **감잡이쇠**는 접합부에 볼트나 못으로 고정시킨다.

2. 5. 4 축조와 기초

(1) 구법의 개요

개량목조구법은 기둥과 보와 도리 등의 가구재에 의해 구성되는 축조를 주체로 하는 구법으로 목수의 고유한 기능으로 유지되고 발전하여 왔다. 현재는 서양식 목구조가 도입되어 또 다른 형태로 자리잡고 있다. 아울러 새로운 건축재료, 부품의 도입, 합성부재의 개발 등 현재도 새로운 상황에 대응하여 변화하고 있다.

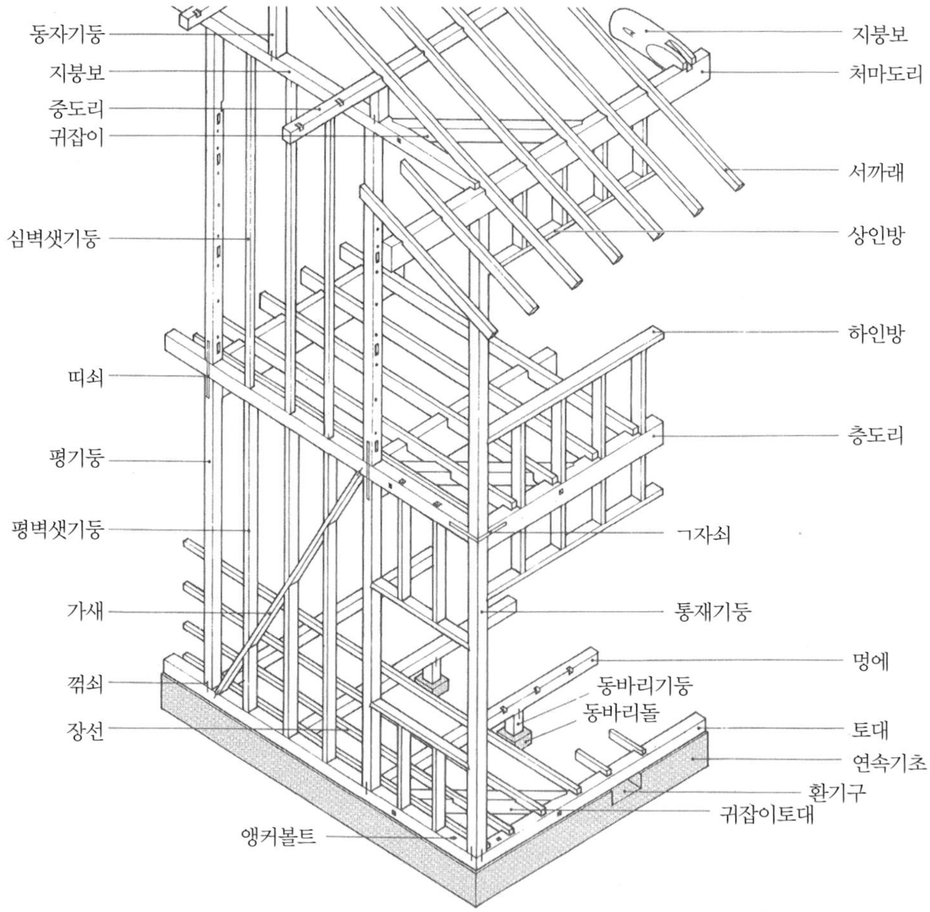

개량목조구법

(2) 기초와 토대(ground sill)

보통 목조는 다른 주체구조에 비해 경량이므로 기초는 제일 간편한 구법이 사용된다. 일반적으로 **연속기초**로 하는데 보조적으로 독립기초를 사용한다. 기초 위에는 토대를 얹고 토대 위에 1층의 기둥과 벽이 오게 한다. 단층건물에서는 연속기초에 **푸팅**(footing)이 없어도 무방하나 2층인 경우에는 반드시 푸팅을 설치해야 한다.

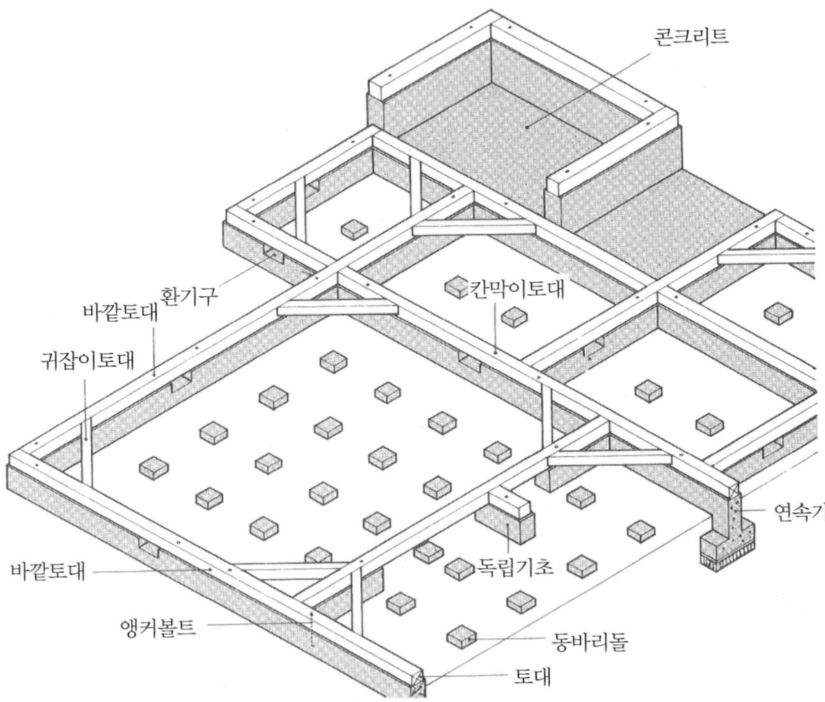

기초와 토대

또 연속기초에는 바닥 밑에 습기가 체류하는 것을 막기 위해 **환기구**를 설치한다. 배치는 통풍이 좋게 배치하고 간격은 5m 이하, 크기는 300㎠ 이상으로 하는 것이 바람직하다.

토대는 구조 최하부의 수평재로 기초 위에 설치한다. 외주부의 것을 **바깥토대**, 칸막이벽 위치의 것을 **칸막이토대**라 하고 모서리부의 보강에 **귀잡이토대**를 설치한다. 또 토대는 지진과 바람에 의한 미끄러짐과 부상(浮上)을 막기 위해 연속기초에 앵커볼트로 긴결한다. **앵커볼트**는 직경 13㎜ 이상의 것을 간격 2~4m 간격으로 기둥과 토대의 이음부분 근처에 설치하며 매입깊이는 250㎜ 이상이 좋다.

(3) 기둥과 가로재

기둥은 상부의 하중이나 외력을 **토대**에 전하는 연직재로 건축물의 모서리부와 벽체 교차부 외에 1.8m를 넘는 긴 벽체의 중간에 설치한다. 따라서 기둥은 토대에 **장부맞춤**으로 고정하며 꺾쇠로 보강한다. 건물이 2층구조인 경우에는 1층과 2층을 1본으로 통하는 **통재기둥**과 층도리로 상하층부로 나누어 들어가는 **평기둥**이 있다.

통재기둥은 골조 전체를 견고하게 고정하므로 구조상 중요한 모서리와 골조의 주요한 교차부에 설치하며 단면이 큰 부재를 쓰고 각종 철물로 보강한다. 또 통재기둥에 3방향 이상에서 층도리나 보가 맞물리는 경우에는 통재기둥의 단면결손이 커지지 않도록 접합을 상하로 어긋나게 하는 등의 배려가 필요하다.

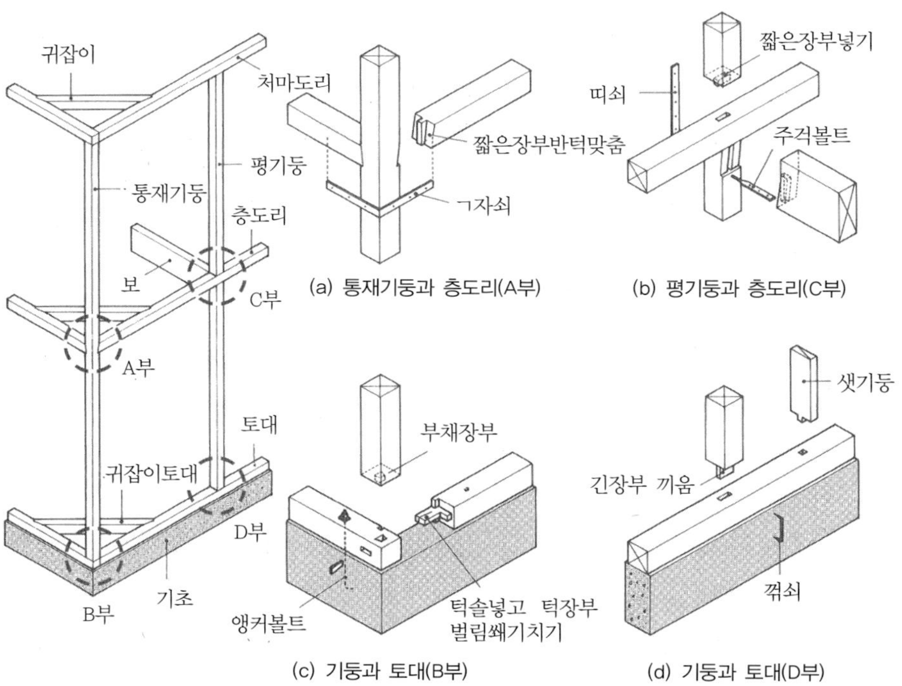

기둥과 가로재

일반 부분에는 **평기둥**을 세우는데 1층 기둥머리에 층도리가 오도록 하고 상부면에 2층 기둥을 **장부**로 맞춰 고정한다. 상하층 기둥이 단절되므로 층도리와 함께 **띠쇠**로 보강하며, 보는 1층 기둥에 **짧은장부반턱맞춤**을 하고 밑면을 **주걱볼트**로 보강한다.

층도리(girth)는 1층과 2층의 평기둥 사이에 설치되는 가로재이고, **도리**는 기둥머리부를 연결하는 가로재이다. 외주부 중 처마쪽에 있는 것을 **처마도리**[29] 및 **깔도리**라 한다. 보 사이의 중간에 지붕보를 받는 보를 **베개보**[30](dropped girder)라고 하는데, 같은 위치에 있는 부재 중에 칸막이벽 상부에 있는 것을 **칸막이도리**라고 한다.

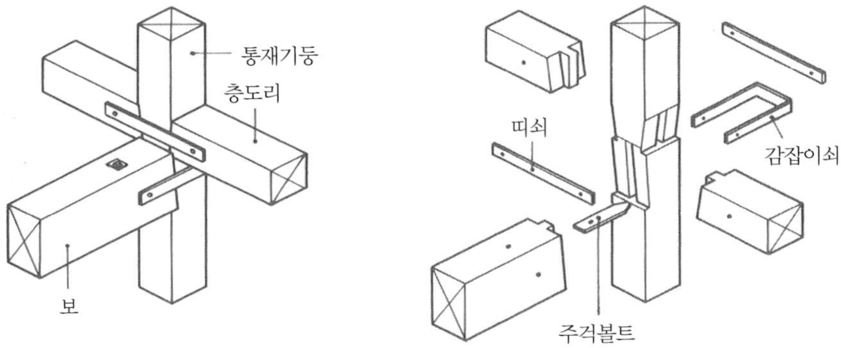

통재기둥과 층도리, 보의 접합

도리나 층도리의 이음은 **엇걸이산지이음**이 많고 부재단면이 다른 경우는 엇걸이 이음철물로 보강한다. 기둥간격이 크고 그 중간에 보 등을 받는 경우는 부재의 높이를 크게 하거나 **덧도리**로 보강한다. 또 이 부분에는 이음부분을 두지 않도록 한다.

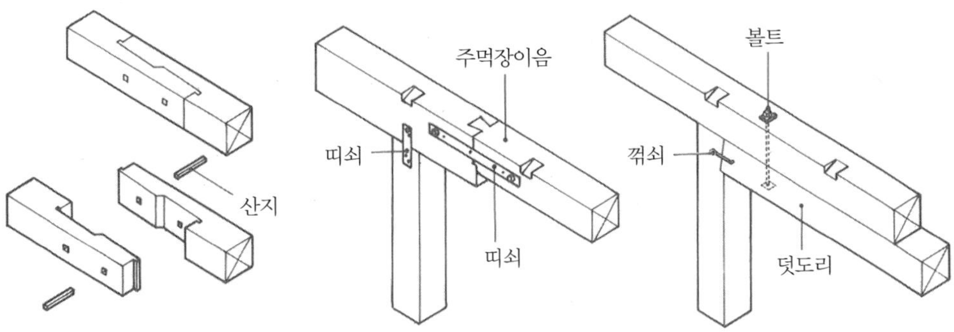

(a) 엇걸이산지이음 (b) 도리의 이음과 보강 (c) 덧도리

도리의 이음 및 보강

29) p.127 왕대공지붕틀 그림 참조
30) p.122 절충식 지붕틀 그림 참조

(4) 가새, 귀잡이, 빗대공

가새는 토대, 기둥, 층도리, 도리 등으로 사변형으로 짜여진 뼈대에 **대각선**으로 설치해서 변형을 막는 것이다. 지진과 풍압 등의 수평력에 저항하는 구조상 중요한 역할을 하며, 부담하는 힘에 따라 **압축가새**와 **인장가새**가 있다. 가새부재의 따내기는 될 수 있으면 하지 않는 것이 좋고 가새 단부의 접합은 부담하는 힘에 맞는 방법으로 하고 철물로 보강한다.

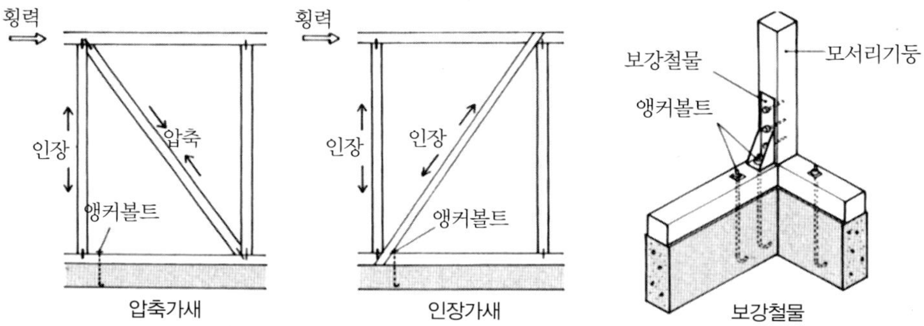

가새의 작용

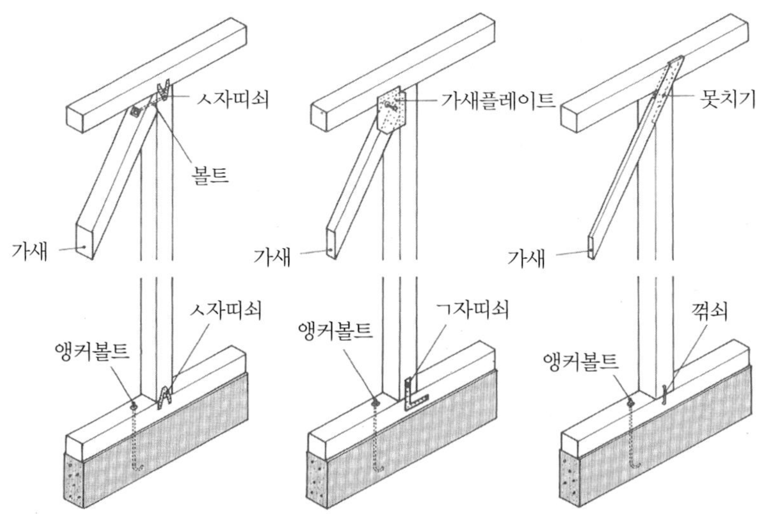

가새접합부의 예

한편 부분적으로 **모서리**를 보강하는 사재 중 연직면의 것을 **버팀대**, 수평면의 것을 **귀잡이**라 하며, 지붕틀에서 경사지게 들어가는 부재는 **빗대공**이라 한다.

(5) 꿸대, 홈대와 개구부

꿸대는 기둥이나 **샛기둥** 사이에 수평으로 끼워 쐐기박기 또는 못박기로 고정한다. 사원건축에서는 구조적으로도 중요한 역할을 하고 있으나 현재의 개량목조구법에서는 쓰이지 않는다. **샛기둥**은 평벽의 골조로서 기둥 사이에 약 45㎝의 간격을 두어 토대와 층도리 또는 도리 사이에 설치한다. 샛기둥의 부재로는 기둥의 2분할재나 3분할재가 쓰이는데 심벽의 경우에는 보다 작은 부재가 쓰인다.

창이나 출입구 등의 개구부에는 개구부틀을 설치하기 위한 골조로 인방을 둔다. 벽 위쪽에 있는 것을 **상인방**(lintel), 중간에 있는 것을 **중인방**(window sill), 밑에 있는 것을 **하인방**(door sill)이라 한다. 또 창밑의 것을 **창대**, 문 밑의 것을 **문지방**이라고도 한다. 기둥 사이가 큰 개구부에는 **달대공**(hanging post)을 설치, 웃인방이 처지는 것을 막는다. 심벽에서는 특별히 골조를 짜지 않고, 인방역할을 하면서 개구부 틀이 되는 **홈대**(grooved frame)를 직접 기둥에 설치한다.

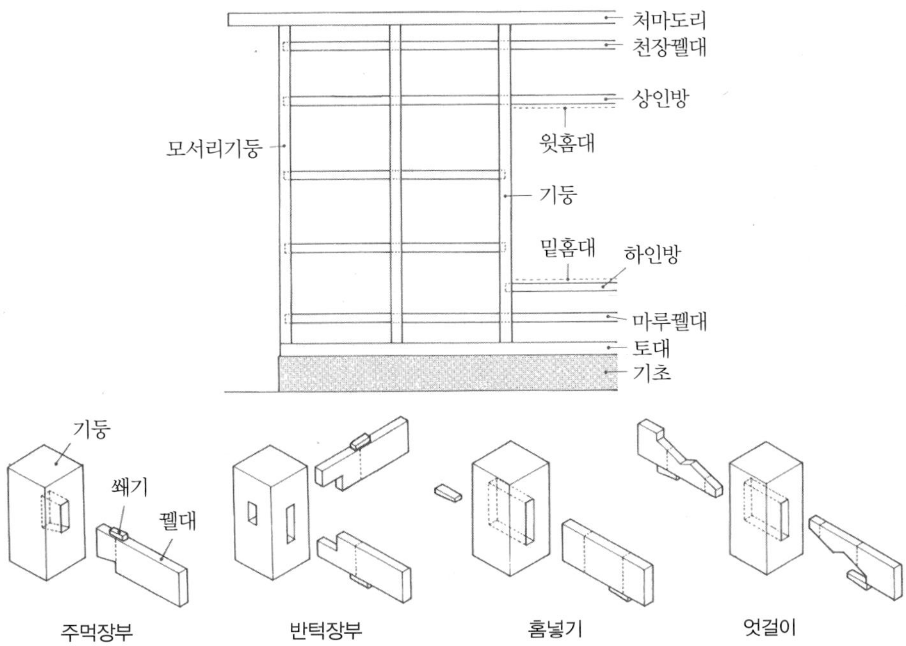

개구부의 구성 및 꿸대의 설치방법

2. 5. 5 지붕틀

(1) 종류와 용도

목조 지붕틀의 구법은 **절충식 지붕틀**[31]과 **양식 지붕틀**이 있으며, 이외에도 경량화를 꾀한 **서까래지붕틀**, 특수한 형태로 사용되는 **입체트러스 지붕틀**이 있다.

절충식 지붕틀은 지붕하중을 **대공**을 통해서 보로 지지하고 처마도리로 전달하는 지붕틀로 보와 대공, 보와 처마도리를 짜는 방법에는 몇 가지 종류가 있다. 보재에 통나무를 사용할 수 있고 부재의 접합도 간단하다. 그러나 보 사이가 크게 되면 보의 휨응력이 증대하여 부재 단면이 크게 되므로 큰 보 사이에는 사용하지 않는다.

양식지붕틀은 지붕틀 전체를 트러스로 구성해서 지붕하중을 받아 기둥에 전달한다. 트러스의 구성에는 몇 가지 종류가 있다. 부재의 접합은 철물을 써서 견고하게 하고 비교적 큰 보 사이에 사용될 수 있다.

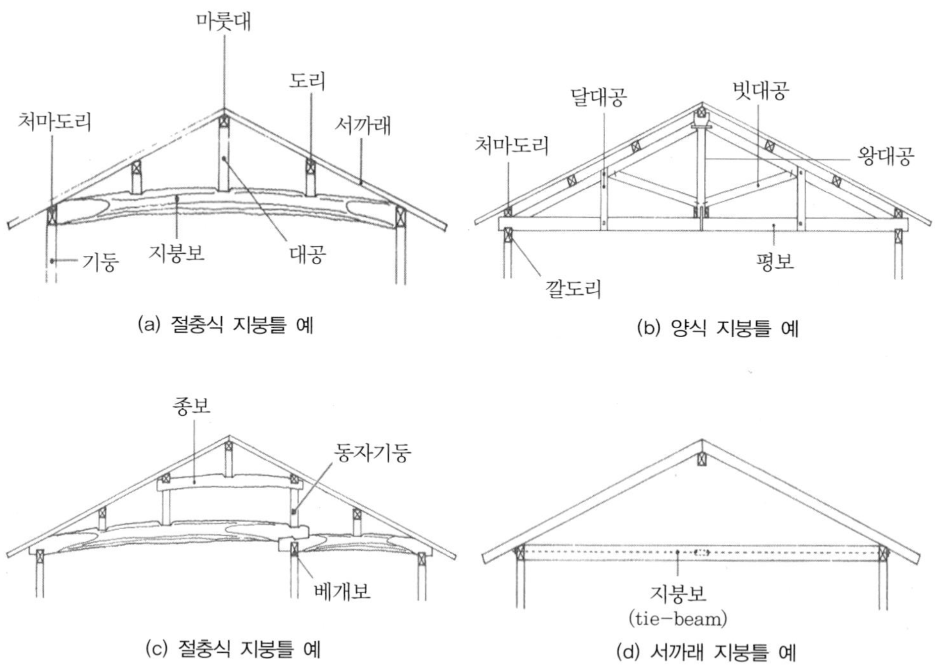

지붕틀의 종류

31) 전통목구조의 지붕틀을 개량한 방식

(2) 절충식 지붕틀

절충식 지붕틀의 단순한 것은 1본의 **지붕보**에 **대공**을 세워 **마룻대**와 **도리**를 지지한다. 재료는 제재목을 사용하는데 지붕보의 재료로서는 통나무(소나무)를 쓰기도 하며, 전통목구조에서는 모든 부재에 통나무를 사용한다.

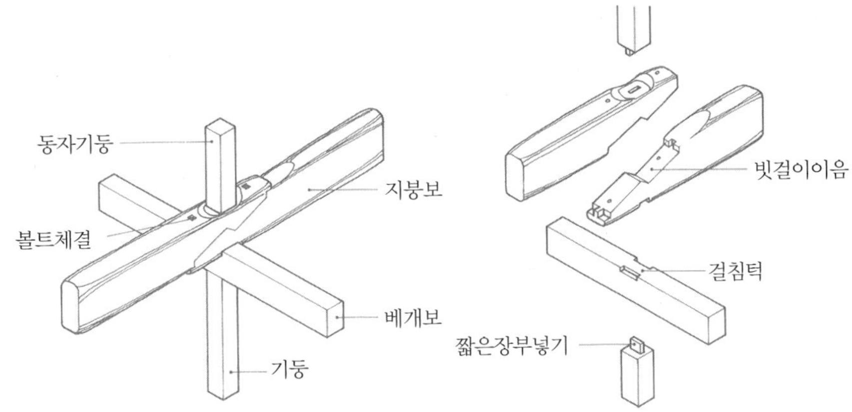

지붕보의 이음

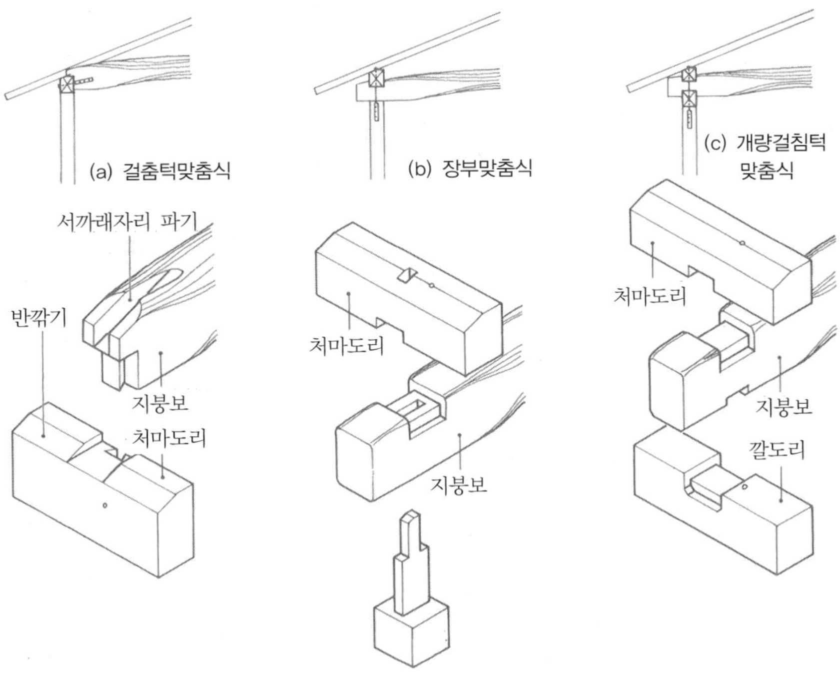

지붕보와 처마도리의 맞춤

지붕보를 거는 방법에는 처마도리 위에 두겁주먹장 또는 걸침턱 주걱볼트조임으로 지붕보를 거는 **걸침턱맞춤식**과 기둥의 장부에 직접 지붕보를 끼워 맞춰 그 위에 처마도리를 설치하는 **장부맞춤식**이 있다. 일반적으로 기둥이 불규칙하게 배치되더라도 대응하기 쉬운 **걸침턱맞춤식**이 쓰인다.

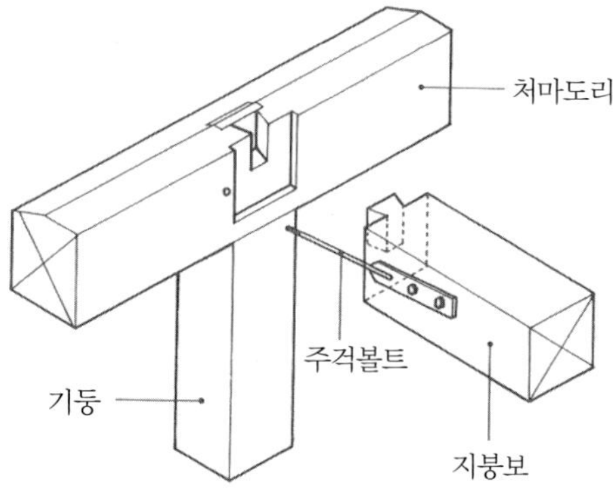

턱솔주먹장맞춤과 주걱볼트 보강

보 사이가 큰 경우의 지붕보는 복수 부재를 빗걸이이음으로 연결하여 사용하며 이음부위는 **베개보**(dropped girder) 위에 둔다. 또 지붕보 위에 **동자기둥**(purlin post)을 세우고 **종보**(이중보: double beam)를 걸치기도 한다. 지붕틀의 구성은 다음 그림과 같이 전체구조를 견고하게 하기 위해 **지붕꿸대**, **지붕가새**, **귀잡이보** 등을 설치한다.

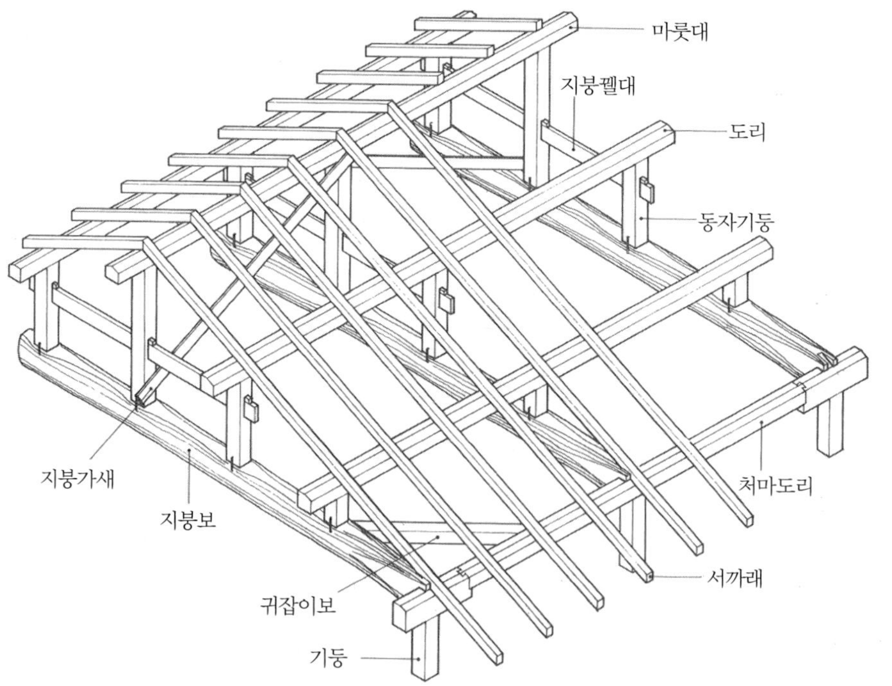

박공지붕의 지붕틀

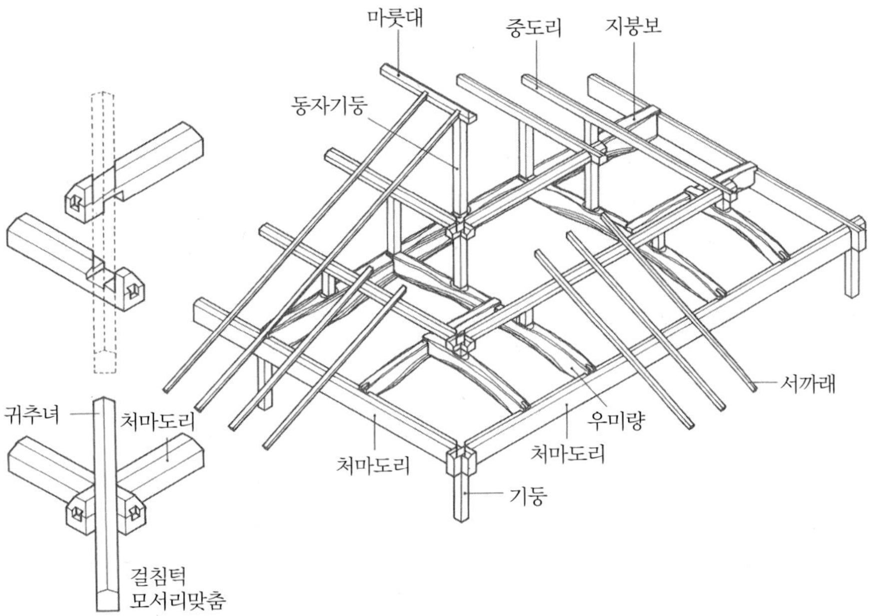

모임지붕의 지붕틀

중도리와 마룻대의 이음에는 **주먹장이음**, **메뚜기장이음**, **엇걸이산지이음** 등이 사용된다. 대공의 위치는 피한다. **모임지붕**과 **방형지붕**의 지붕에는 마루 끝에서 처마까지 경사에 따라 **추녀**를 설치한다. 또 마루가 직교하는 경우에는 골부분이 생기는데 골에 따라 **회첨추녀**(지붕골추녀)를 설치한다.

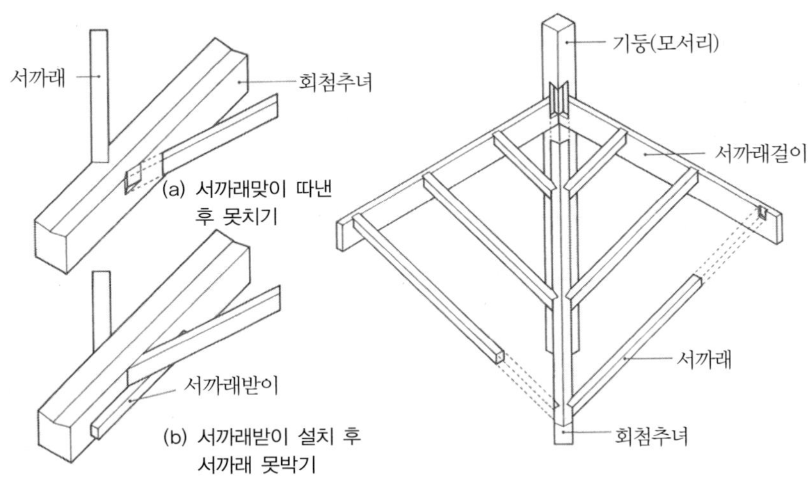

회첨추녀

우미량과 선자서까래 (전통목구조)

회첨추녀

(3) 양식지붕틀

양식지붕에서 많이 사용되는 지붕틀은 **왕대공지붕틀**(king post truss)로 **왕대공**, **평보**, **ㅅ자보**, **빗대공**, **달대공** 등의 부재로 구성되는 트러스상의 지붕틀을 **깔도리** 위에서 기둥의 바로 위에 설치한다. 흔들림 방지용의 **곁보**와 **지붕가새**로 보강하고 이음·접합은 철물로 견고히 접합한다. 왕대공지붕틀은 보 사이의 대소에 의한 부재 단면의 변화가 적기 때문에 절충식 지붕틀보다도 큰 보 사이에 사용하기 유리하다.

쌍대공지붕틀(queen post truss)은 **종보**(2중보)를 쌍대공으로 지탱하는 지붕틀로 왕대공지붕틀보다도 큰 보 사이에 사용된다. 쌍대공의 높이를 높여 지붕틀 속에 보꾹방(attic room)을 설치한 것이 **꺾인지붕**(gembrel roof)이다.

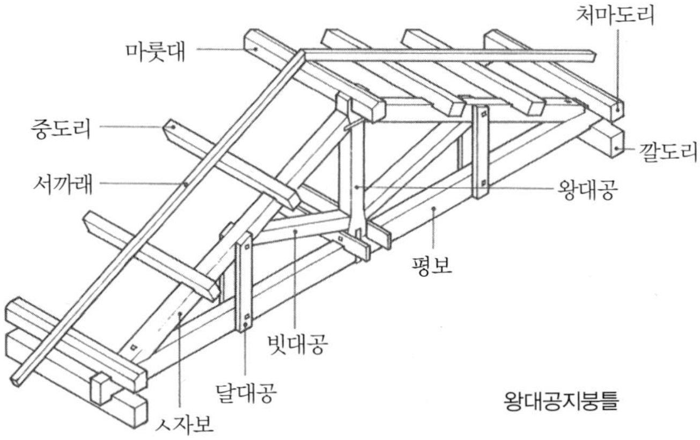

왕대공지붕틀

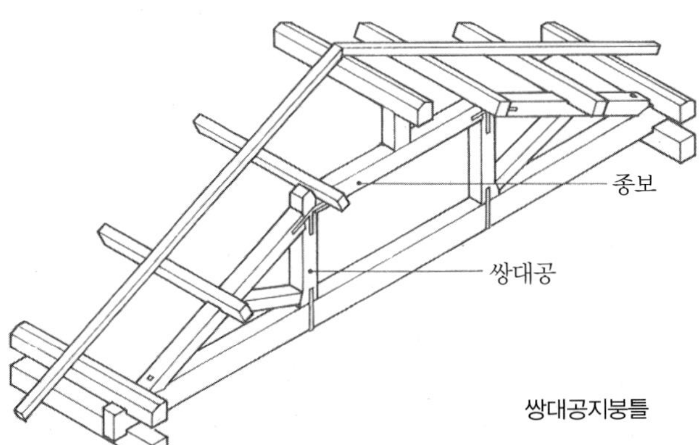

쌍대공지붕틀

양식지붕틀

2. 5. 6 마루틀

마루틀은 바닥하중을 지지하여 토대나 층도리에 전하는 골조이다. 보통의 마루틀에는 바닥바탕으로서 **장선**을 설치, 필요에 따라 1층에는 **멍에**, **동바리**를 설치하고 2층에는 **바닥보**를 설치한다. 마루틀을 구성하는 각 부재에는 휨응력이 걸리고 지탱부재의 간격이 크게 되면 상부부재 단면이 크게 된다.

(1) 1층 마루

목조건축물은 기본적으로 지하층을 갖지 않으므로, 1층 마루는 직접 지반면에 지지시킬 수 있다. 일반적인 형성방법으로는 **동바리마루**와 **납작마루**가 있다.

동바리마루는 장선, 멍에, 동바리로 구성되고 **동바리**(floor post) 밑에 **동바리돌**(footing stone)을 설치한다. 바닥높이에 따라 바닥틀과 토대 및 기둥과의 마무림에는 여러 가지 경우가 있다.

간단한 건물에서 바닥을 낮게 놓을 경우에는 지반면에 또는 호박돌 위에 멍에를 대고 장선을 걸치거나 바로 장선을 걸치고 바닥을 깐다. 경우에 따라서는 버림콘크리트면 위에 멍에나 장선을 얹기도 하는데 이를 **납작마루**라 한다.

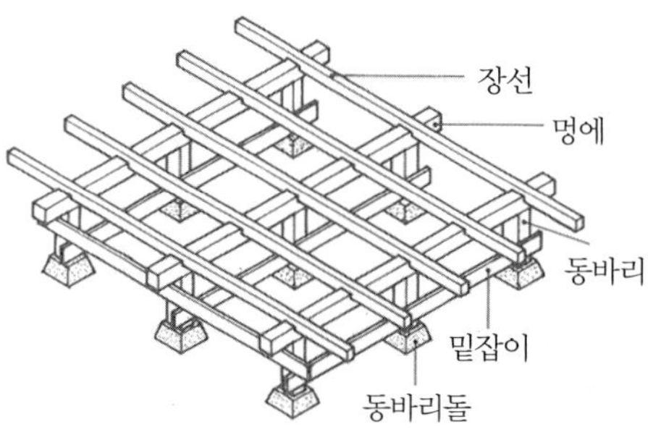

(a) 동바리마루

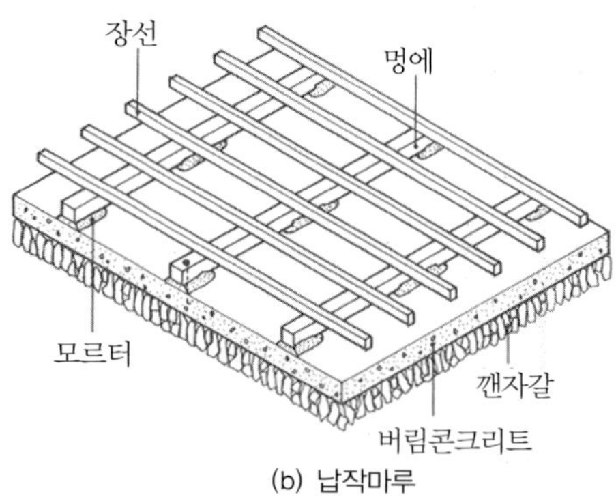

(b) 납작마루

1층 마루틀

1층 마루틀은 바닥 밑에서의 습기를 막기 위해 환기를 하거나 또는 **방습층**을 설치하는 등의 대책이 필요하다. 또 토대와 같이 **방부처리**를 하는 것이 좋다.

(2) 2층 마루

2층 마루틀은 지반면에 직접 지지할 수 없어 바닥하중을 주위의 축조에 전달해야만 한다. 따라서 층도리 또는 기둥 위에 **층보**(floor beam)를 걸고 그 위에 장선을 걸치고 마루널을 깐다. 부재구성에 따라 **홑마루틀**, **보마루틀**, **짠마루틀**로 분류된다.

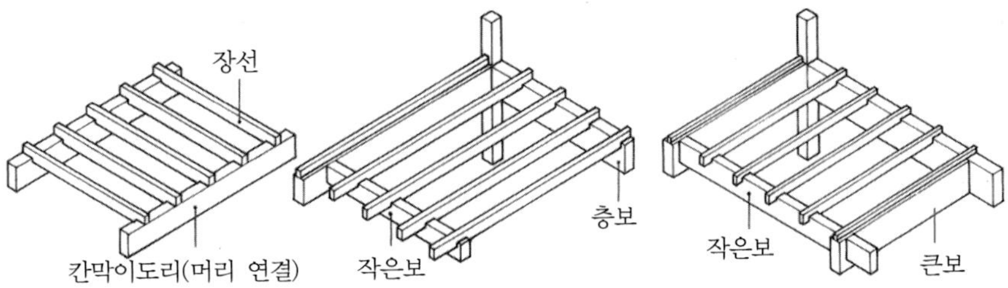

(a) 홑마루틀 (b) 보마루틀 (c) 짠마루틀

2층 마루틀

간사이가 적을 때에는 보를 쓰지 않고 층도리와 칸막이도리에 장선을 걸쳐대고 마루를 깐다. 이 경우 장선은 춤이 높은 것을 사용하게 되므로 옆으로 휘는 것을 방지하기 위해 **장선가새**나 **장선잡이**를 두며, 이때의 마루구성을 **홑마루틀** 또는 **장선마루틀**이라 한다. 복도 등 좁은 곳에 사용된다.

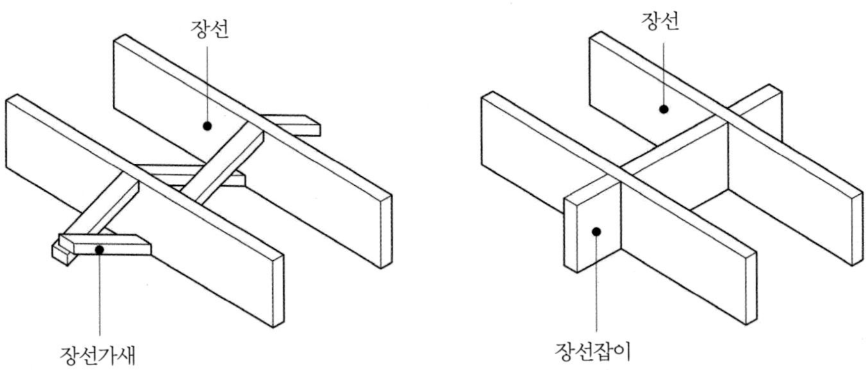

장선 보강

일반 실의 경우 간사이가 2.5m 이상이 되면 직접 장선을 걸치기 어려우므로 보를 걸어 장선을 받게 하고 마루널을 깐다. 이것을 **보마루틀**이라 한다. 또 간사이가 6m 이상이면 **큰보**(girder)와 **작은보**(beam)를 걸치고 그 위에 장선을 대고 마루널을 까는데, 이것을 **짠마루틀**이라 한다.

2. 5. 7 2×4 (two by four) 구법

단면이 큰 기둥과 보를 사용하지 않고 **2인치×4인치 각재**와 **판재**를 주구조재로 하는 **벽식구법**으로 북미에서 발전한 구법으로 **경골**(輕骨)**목구조**라고도 한다. 종래에는 2층분의 세로재를 세워서 벽판과 바닥을 설치하는 balloon**구법**을 사용하였으나, 현재에는 층마다 세로재 사이에 강한 바닥틀을 설치하는 platform**구법**[32)]을 사용하고 있다.

구조적으로는 틀에 **구조용 합판** 등을 못으로 박아 붙인 벽체 및 바닥으로 외력에 견디는 구법이다. 일반 목조구법에 비해 구조체의 종류가 적고 목수의 숙련된 기능을 필요로 하지 않는 점이 특징이다. 또 바닥판을 설치하고 벽이 시공되기 때문에 작업조건이 좋으므로 신속하고 확실한 시공에 유리하다. 성능 면에서는 기밀성이 높아 그로 인해 차음성과 단열성의 확보가 용이하다는 장점이 있으나 고온 다습한 기후조건에서는 목재의 내구성 확보에 유의해야 한다.

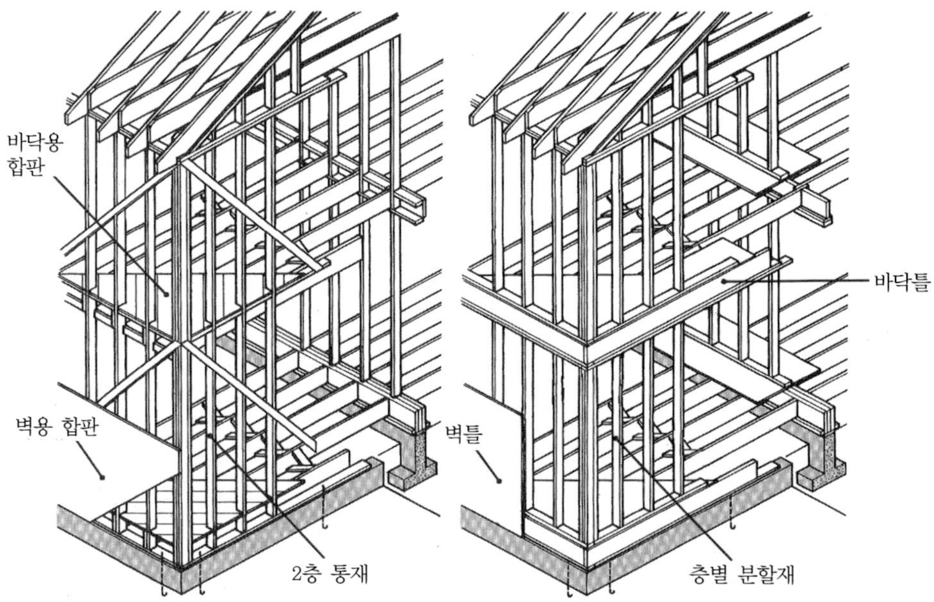

(a) balloon 구법　　(b) platform구법

2x4 구법

32) 각재와 판재로 미리 벽틀을 만들어 세우는 시공방식으로 일본에서는 벽틀구법이라고 한다.

토대는 방부처리를 하고 방수필름을 사이에 두고 앵커볼트로 연속기초에 고정시킨다. 토대 위에 장선을 걸치는데, 외주벽에는 바깥장선과 끝장선을 설치하고 장선 사이에는 휨을 방지하기 위해 **장선가새**(cross bridging)를 설치한다. 장선 위에 구조용 합판을 깔아 바닥을 만들고 그 위에 벽틀을 설치한다.

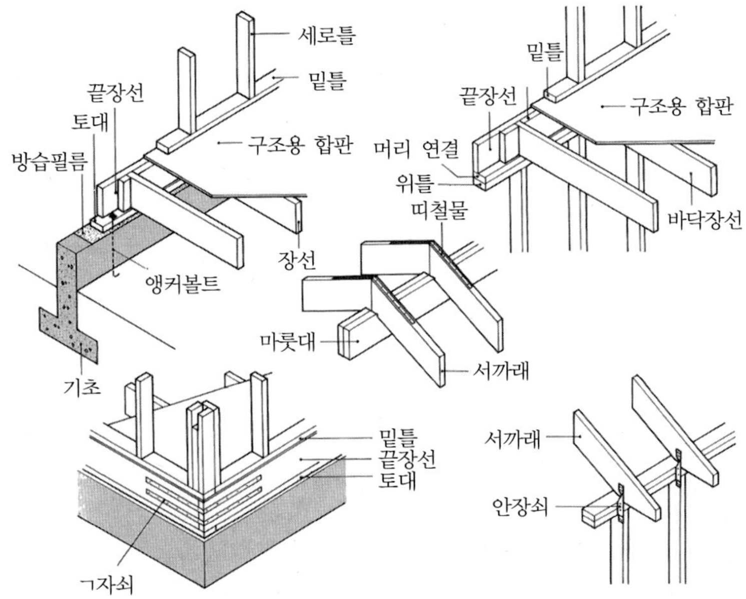

2x4 구법의 구조체 상세

일반 목조구법에서 통재기둥이 오는 벽모서리의 기둥은 부재를 합성하여 만든다. 틀은 부재를 접합할 때 일반 목조구법 같은 목재가공을 하지 않고 강판제의 접합철물과 못박기를 주로 한다. 접합철물로는 일반 목조구법에서도 사용되는 것 외에 다음 그림과 같은 것이 사용된다.

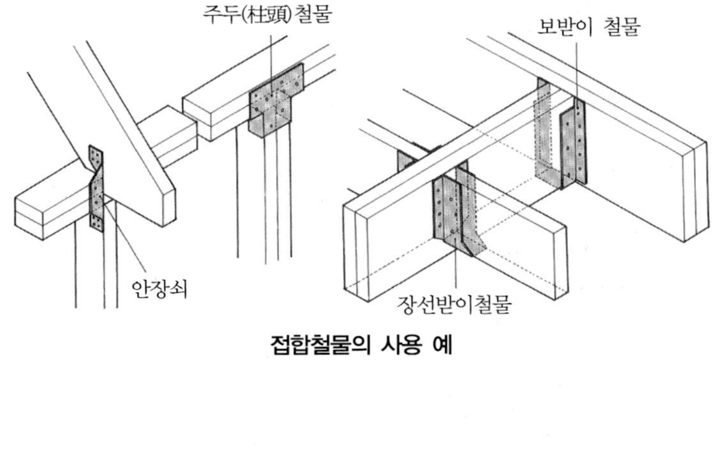

접합철물의 사용 예

2. 5. 8 기타 목조구법

(1) 집성재구법

집성재 중에서 구조용 집성재는 일반 목조구법의 축조재로 사용되나 그 외 집성재의 특성을 살린 구법으로서 집성재 아치를 쓴 대가구(大架構)가 있다. 가열압축하여 휨성형된 대형부재를 써서 구조체를 만든다. 부재의 제조비는 높으나 독특한 공간감을 표현할 수 있다.

집성재 아치트러스

숲체원 강당동(사진 : 금성건축)

(2) 통나무쌓기 구법

통나무쌓기는 **원목**을 가공하여 부재를 **정**(井)**자형**으로 틈이 없이 쌓아 올린다. 부재가 서로 직교하는 교차부의 접촉면은 **턱가공**을 해서 맞물리게 하여 고정시킨다. 지진력 등의 횡력에 견디기 위해서는 교차부 등에 볼트를 관통시켜 보강한다.

안장맞춤(saddle notch)

장부맞춤(dovetail)

엇막이맞춤(butt & pass)

모서리 맞춤[33)]

가공목재

목재조립

조립상세

완공전경

33) 기존에 우리말 명칭이 없어 새롭게 명명하였다.

2-6 특수구조

2. 6. 1 케이블구조(Cable Structure)

로프의 양단을 길이보다 짧은 간격으로 지지하면 로프는 자연스럽게 늘어져 아름다운 곡선을 그린다. 이 곡선을 **현수선**이라 한다. 로프의 자중은 현수선에 따라 양 지점으로 전달되는데, 이때 로프의 내부에는 축방향의 인장력만이 작용한다. 그리고 로프의 지지점에서 로프의 최하단까지의 연직거리를 **처짐**이라 하고, 이 자연적인 처짐을 이용하여 하중을 수평방향으로 전달하는 구조시스템을 **케이블구조**라 한다.

케이블구조는 양단의 지점 이외에는 인장력만을 생각하면 되므로 구조개념이 단순화되고, 또 지점간격이 아무리 멀어도 구조재의 하중이 쉽고 자연스럽게 지점에 전달되므로 대공간구조에 적합하다. 케이블로 지붕이나 바닥을 매다는 구조가 되기 때문에 **현수구조**(달구조: Suspension Structure)라고도 한다.

이 구조방식은 로프에 의한 **현수교**(懸垂橋)에서 파생한 것으로, 건축분야에서 이 원리가 적용된 것은 로마의 **콜로세움**에서 차일지지용으로 180m의 케이블을 사용한 예를 시초로 보기도 한다. 근대적 의미에서의 케이블구조의 적용은 1950년대에 들어와서인데, 1953년에 완공된 미국 랄레이의 Dorton Arena는 대형스팬의 현수지붕구조로 선구적인 건축물로 일컬어지고 있다.

Matthew Norwicky 외, Dorton Arena, Raleigh, 1953

케이블구조는 현수재의 구성이나 하중의 전달방법에 따라 다음과 같이 분류한다.

① **1방향 현수지붕** : 현수재를 평행되게 걸쳐서 1방향으로 처진 지붕면을 구성하는 방식으로, 지지기둥의 뒤에서 케이블을 잡아주는 **뒷당김**(back stay)**방식**과 지지기둥 사이에 케이블을 늘어뜨리는 **외팔보**(cantilever)**방식**이 있다.

② **2방향 현수지붕** : 역방향으로 휘어진 케이블과 교차시켜 HP(Hyperbolic Paraboloid)**곡면**상으로 휘어진 지붕면을 구성하는 방식. 케이블을 지지하는 구조체의 원호(圓弧)가 연속된 경우, 분할된 경우, 교차되는 경우가 있고 중앙부에 지지체를 더 두는 경우도 있다.

③ **방사형 현수지붕** : 중심의 **인장링**에서 주위의 **압축링**으로 현수재를 방사상으로 걸쳐 지붕을 형성하는 방식으로 인장링을 잡아당겨 바퀴형태로 하는 방법과 인장링이 처지게 하여 지붕면이 움푹 들어가게 하는 방법이 있다.

④ **복합형 현수지붕** : 다른 구조시스템의 지붕가구를 케이블로 매다는 방식으로, 일반 현수교나 사장교(斜張橋)가 상판(床板)을 지지하듯이 지붕구조를 붙잡아 주는 형태이다. 지지체의 형태에 따라 다양한 형태가 존재한다.

⑤ **현수바닥** : 바닥슬래브를 강한 상부구조에서 **현수재**로 매다는 방식으로 중앙 코어구조에서 매다는 방식과 대형프레임의 구조체에서 매다는 방식이 있다.

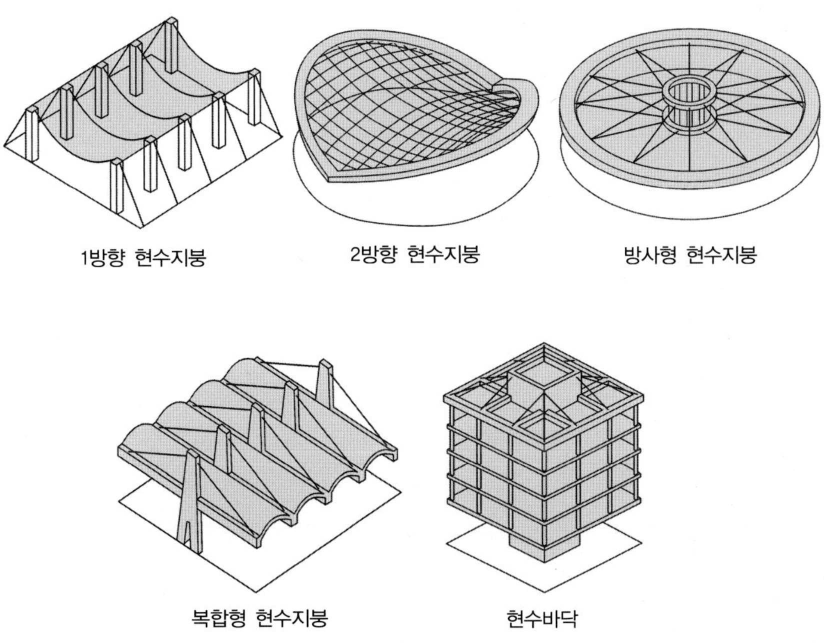

케이블구조의 종류

당김 케이블의 예 (참고문헌 4)

좌 : Norman Foster 외, Hongkong and Shanghai Bank, Hongkong, 1986

Eero Saarinen 외, Terminal Building, Dulles Airport, 1962

Yoshikatsu Tsuboi 외, Yoyogi Indoor Stadium, Tokyo, 1964 (참고문헌 4)

Richard Rogers 외, The Millenium Dome, Greenwich, 1998

2. 6. 2 막구조(Membrane Structure)

(1) 텐트구조(Tent Structure)

인공적인 쉘터로서 가장 오래된 구조시스템은 **텐트**이다. 현재에도 유목민의 천막이나 군대의 야영용 텐트 그리고 서커스에 쓰이는 천막, 장터천막 등이 있다. 이러한 고전적인 천막이 새로운 구조시스템으로 각광을 받은 것은 20세기 중반이다.

부드럽고 얇은 막은 일반상태에서는 극히 작은 힘에도 쉽게 변형을 일으켜서 바람이 불면 펄럭거리는데, 막 주변을 고정시켜 당겨주면 강성이 생겨 어느 정도의 하중이나 외력에 대해 안정성을 갖는다. **텐트구조**는 이 원리를 이용해서 미리 **장력**(張力)을 준 얇은 **막**을 사용하는 구조시스템이다.

이 아이디어가 생겨난 것은 1930년인데 이 방법에 주목한 것은 Frei Otto(1925~)이다. 현대적 천막으로의 시행착오를 거듭한 그는 1957년 퀼른의 옥외 무도회장의 햇빛가리개용 텐트를 내놓음으로써 천막의 개념을 일변시켰다.

Frei Otto 외, Dance Pavillon, Cologne, 1957

이인세 외, Seoul Olympic Fencing Hall, 1986

유춘수 외, Seoul World Cup Stadium, 2001

우리나라에서는 88올림픽을 개최하면서 **올림픽 체조경기장**과 **펜싱경기장**에서 처음으로 시도하였고, **대전엑스포**(1993) 및 2002년의 **월드컵경기장**들에서 본격적으로 사용되었다.

텐트구조는 막재료의 사용방법이나 지지방법의 차이에 따라 다음과 같이 세 가지 방식으로 분류된다.(참고문헌 13, 14)

① **현수막방식** : 지주나 아치 등의 구조부재에서 막재료를 달아매는 방식
현대적 막구조의 특징은 막을 역방향으로 만곡(彎曲)시킨 곡면으로 해서 강성을 높인다는 점이다. 반대방향으로 막을 당겨주면 안정성이 높은 안장형 곡면이 생긴다. 현수막은 이 곡면의 강성을 최대한 이용한 방식이다.

② **케이블막방식** : 망상으로 걸친 케이블 가구에 지붕 피복재로 막을 사용하는 방식으로 역방향의 곡률을 가진 현수케이블과 누름케이블로 구성된 곡면에 막재료를 덮는 방식으로, **케이블네트구조**라고도 한다.

③ **골조막방식** : 평면트러스나 입체트러스 등의 가구에 지붕재나 벽재로 막을 사용하는 방식. 강성이 높은 구조시스템과 복합한 형식으로 곡면형상의 자유도가 가장 높다. 막재료를 지지하는 구조시스템에는 아치나 입체트러스, 케이블과 스트러트(압축재)로 구성된 케이블트러스 등이 있다.

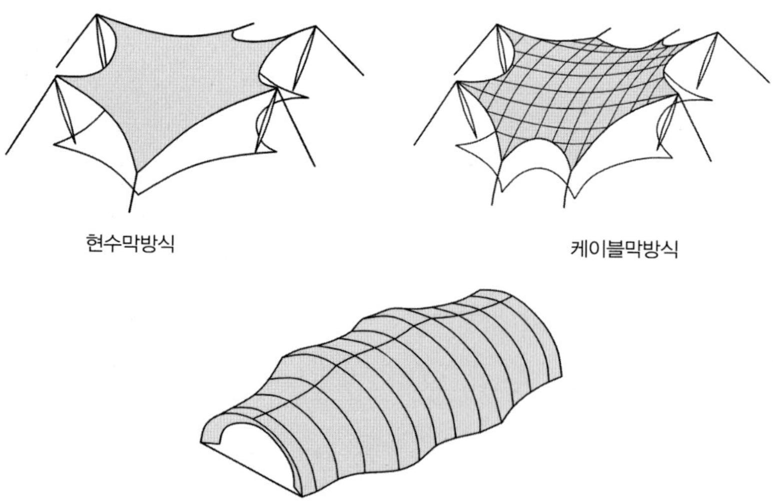

현수막방식

케이블막방식

골조막방식

텐트구조의 종류

Frei Otto 외, Pavilion for the '72 Munich Olympic Games

서울건축구조 외, Daegu World Cup Stadium, 2001

(2) 공기막구조(Pneumatic Structure)

에어 매트나 타이어 튜브 등이 공기압을 이용한 물건들이 일정한 형태를 유지하는 것은 압력을 가해 면 내에 인장응력이 생긴 막이 강성을 갖기 때문이다. 이 원리를 대형구조물에 이용한 구조시스템이 **공기막구조**이다.

공기를 이용한 구조물은 18세기 후반에 발명된 열기구나 비행선에서 기원을 찾을 수 있는데, 미소(美蘇)의 냉전시기에 미국이 북극권의 국경에 레이더 기지를 설치하고 여기에 파라볼라 안테나의 회전에 지장을 주지 않고 마이크로파를 반사하지도 않으며, 추위와 바람에서 지킬 수 있는 공기막구조의 **레이더 돔**(1948년)을 건설한 것이 시초라고 한다.

이후 100동 이상의 레이더 돔이 미국 내에 건설되었고 무기고, 격납고 야전병원용 쉘터 등 **군사시설용**으로 개발이 활발하였다. 여기에서의 실용화 기술들이 만국박람회의 **전시관** 건설로 이어지고 20세기말에 와서는 전천후구장(全天候球場) 등의 **대형 스포츠레저시설**로 확대되기에 이르렀다.

공기막구조는 막재료의 지지방법이나 사용방법에 따라 2가지로 분류된다.(참고문헌 13, 14)

① **공기지지(air-supported) 막구조** : 공기로 막재료를 지지하고 막의 내부를 건축공간으로 이용하는 방식이다. 막 안팎의 기압차를 이용하는 방식으로 막을 안정시키기 위해서는 송풍기 등으로 지속적으로 공기를 막내로 불어넣어 내압을 조정한다. 구형(球形)의 **에어 돔**(air dome)**방식**과 원통형의 **에어 볼트**(air vault)**방식**이 일반적으로, 특히 전자는 경기장 등의 대공간에 적합한데, 도시 전체를 덮는 계획안도 있다. 막 내의 공기체적을 줄이기 위해 정상부를 낮게 한 사례가 많다.

② **공기팽창(air-inflated) 막구조** : 가압팽창시킨 구조부재를 설치해서 내부를 건축공간으로 사용하는 방식이다. 밀폐된 막 속에 압력을 주어 막의 **휨강성**으로 하 중이나 외력에 저항한다. 고무보트나 타이어 튜브의 원리에 가깝고 공기지지막 보다 소규모 가구에 적합하다. 사례는 적지만 **매트**상의 **2중막 방식**과 **튜브**상의 **관압**(管壓)**방식**이 있다. 관압방식은 기둥, 보, 아치 등의 선상구조 요소를 튜브 형태로 만들어 공간을 형성시킨다.

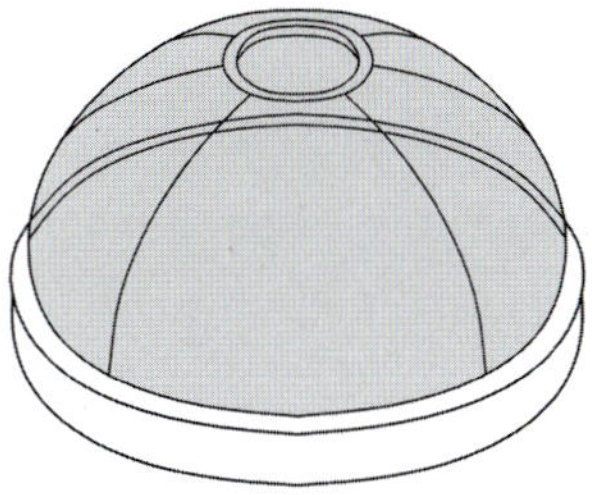

에어돔(air dome)방식

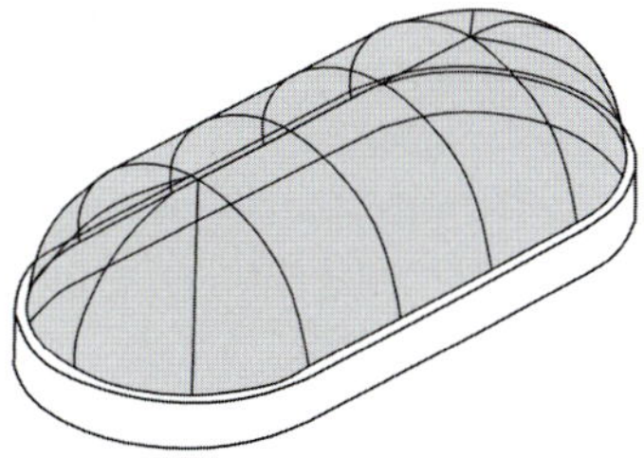

에어볼트(air vault)방식

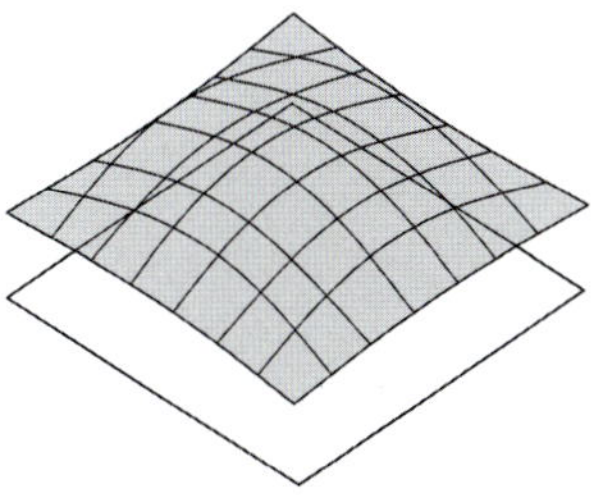

에어매트(air mat)방식

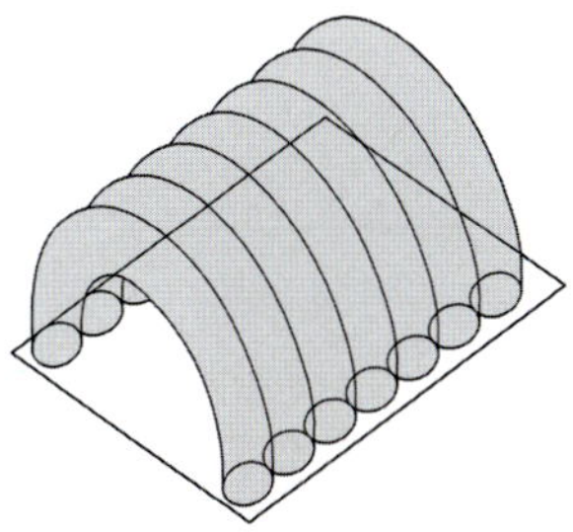

에어아치(air arch)방식

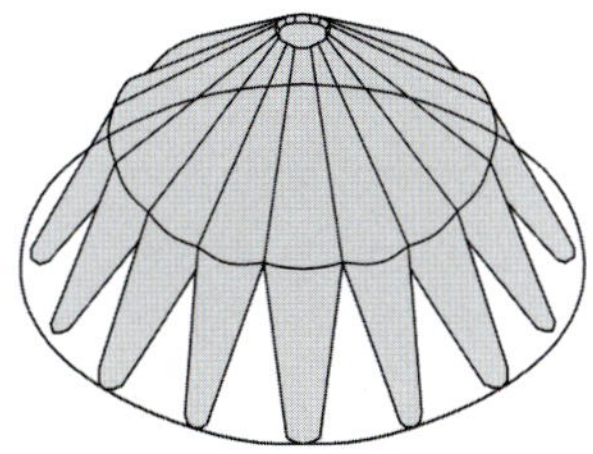

에어빔(air beam)방식

막구조의 종류

Mamoru Kawaguchi 외, Fuji Group Pavilion for Expo '70 (참고문헌 4)

Geiger Berger 외, US Pavilion for Expo '70, Osaka (www.arch.nus.edu.sg)

Nikken Sekkei Ltd. 외, Tokyo Dome "Big Egg", 1988

각부구법

CHAPTER 3

3.1 지정 및 기초　3.2 지붕　3.3 벽　3.4 개구부 및 창호　3.5 바닥
3.6 계단　3.7 천장　3.8 유닛부품

3-1 지정 및 기초(Foundation)

3. 1. 1 지정

(1) 지정의 기능과 종류

건축물 상부구조의 하중은 기초를 통해 지반에 전달된다. 이 지반에 기초를 효과적으로 지탱할 수 있도록 하는 것을 **지정**(地整)이라 한다. 지반은 자연적인 것이므로 균질하지 않고 상부구조와 같이 역학적 성질을 파악하기 쉬운 고체가 아니다.

충분한 지지력을 확보하고 침하를 허용량 이내로 막기 위해 지정이 필요하게 되는 일이 많다. 지정계획시에는 **부동침하**(不同沈下)가 일어나지 않도록 충분히 주의해야 한다. 지정에는 간편하게 널리 사용하는 **잡석지정**, 하중이 큰 경우에 일반적으로 사용되는 **말뚝지정**, 보다 큰 하중을 지탱하는 **피어**(pier)**지정**, **지반개량지정** 등이 있다. 이러한 지정의 선정은 상부구조의 종류, 형상과 지반의 상태에 따라 정해진다.

(2) 잡석지정

직경 10~20㎝ 정도의 잡석을 세워서 나란히 지반면을 채우는 공법을 잡석지정이라 한다. 지반면의 흙은 안정되어 있지 않아서 지반을 파내려가 터파기 바닥을 만들고 그 위에 잡석을 다진다.

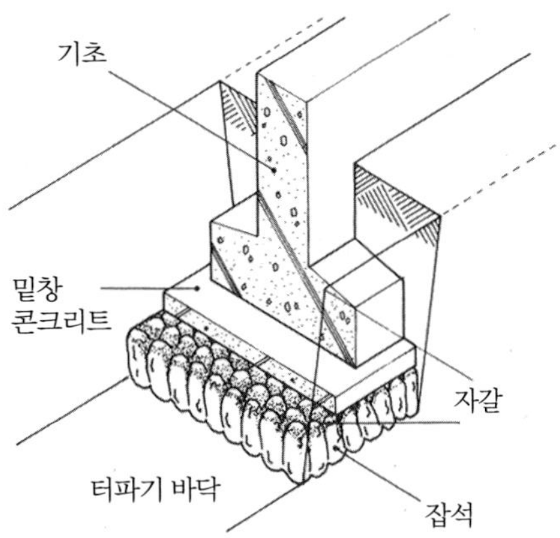

잡석지정

잡석 사이에는 모래 섞은 자갈을 채우고 그 위에 **버림콘크리트**를 타설한다. 이 버림콘크리트의 경화된 표면 위에 지하 기초부를 얹게 되므로 **밑창콘크리트**[34]라 부른다. 독립기초와 온통기초 밑에 사용되고 말뚝지정에도 병용된다. 한편, 좋은 지반에 잡석지정을 하면 도리어 지내력을 감소시키는 경우도 있다.

34) 면을 고르는 역할을 가진다.

(3) 말뚝지정(pile foundation)

기초에 접하는 지반면만으로는 필요한 지내력이 얻어지지 않는 경우에 말뚝지정을 한다. 말뚝은 재료에 따라 **나무말뚝**, **콘크리트말뚝**, **강제말뚝**으로 분류할 수 있다. 콘크리트말뚝은 공장생산된 **기성**(旣成)**철근콘크리트말뚝**과 **현장타설콘크리트말뚝**으로 대별된다. 또 하중의 전달형식에 따라 경질의 지반까지 도달해서 선단저항을 이용하는 **지지말뚝**과 주변 흙과의 마찰력을 이용한 **마찰말뚝**으로 나눌 수가 있다.

나무말뚝은 주로 소나무가 사용된다. 부패방지를 위해 지하상수위(地下常水位) 밑에 박아야 하는데 지지력은 그다지 크지 않다. **기성콘크리트말뚝**은 품질이 안정되어 지하수위가 높은 경우에도 부식의 염려는 없다. 거푸집을 회전시켜 원심력을 이용한 밀도 높은 **콘크리트제 중공**(中空)**말뚝**이 공장에서 제조된다. 말뚝의 길이는 15m 이하이고 연결해서 사용하는 경우에는 좌판(座板)을 용접한다.

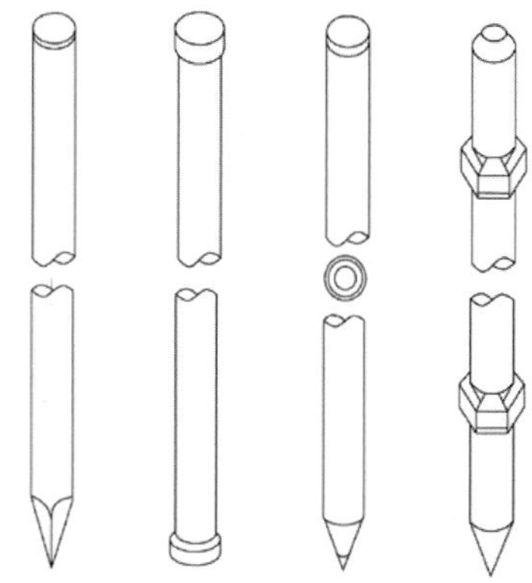

기성말뚝의 종류

또한 프리스트레스를 도입한 **PS파일**[35]도 사용된다. **강제말뚝**으로서는 **강관말뚝**, **H형강말뚝** 등이 사용된다. 용접으로 긴 말뚝으로 하는 것도 가능하다. 강재의 두께는 부식에 의한 감소를 고려한다.

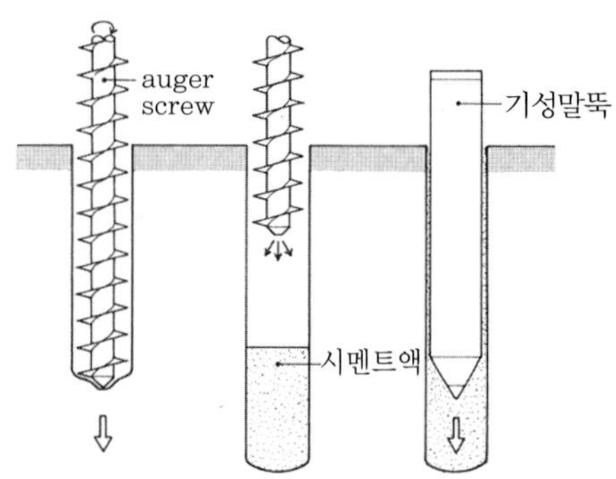

프리보링공법

기성말뚝은 박을 때에 **소음**이 나는 결점이 있어 그 대책으로 어스오거(earth-auger) 등의 굴착기로 말뚝매입부에 미리 구멍을 내는 **프리보링**(pre-boring)**공법**, 중공의 말뚝을 케이싱(casing) 같이 사용하는 공법, 고압으로 물을 분사시키며 말뚝을 압입하는 **물분사**(water jet)**공법** 등이 있다.

35) 고강도콘크리트를 사용한 것은 PHC(Pretensioned Spun High-strength Concrete)파일이라고 한다.

PHC 파일

현장타설 콘크리트말뚝은 지반에 구멍을 뚫고 콘크리트를 채워 넣어 말뚝을 형성시키므로 길이를 자유롭게 할 수 있다. 박아 넣는 말뚝에 비해 완성된 말뚝의 단면, 품질을 확인할 수 없는 결점이 있으나 굴착에 의한 것이기 때문에 박아 넣는 말뚝에 비해 소음이 적은 장점이 있다.

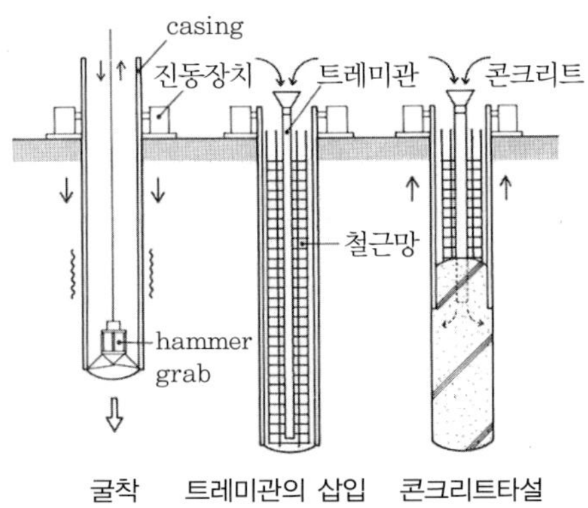

베노토공법

각종의 기계화공법이 개발되면서 지반을 뚫는 방법에 따라 다양한 공법이 있다. 굴착기를 이용하여 **케이싱**(casing)을 써서 벽의 무너짐을 막는 **베노토**(benoto)**공법**, 표층부분만 케이싱을 써서 굴착하는 **어스드릴**(earth drill)**공법**, 구멍에 물을 채워 굴착하고 토사(土砂)를 순환수(循環水)로 함께 배출시키는 **역순환**(reverse circulation)**공법** 등이 사용된다.

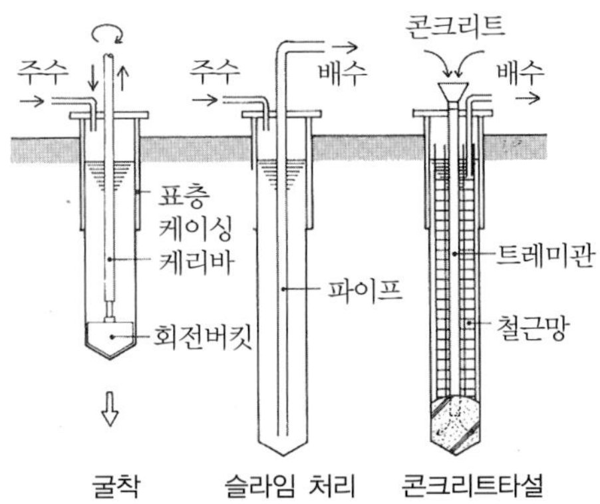

어스드릴공법

또 이러한 굴착기술 및 말뚝형성 기술들은 현장타설 콘크리트에 의한 **주열식**(柱列式) **흙막이벽**을 시공하는 데에도 적용되어 건축에서 빼놓을 수 없는 중요한 토목기술이다.

길이에 대해 지름의 비율이 큰 현장타설 콘크리트말뚝을 **피어**(pier)라고 하는데, 이 경우에는 대부분 굴착장소에 사람이 직접 들어가 작업하고 콘크리트를 타설하며, 이를 **심초**(深礎)**공법**이라 한다. 지지지반을 확인할 수 있는 장점이 있으나 작업의 안전이 요구된다.

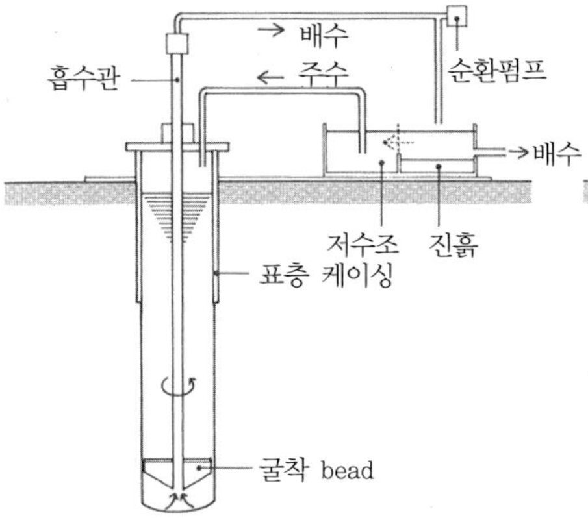

역순환공법

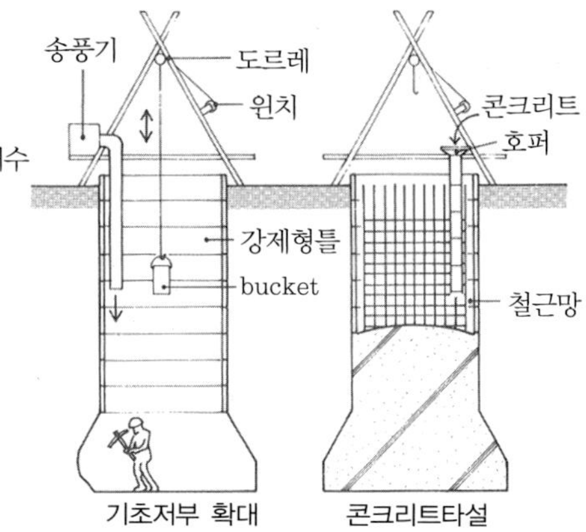

심초공법

(4) 지반개량지정

지반의 지지력을 증가시키기 위해 연약지반의 토질을 개량하는 공법을 **지반개량지정**이라고 한다.

미리 **성토**(盛土)**하중** 등으로 지반면에 압력을 주어 침하가 정지될 때까지 다지는 **재하**(載荷: pre-loading)**공법**, 모래지반에 진동을 가해 단단히 굳히는 **바이브로 플로테이션**(vibro floatation)**공법**, 말뚝모양으로 모래를 채워 넣는 **샌드파일**(sand pile)**공법**, 모래말뚝을 형성시키고 지표면에서 성토(盛土)하중 등으로 압력을 주어 점토속의 간극수(間隙水)를 단기간에 배출시킴으로써 지반을 다지는 **샌드드레인**(sand drain)**공법**, 수분흡착지를 이용한 **페이퍼드레인**(paper drain) 등이 있다. 한편, 시멘트와 약액(藥液)을 직접 주입하여 강도를 높이는 **약액주입공법**도 있다.

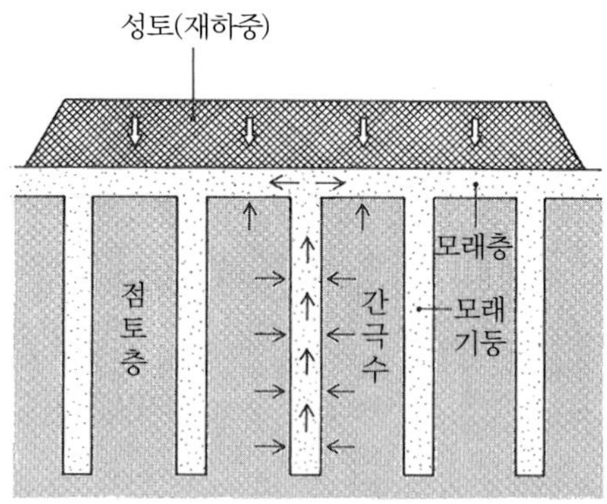

샌드드레인공법

3. 1. 2 기초(foundation, footing)

기초는 상부구조의 하중을 지정, 지반에 전달하므로 부동침하가 일어나지 않도록 조화있게 설치해야 한다. 철근콘크리트제가 일반적이고 지중보로 서로 연결시킨다. 기초의 종류에는 **독립기초**, **복합기초**, **연속기초**, **온통기초** 등이 있다.

기초란 하중을 분산시켜 가능한 한 넓은 면적의 지반면으로 받도록 기둥과 내력벽의 하부기초 저부를 넓힌다. 단독주택은 하중이 적으므로 하부의 깊이가 적은 **연속기초**(continous footing)로 하는 경우도 있다. **독립기초**(isolated footing)는 기둥 밑에 설치되는 것으로 하중과 지내력에 의해 바닥면적이 결정된다. 기초판의 형태는 정방형 혹은 장방형으로 하는 경우가 많다. 기둥 간격이 좁은 경우에는 2개 기둥의 기초를 복합하여 형성하는 **복합기초**(combined footing)가 사용되며 하중의 차이에 의해 사다리꼴이 되는 경우가 많다. 또 대지경계 주변에서 독립기초를 쓰면 기초중앙에 기둥을 세울 수 없으므로 이 편심을 피하기 위해 내측의 기둥과 일체의 기초로서 **복합기초**가 취해지게 된다. 또한 바닥 밑 전면에 설치하는 것을 **온통기초**(mat foundation)라 하며 연약한 지반이나 하중이 큰 경우 등에 사용한다.

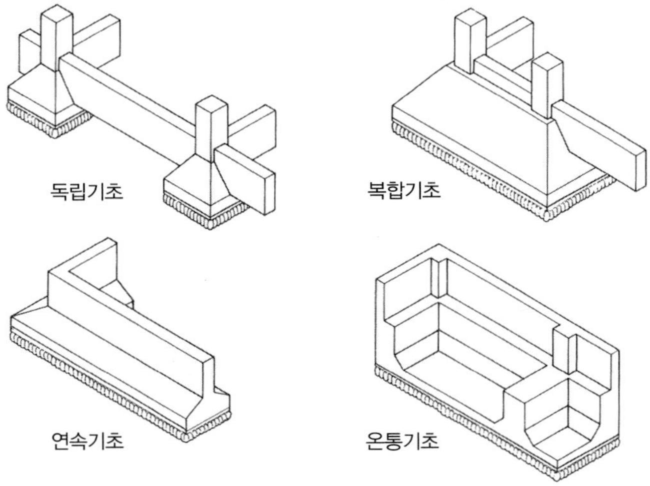

기초의 종류

기초판의 배근은 바닥판을 거꾸로 한 것과 같은 형태이다. **온통기초**의 경우는 바닥 밑의 지중보로 둘러싸인 부분에 공간이 생긴다. 보 높이가 높은 경우에는 큰 공간이 되므로 오수조(汚水槽), 축열조(蓄熱槽) 등으로 이용한다.

3-2 지붕(Roof)

3. 2. 1 기능 및 형상

(1) 기능

지붕은 천장과 함께 건축물 최상부에서 옥외와 옥내를 차단하는 중요한 부위이다. 비, 바람, 눈을 막는 것이 가장 중요한 기능이나 그 외에 단열, 차음에 관해서도 유효하지 않으면 안 된다. 요구되는 성능은 강우량, 바람, 일사의 상황, 입지조건 등에 따라 다르므로 지붕의 구법은 지역별로 다양하다. 전통적인 구법에서는 강우량이 극단적으로 적은 지방을 제외하고 **경사지붕**이 일반적이다. 수평에 가까운 **평지붕**이 사용된 것은 20세기 초이고 이것은 신뢰할 수 있는 방수재료의 출현에 의해 가능하게 되었다.

경사지붕에 관한 문제는 형상과 물매라는 지붕 전체의 문제와 지붕의 일부분인 지붕덮기의 문제로 나누어 생각할 수 있다. 지붕 전체의 형상은 빗물을 막기 위한 구법(flashing)이라는 점에서 보면 단순한 것이 제일 좋다. 그러나 지붕형은 건축물 전체의 평면계획, 입면계획, 의장과 관련이 깊어 반드시 단순하지만은 않다.

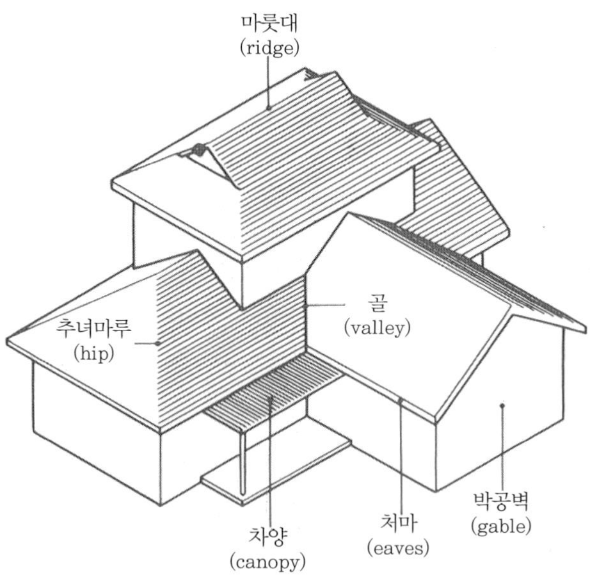

지붕의 구성

(2) 형상

지붕은 기후, 구법, 용도, 재료에 따라 다양한 형태가 있다. **박공지붕**은 가장 기본적인 형태로 지붕마루에서 양쪽으로 빗물이 흘러내리게 되어 있다. 이에 비해 **모임지붕**은 추녀마루가 있어 사방의 처마에 빗물이 흐르도록 한 것이다. 벽을 보호한다는 점에서 유리하나 지붕속의 환기가 힘들다. 이 형식에서 추녀마루가 한 점에 모이는 정방형 평면의 것을 **방형지붕**이라 한다. 박공지붕의 사방으로 처마를 내려 지붕을 연속시키면 **합각지붕**이 되며 전통적으로 많이 사용되는 형상이다. **외쪽지붕**은 소규모 건물에 적합하고 **솟을지붕**은 채광과 환기를 용이하게 하기 위한 지붕형상이며 **톱날지붕**은 공장 특유의 지붕형태로 북향(北向)으로 하루 종일 변함없는 조도(照度)의 광선을 받아들이기 위함이다.

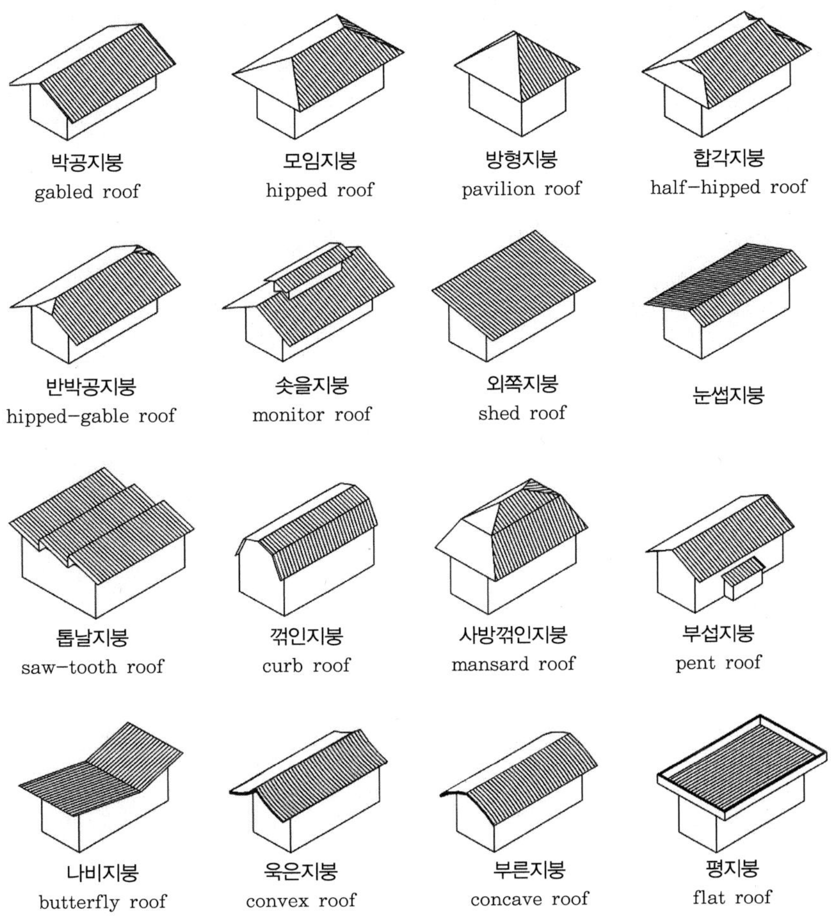

지붕의 종류

3. 2. 2 지붕잇기

(1) 밑바탕

덮는 재료로는 지붕널을 바탕면 위에 덮는 것이 일반적이다. 주택에서는 지붕널에 **합판**을 쓰는 예도 많다. 단열을 겸해 **목모시멘트판** 등을 쓰기도 한다. 기와 등의 지붕재는 비바람이 심한 경우에 빗물이 밑으로 새어 들어갈 수도 있다. 따라서 지붕널 위에 직접 씌우지 않고 방수층을 사이에 설치한다. 현재는 **아스팔트루핑**(asphalt roofing) 등의 시트(sheet)상의 방수재를 쓰는 경우가 많다.

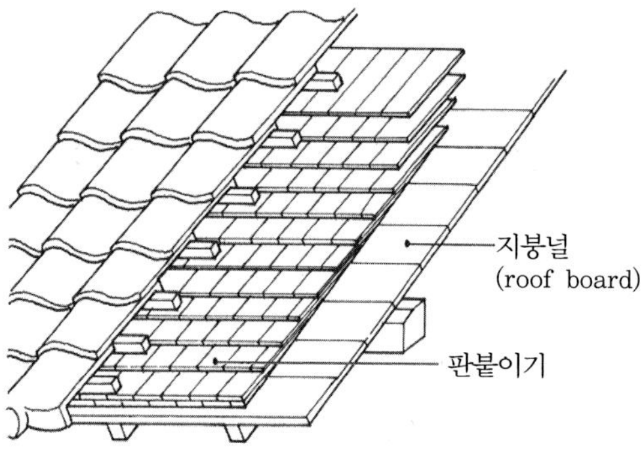

걸침기와잇기의 바탕

(2) 싱글(shingle)잇기

전통적인 **지붕잇기**에서는 방수 성능에 신뢰가 큰 재료를 구하기 어려워 작은 부재를 조합시켜 잇는 것이 많다. 작은 부재는 열에 의한 **신축**을 흡수하고 파손 시에도 부분적으로 수선하기 쉬우며 **통기성**(通氣性)을 주는 등 이점이 많고 바탕과의 접합도 용이하다.

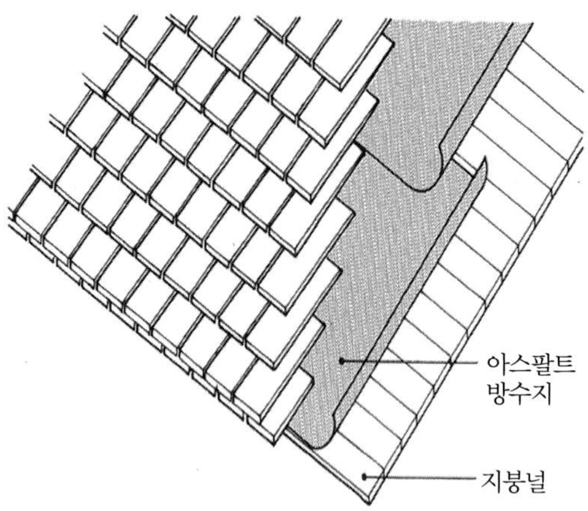

싱글잇기의 바탕

따라서 각종 지붕 이음재들에 **싱글이음**의 원리를 쓰고 있다. **싱글이음**이란 얇은 정형의 판을 그림과 같이 이어 나란히 놓은 것이다. 옆 방향에는 틈새가 생기므로 한 단 위의 판을 반 이상 겹칠 수 있는 긴 판을 써서 틈새로부터 들어오는 물을 처리해야 한다.

천연슬레이트는 옛부터 사용되어 온 싱글이음 재료이다. 최근에는 **아스팔트싱글**, 성형가공한 **섬유보강시멘트판** 등이 사용된다. 싱글이음은 겹쳐지는 부분이 많기 때문에 재료 사용상의 낭비가 크다. 위판의 틈새를 막아줄 수 있도록 **마름모잇기**, **귀갑무늬잇기**, **비늘무늬잇기** 등의 방법이 고안되어 있다.

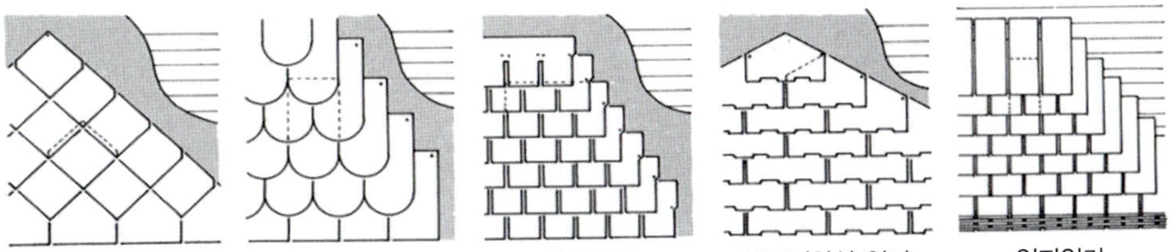

각종 싱글잇기

아스팔트싱글(일자잇기)

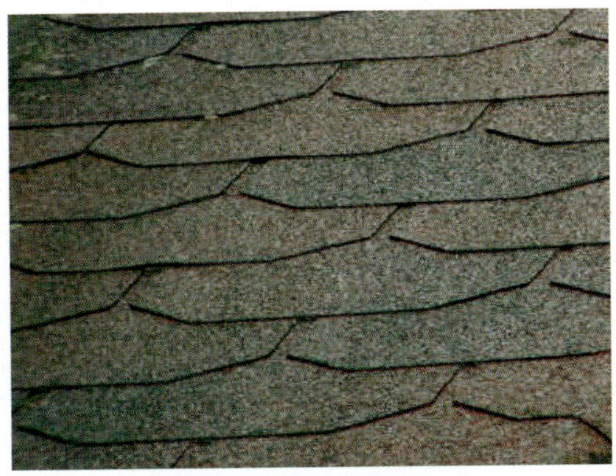

아스팔트싱글(귀접이무늬잇기)

(3) 기와잇기

판을 미리 가공하여 겹쳐지는 면적을 적게 한 것이 기와이다. 기와잇기의 종류에는 **한식기와잇기**, **판기와잇기**, **양식기와잇기** 등이 있고 각각 그 형상이 다르다. 기와는 무겁고 내진상으로도 불리하나 열용량이 크다는 특성이 있다. **한식기와잇기**는 옛부터 전통건축물에 사용되었고 기본적으로는 **암키와**와 **수키와**의 2종류를 조합시킨 것이다.

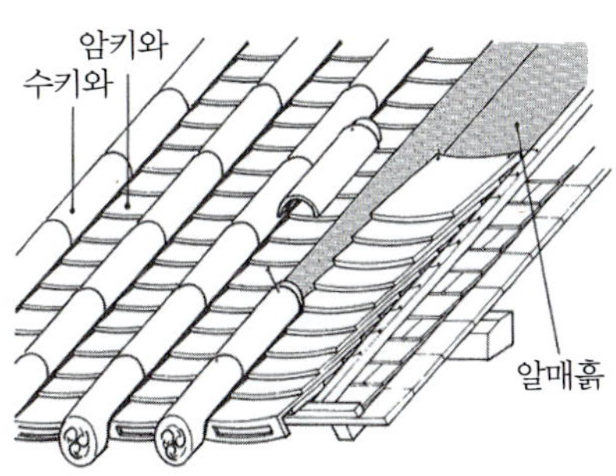

한식기와잇기

판기와는 암키와와 수키와를 합쳐 한 장으로 만든 것으로, 그대로는 4장이 겹치는 부분이 마무리되지 않으므로 기와의 좌상부분과 우하부분을 파이게 해서 조합하면 표면이 연속되도록 만들어져 있다[36]. 한편 최근에는 **평판**으로 제작하여 일반기와잇기와 달리 싱글잇기처럼 어긋나게 잇기도 한다. 이들은 대개 지붕널에 **기와살**을 대고 그 위에 기와를 얹는데, 미끄러짐을 막기 위해 뒷면에 돌기를 내서 걸치므로 **걸침기와**라고도 부른다.

평판기와잇기

한식기와나 걸침기와로 지붕을 덮는 경우, 일반부분을 덮는 표준기와 이외에 위치에 따라 여러 형상의 기와가 쓰인다. **후형슬레이트**, **시멘트기와** 등도 걸침기와와 같은 원리이나 빗물의 흐름을 제어하기 위해 홈이 파여져 있다. 또 판기와와 마찬가지로 좌상, 우하의 각을 경사지게 잘라낸 것이 사용된다.

금속판기와

S형 기와

기와잇기는 처마끝의 잇기 시작하는 부분, 박공이나 용마루부분의 마무리 처리가 중요하다. 사원건축 등의 처마끝은 의장상의 이유도 있겠지만 많은 부재를 복잡하게 조합하고 있는데 주택에서는 단순하게 처리한다. 서까래 끝을 가로로 연결하는 부재로 **처마돌림**을 붙인다. 서까래에 걸리는 하중을 분산함과 동시에 서까래의 끝을 가지런히 할 수 있다. 지붕널의 끝에는 **평고대(평고자)**라는 가로재를 대고 이 위에서부터 기와를 잇는다. 박공지붕의 박공부분에는 **박공널**이 **처마돌림**과 같이 사용된다.

36) 귀딴기와라고 한다.

걸침기와잇기에 사용되는 각종 기와 (참고문헌 1)

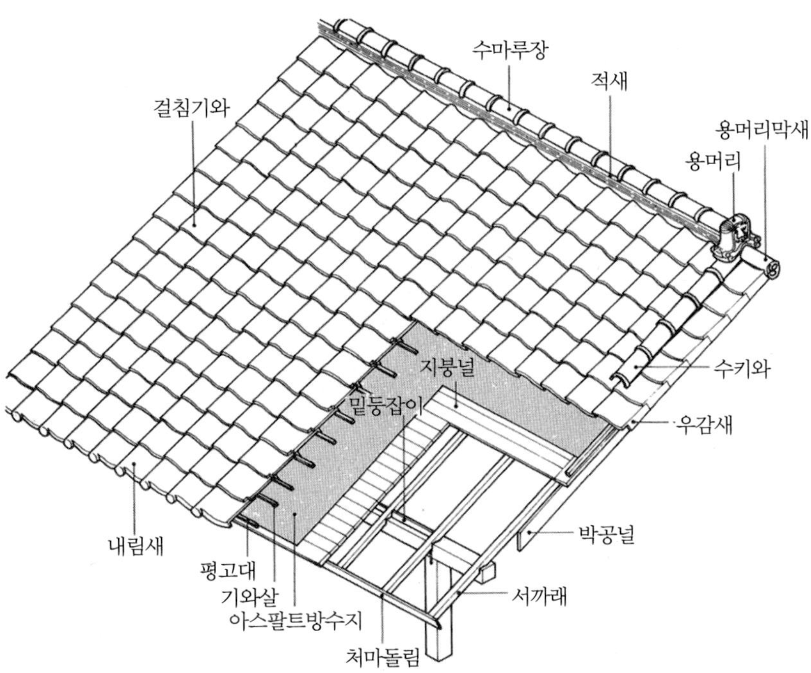

걸침기와지붕의 구성

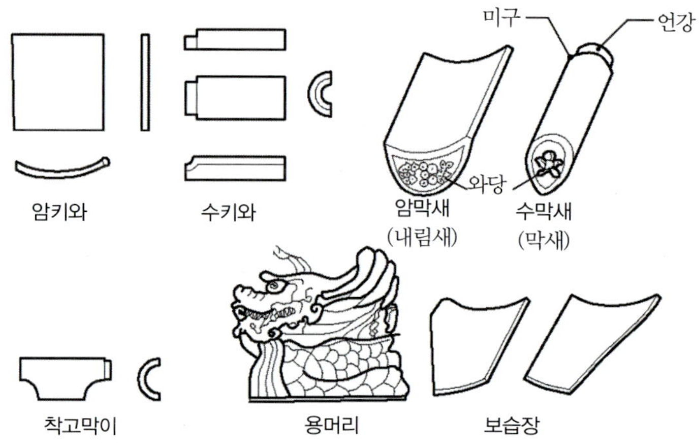

한식기와 (참고문헌 1)

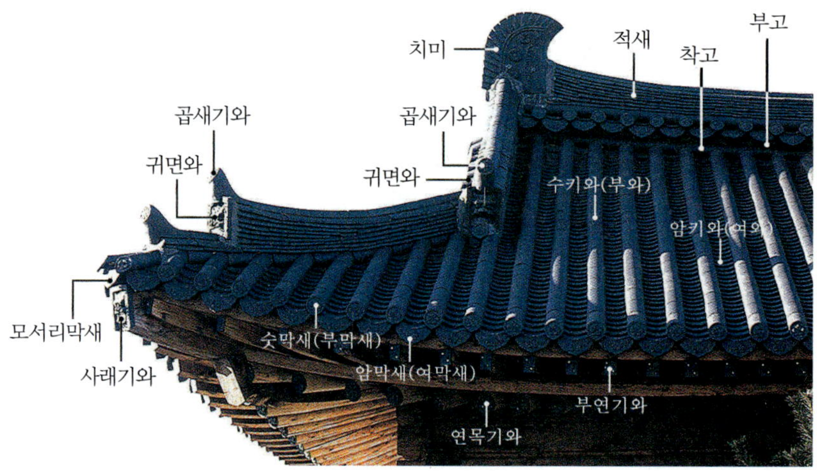

한식기와지붕의 구성

(4) 금속판 잇기

금속판으로 지붕을 잇는 구법에도 여러 가지 방식이 있다. 금속판 잇기의 특성은 첫째로 가볍다는 점을 들 수 있고, 둘째로 금속판을 현장에서 단부를 접어 가공할 수 있기 때문에 재료의 낭비가 적다는 것이다. 겹치는 폭이 작은 것도 있어 물매를 완만하게 깔 수 있다. 특히 긴 재료를 쓴 이음에는 1/10 정도의 물매를 취할 수 있다. 그러나 금속판 잇기의 결점으로서는 바람 등에 의해 부분적인 피해가 있을 경우에 그 영향이 전체로 파급되기 쉬운 점, 열전도율이 높다는 점, 바람에 의해 진동이 발생할 수 있다는 점 등이 있다.

재료로서는 옛부터 **동판**이 많이 사용되었으나 현재에는 공장에서 방청가공을 한 **철판**이 많이 사용되고 **알루미늄**이나 **스테인리스** 등도 이용된다. 단, 금속판을 쓸 때 주의할 점으로 이종(異種)금속이 직접 닿는 것을 피해야 하는데, 이것은 **이온**(ion)**화 경향**의 차이에 의한 부식을 방지하기 위함이다.

금속판 잇기에는 **일자잇기**, **기와가락잇기**, **거멀세워잇기** 등이 있다. 일자잇기는 정척(定尺)의 금속판을 3~7장으로 절단해서 단부를 구부려두고 판을 조합한 뒤 다시 구부려 접합한다. 이것을 거멀접기라 하며 **거멀접기**가 모세관현상을 일으키지 않도록 완전히 체결한다.

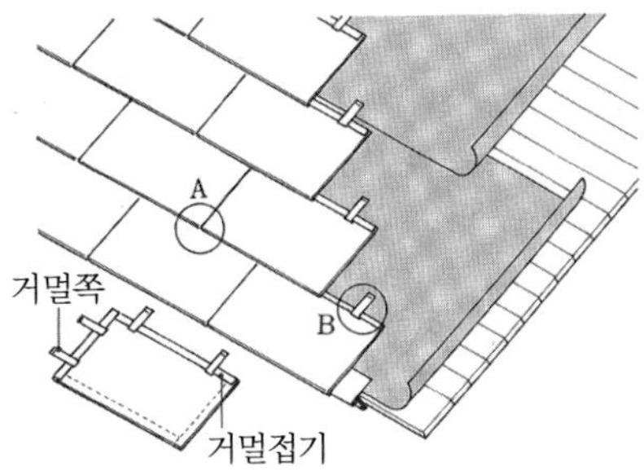

일자잇기

일자잇기에서는 금속판과 지붕널을 긴결하기 위해 요소요소에 **거멀쪽**이라는 금속판을 배치하고 한 끝을 **거멀접기**로 감아 올림과 동시에 다른 끝을 지붕널에 못박기한다. 동판은 거의가 일자잇기로 사용되나 철판은 비교적 새로운 구법인 **기와가락잇기**(batten seam)로 한다.

이 **기와가락잇기**는 서까래 같은 목재를 지붕널 위에 붙여 그 사이를 U자형으로 금속판을 잇는 것이다. 판끼리의 세로접합부와 가로방향 접합부의 교점을 단순하게 할 수 있고 지붕널과의 긴결도 확실히 할 수 있다.

특히 용마루에서 처마 끝까지를 한 장으로 한 것을 **장척**(長尺)**기와가락**이라고 하는데, 비흘림이 좋아 완만한 물매를 둘 수 있지만 온도신축을 흡수하기 어렵고 바탕과의 접합이 약해지는 결점이 있다. 또 기와가락에 목재를 쓰지 않고 철판만을 구부려 사용하는 **헛기와가락잇기**[37]도 있고 접합부를 보다 단순히 한 구법으로 **거멀세워잇기**(standing seam)가 있다.

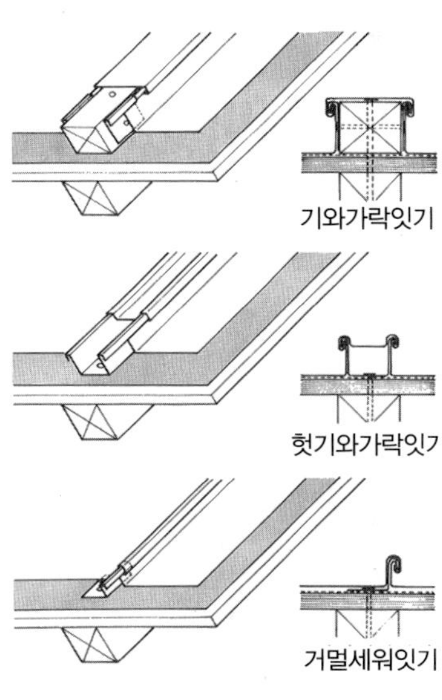

기와가락잇기와 거멀세워잇기

37) 참고문헌 1에서는 중공기와가락잇기라 부르고 있으나 본서에서는 헛기와가락잇기로 명명하였다.

(5) 절판, 골판

골판슬레이트와 같이 판재를 한 방향으로 반복되게 구부려 강성을 갖추게 한 형상으로서 서까래, 지붕널을 생략하고 직접 도리에 걸도록 한 지붕구법이 있다.

금속판이나 플라스틱판이 사용되고 철판을 구부림 가공하여 도리간격으로 크게 걸칠 수 있게 한 것, 각형으로 구부린 것(절판), 골판 등 종류가 많다. 이러한 지붕판들은 비흘림을 고려하여 능선부분에서 바탕과 접합한다. 경량철골로 된 도리에 **훅볼트**(hook bolt)로 체결하는 경우가 많으나 바람 등에 의한 진동으로 너트가 뽑혀 박락하지 않도록 유의해야 한다. 또한 볼트가 녹슬지 않도록 캡(cap)을 씌우며, 바탕재가 없으므로 단열에 대한 배려가 필요하다. 이를 고려하여 단열재가 부착된 제품도 생산되고 있다.

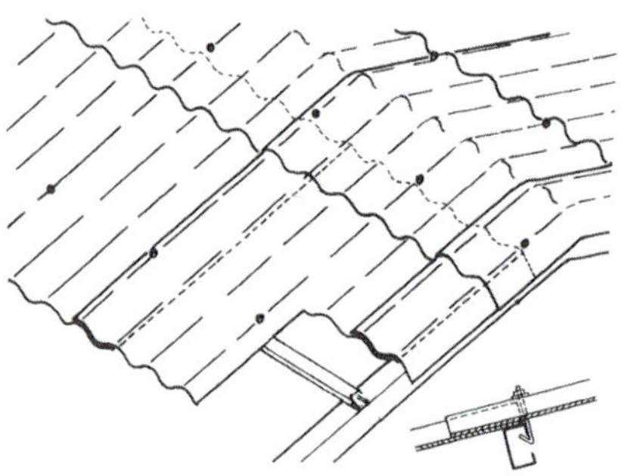

골판슬레이트

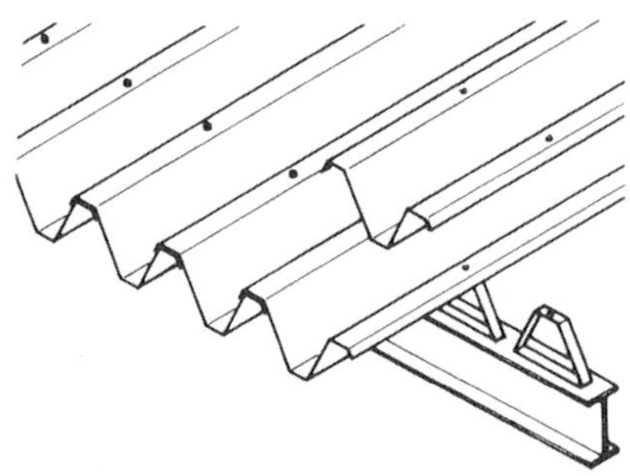

금속절판

굽힌강판

골판슬레이트

3. 2. 3 경사지붕(sloped roof)

(1) 난간벽, 골(valley)

구배지붕은 통상적인 잇기방법을 쓰면 일반부분에서 비가 샐 위험은 적다. 또 용마루부분은 각각의 잇기방법에 따라 정형화된 구법이 있다. 그러나 벽면에서 지붕물매가 시작되는 부분(벽의 **난간벽**, **부섭지붕**) 및 **골부분**에서는 비가 새는 것에 대한 충분한 주의가 필요하다.

한식기와잇기의 회첨골

난간벽에서는 바람이 솟구치는 데 따른 비의 흐름을 막음과 동시에 벽 표면을 타고 내려오는 빗물이 확실하게 지붕면으로 흐르도록 해야 한다. **골부분**은 당연히 비가 새기 쉬운 부분이 된다. 특히 용마루가 직교함에 따라 생기는 골은 빗물이 많이 모여지는데도 불구하고 물매가 완만하게 됨에 유의해야 한다.

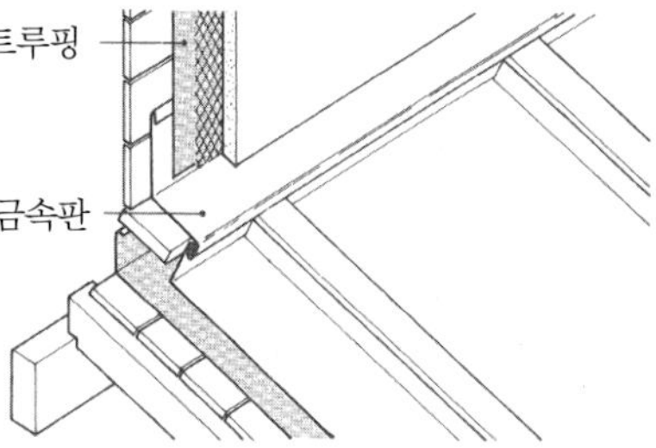

난간벽의 마무리

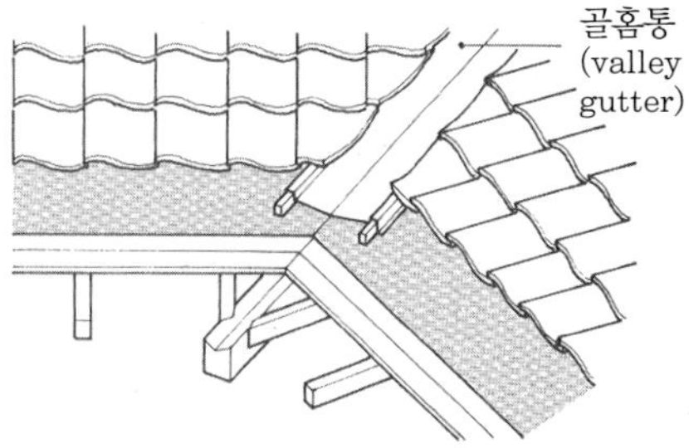

회첨골의 마무리

(2) 처마(eaves)

처마의 구성은 의장상으로도 중요하다. 특히 처마의 끝부분은 구법에 따라 건물을 경쾌하게 보여주기도 하고, 중후하게 보여주기도 하므로 충분한 검토가 필요하다. 처마는 벽을 보호하는 기능을 가지고 있지만 그 자체는 노후되기 쉬운 부분이므로 **내구성**에 대한 배려가 필요하다.

요즈음은 처마가 거의 나오지 않은 건축물이 많으나 그 경우에는 지붕과 벽을 종합적으로 처리하는 구법을 생각하지 않으면 안 된다. 처마가 많이 나온 경우에는 처마끝이 쳐지지 않도록 주의해야 한다. 따라서 중량의 경감을 위해 기와지붕의 차양부분만을 금속판으로 덮기도 한다. 벽에서 한쪽으로 튀어나온 부분은 구조상의 고려가 필요하다.

(3) 홈통(gutter)

지붕면을 흐르는 빗물은 **처마홈통**(eaves gutter)으로 받아 **선홈통**(leader)을 통해 배수된다. **처마홈통**은 처마끝의 의장에 큰 영향을 미치므로 충분한 검토가 필요하며 모이는 수량(水量)에 맞는 형상이어야 한다. 또 물매를 취하는 방법에도 주의가 필요하고 막히는 경우도 대비하여 설계함이 바람직하다.

선홈통의 위치는 의장, 개구부와의 관계, 상하층의 위치관계 등 의외로 제약이 많다. 또한 **낙수구**의 위치나 **배수구**와의 위치관계, **통행인**의 동선도 함께 고려해야 한다. 홈통의 재료는 함석이 주였으나 최근에는 부식의 우려가 없는 **염화비닐**이나 **스테인리스** 등을 많이 쓴다.

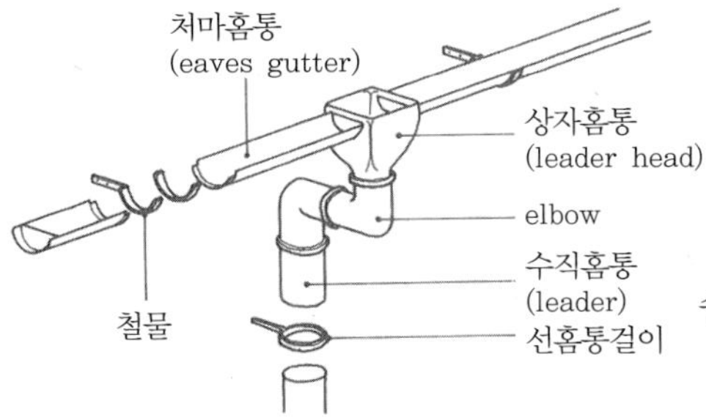

홈통의 구성

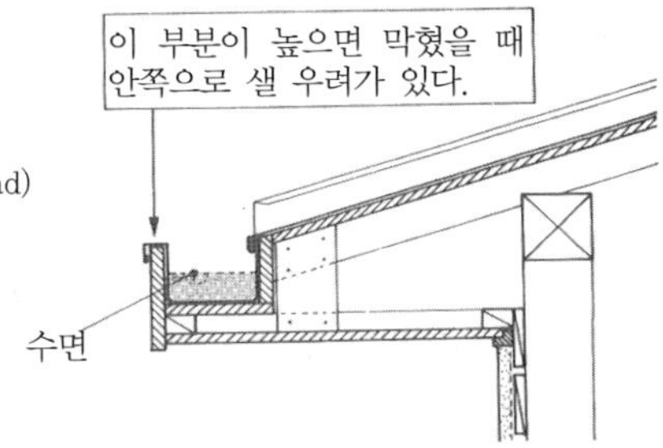

처마홈통의 마무리 예

선홈통의 벽면맞춤

학각(goose neck)

선홈통과 드레인

낙수받이돌(splash stone)

3. 2. 4 평지붕(flat roof)

(1) 지붕방수의 종류

지붕방수에서의 빗물처리는 물을 통과시키지 않는 연속면으로 건축물의 내외를 구획하는 방법을 쓴다. 이 연속면을 **방수층**이라고 한다. 지붕방수는 콘크리트 슬래브 위에 하는 것이 일반적이고 외주부분에는 방수층을 세우는 것이 많다. 따라서 홈통을 막고 옥상에 물을 채워놓은 상태에서 누수되지 않도록 함이 기본적인 방법이다.

철근콘트리트 슬래브에 균열이 거의 없다면 두꺼운 슬래브로 약간의 물매만 두면 그대로 지붕면으로서 사용할 수 있다. 대형 PC판구법에서는 접합부만 방수처리를 하는 경우도 있다. 그러나 장기에 걸쳐 높은 **내후성**(耐候性)이 요구되는 부위이므로 현장타설 콘크리트의 건축물에는 특수한 경우를 제외하고 방수처리를 한다.

지붕방수의 방법에는 **아스팔트방수**, **모르터방수**, **도막방수**, **시트**(sheet)**방수** 등이 있다. **아스팔트방수**는 가장 널리 쓰이는 것이고 시공이 완전하면 신뢰성이 높다. **모르터방수**는 방수제를 혼화한 모르터를 써서 마감(미장)한 것이다. 간편한 방수법이고 철근콘크리트의 내민보 등에 사용된다. 슬래브의 균열이 표면에 전달되지 않도록 하지 않으면 안 된다.

합성수지의 방수제를 칠하는 **도막방수**도 간편한 공법으로서 사용된다. 이러한 시공법에 반해 성형된 시트상의 방수층을 쓰는 방법이 **시트방수**이다. 합성고무, 염화비닐, 폴리에틸렌(polyethylene) 등 합성고분자 재료가 쓰인다. 접착제로 고름모르터 위에 붙이는 비교적 새로운 공법이다.

(2) 아스팔트방수

아스팔트방수는 콘크리트 슬래브 표면을 고름모르터로 평활하게 한 위에 아스팔트를 가열하여 발라 방수층으로 하는 공법이다. 바탕면이 평활하지 않으면 방수층이 파손될 위험이 있다. 고름모르터의 표면에는 **아스팔트프라이머**[38](asphalt primer)를 발라 방수층이 바탕에 밀착되도록 한다.

38) 아스팔트를 휘발성 용제로 용해한 것.

바탕과의 사이에 공기가 들어있게 되면 열에 의해 팽창하여 방수층이 부풀어 오르는 경우가 있다. 방수층에 사용되는 **블로운아스팔트**[39](blown asphalt)는 방수성, 발수성이 풍부한 재료이나 그 자체의 강도는 낮다. 일정한 두께로서 내구성, 안정성을 높이기 위해 아스팔트를 침투시킨 **펠트**(felt) 혹은 **아스팔트루핑**(asphalt roofing)을 깔아 넣으면서 반복하여 칠해 몇 층을 겹쳐 구성한다.

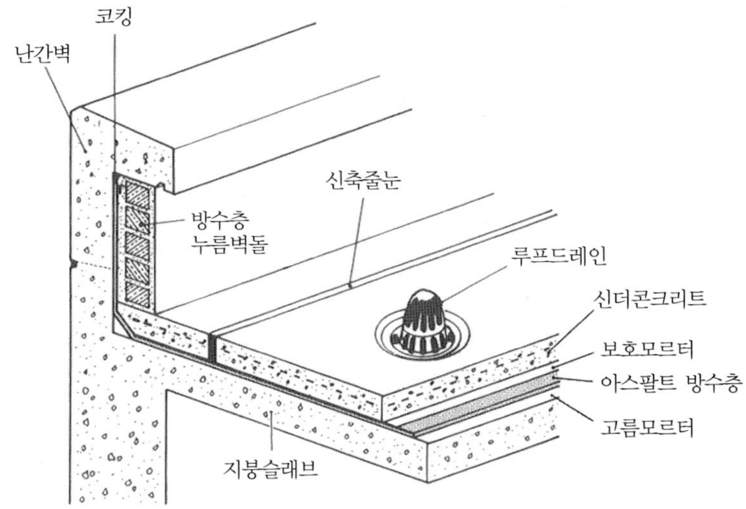

아스팔트방수

방수층 위에는 보호층을 설치한다. **신더콘크리트**[40](cinder concrete) 등의 경량콘크리트를 단열층을 겸해 타설하는 것이 일반적이고 **양생(養生)콘크리트**, **누름콘크리트** 등으로 부른다. 옥상지붕면은 일사, 바람, 비에 노출되어 있으므로 보호층이 중요하나 비보행 지붕에는 간편한 구법을 사용하는 경우도 많다. 또 누름콘크리트를 타설하지 않고 자갈을 깔아 보호층으로 하기도 한다.

보행지붕의 경우는 보호층 위에 모르터, 타일 등으로 마감한다. 보호층과 마감모르터에는 2.7~3m 간격으로 **신축줄눈**[41](expansion joint)을 두고 **아스팔트컴파운드**[42](asphalt compound)를 충전한다. 표면의 수축을 집중시켜 균열을 방지함과 동시에 신더콘크리트가 팽창하여 내민보가 외측으로 넘어지는 것을 방지한다.

---

39) 원유를 증류시켜 석유를 채취하고 남은 중질유를 정제해서 만든 아스팔트.
40) 탄각을 골재로 한 경량콘크리트, ash concrete라고도 함.
41) 열에 의한 신축을 흡수하기 위한 절연부.
42) 블로운아스팔트에 동 · 식물유를 혼합해서 개량한 것.

평지붕의 아스팔트방수는 거의 수평이나, 배수를 위해 1/50~1/100의 물매를 만든다. 이 물매를 취하는 방법은 콘크리트 슬래브 자체를 경사지게 타설하는 경우와 **고름모르터**를 경사지게 바르는 경우, **신더콘크리트**를 경사지게 타설하는 경우가 있다. 방수층에서 물을 차단한다고 하는 점에서 보면 앞의 2가지가 적당하나 대부분의 빗물이 마감면 위를 흐르므로 후자를 택하는 일이 많다.

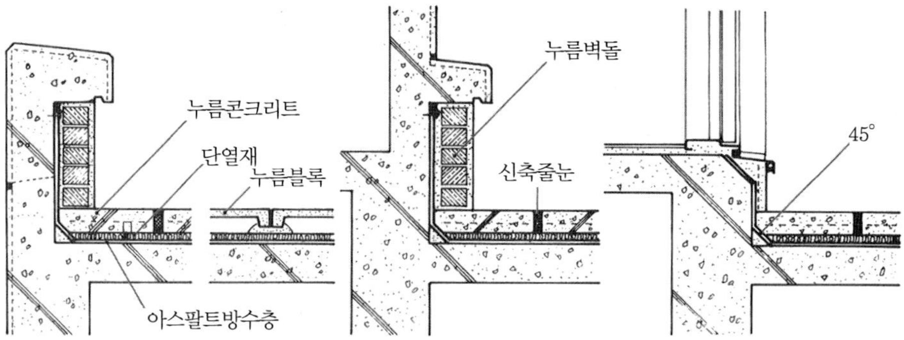

난간벽의 방수

외주부분의 난간벽에는 아스팔트 방수층을 세워 마무리한다. 방수층이 ㄴ자로 꺾이는 부분에서 직각으로 꺾으면 바탕에 밀착하지 않게 되어 공기가 들어가거나 층이 갈라져 누수의 원인이 되므로 45°로 경사진 부분을 만들어 밀착시켜 **망입루핑** 등으로 보강한다. 수직부분의 방수층은 벽돌 등으로 눌러 상부의 **두겁**으로 덮여지도록 한다. 이 부분은 방수상의 약점이 되기 쉬우므로 설계, 시공을 면밀히 해야 한다. 두겁의 재료에는 **모르터**, **돌**, **인조석**, PC, **금속판** 등이 쓰인다.

옥탑(pent house)의 벽과 지붕면과의 접합부도 난간벽과 같은 방법으로 마무리한다. 콘크리트의 이어치기면은 누수의 원인이 되기 쉬워 방수층 근처에 두는 것은 피해야 한다. 또 이어치기면은 바깥쪽으로 경사를 둔다. 옥탑에 옥상출입구가 있는 경우는 문턱이 되는 수직부의 높이가 충분치 않으므로 마무리에 대책이 필요하다.

(3) 평지붕 주위의 부속물

평지붕의 경우에는 홈통과 맞물리는 부분이 방수상의 약점이 되기 쉽다. **루프드레인**(roof drain)을 통해 **수직홈통**을 설치하나 보, 기둥과의 위치관계를 조정하여 적절한

배수계획을 세워야 한다. 또 한랭지에서는 **동결**에도 주의해야 한다. 루프드레인은 쓰레기나 낙엽 등에 의해 막히는 것을 방지하기 위해 망형(網形)의 주철제가 많다. 아스팔트 방수층이 상하지 않게 슬래브에 고정시킨다.

먼지가 어느 정도 쌓여도 배수에 지장이 없는 형상이어야 하고 청소하기 쉬운 것이어야 한다. 또한 선홈통이 실내를 통과하는 경우에는 천장과의 관계 및 관통구멍이나 접합부에서의 누수에 대하여 각별히 주의해야 한다.

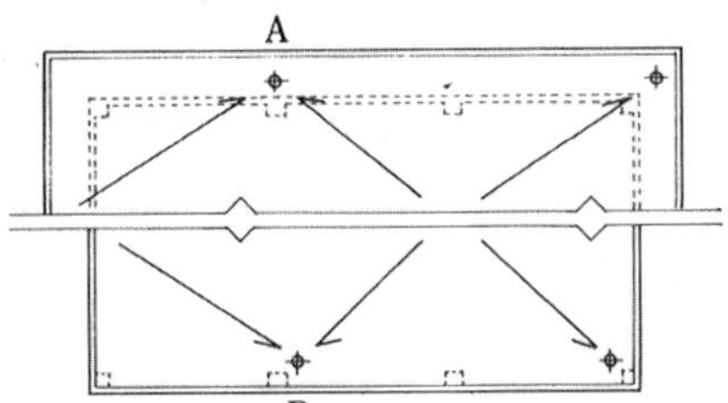

평지붕의 배수

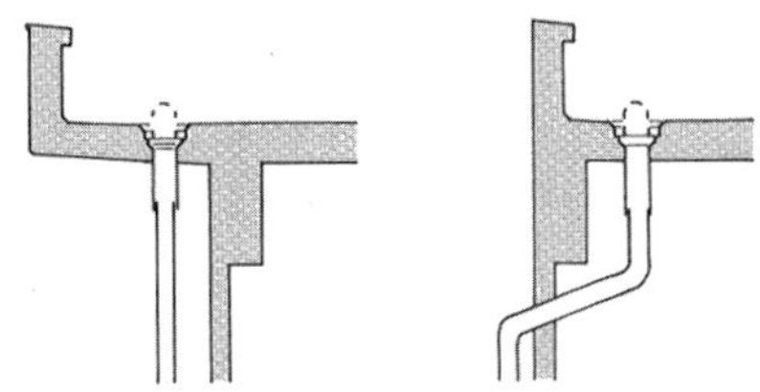
(a) 기둥, 보의 외측에 있는 경우
(b) 기둥, 보의 내측에 있는 경우

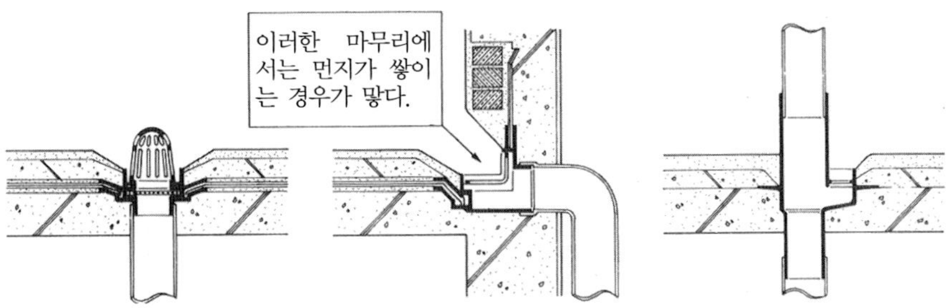

세로형 루프드레인　가로형 루프드레인　이음형 루프드레인

루프드레인

또한 옥상에는 **난간**과 **냉각탑**, **고가수조** 등의 각종의 설비기기 그리고 **곤돌라**와 같은 기계류와 **광고탑** 등의 가설물들을 설치하는 경우가 많다.

이러한 기기들의 설치과정에서 방수층을 손상시키지 않도록 해야 한다. 슬래브에 직접 앵커를 설치하기 곤란하므로 독립된 콘크리트 지지대를 설치하는 경우도 있다.

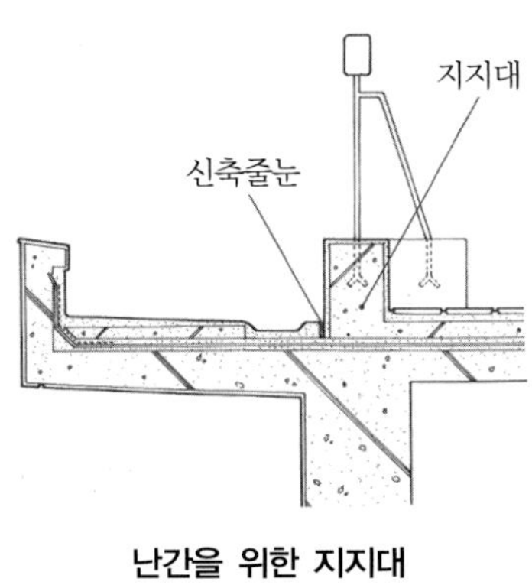

난간을 위한 지지대

3-3 벽(Wall)

3. 3. 1 종류와 기능

(1) 종류

벽은 위치에 따라 몇 가지로 분류할 수 있고 각각 요구조건도 다르다. 제일 전형적인 것은 옥내와 옥외로 구분하는 **외주벽**과 옥내의 방을 구획하는 칸막이**벽**이 있다. 이것은 기능상의 큰 차이가 있어 당연히 서로 다른 구법을 사용해야 한다. 단 외주벽의 실내측은 일반 칸막이벽의 한쪽 면과 같은 구성으로 되어 있는 것도 많다.

이렇게 벽의 구법에 관해서는 벽체 전부를 취급하는 경우와 한쪽에서 보아 그 표면, 혹은 표면에 가까운 층만을 생각하는 경우가 있다. 마감을 취급하는 경우는 후자에서 생각하는 경우가 많다.

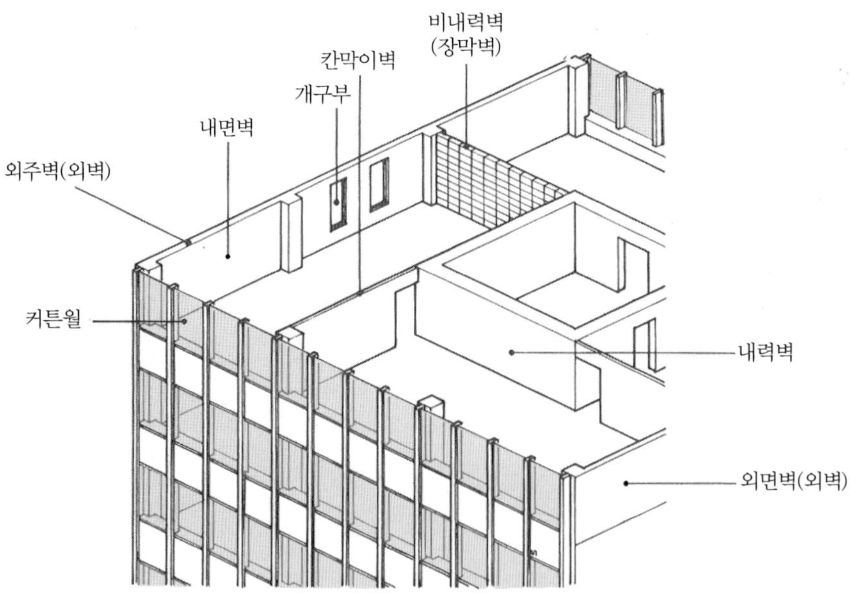

벽의 명칭

외벽이라는 말도 **외주벽** 자체를 지칭하여 사용하는 경우와 외주벽의 외측면을 가리켜 사용하는 경우가 있다. 외벽 모르터 마감이라면 외측의 벽만을 모르터 마감하는 것을 의미한다. 특별히 외측의 면을 가리키는 경우에는 **외면벽**이라는 말을 쓴다. 마찬가지로 내벽은 칸막이**벽**을 지칭하는 경우와 칸막이벽의 표면 및 외주벽의 내측면을 가리키는 경우가 있어, 후자를 **내면벽**이라 부르기도 한다.

벽은 주체구조와의 관계에 따라서도 크게 2가지로 나눌 수 있다. 즉 벽식구조 조적조의 벽과 같이 지붕, 상층의 벽, 바닥을 지탱하는 벽과 기둥 및 보의 구조체 사이에 들어있어 외력을 부담하지 않는 벽으로 나누어 생각할 수 있다. 전자를 **내력벽**, 후자를 **비내력벽**이라 부른다. 비내력벽은 **장막벽**, **커튼월**로 불리나 커튼월은 특별히 고층건축물 등에 사용되는 **공장생산화**된 외주벽을 지칭하는 일이 많다.

(2) 기능과 성능

벽의 기능으로서는 첫째로 벽에 작용하는 여러 가지 인자를 차단하는 것이다. 특히 **외주벽**은 실내와 실외와의 경계에 있으므로 쾌적한 환경을 만들어 내기 위해서 열, 빛(일사, 시선), 공기, 소리 등을 차단하는 중요한 부위이다. 사람이나 동물의 원치 않은 침입, 그리고 빗물의 침투 등도 막지 않으면 안 된다.

이러한 것 중 빛, 공기, 동물은 비교적 용이하게 차단할 수 있으나 열, 소리에 관해서는 구법에 따라 그 성능이 다르다. 방화성능도 벽의 성능으로서 중요하다. 외벽에 관해서는 연소방지를 위해 환경에 따른 방화성이 요구된다. **내면벽**에 있어서는 불연재인 것이 바람직하고 건축물의 규모, 방의 용도에 따라서 법규에 의해 사용재료가 한정되어 있다.

빗물에 대해서는 강우 시에 실내에 스며들지 않음은 물론이고 장기적으로도 비바람과 자외선에 노출되어도 열화(劣化)되지 않는 성능이 요구된다. 단, 이러한 비흘림과 내후성(耐候性)에 관해서는 건축물의 규모, 형태, 위치, 종류에 따라 요구되는 성능이 크게 다르다. 예를 들면 풍우에 직접 닿는 고층건축물의 외벽과 처마가 돌출되어 보호되고 있는 저층건축물의 외벽과는 요구조건이 서로 다른 것이다.

한편, 건물의 용도나 실의 용도에 따라서 특별한 요구성능이 필요할 경우도 있어 설계단계에서 재료나 구법에 대한 면밀한 검토가 요구된다.

3. 3. 2 구성방법

벽의 구성은 주체구조와의 관계에서 다음과 같은 형식으로 분류할 수 있다.

① 구조구체의 벽체가 그대로 마감면이 되는 것.
예 : 철근콘크리트 제치장마감, 도드락마감.
② 구조구체의 벽체에 직접 마감을 하는 것.
예 : 철근콘크리트 모르터마감, 2×4 구법의 벽지붙임마감.
③ 구조구체의 벽체의 표면에 밑바탕을 짜서 마감을 하는 것.
예 : 나무벽돌과 띠장을 사용한 마감.
④ 구조체의 사이에 설치되어 중공층을 두고 양면으로 나뉘어 형성되는 것.
예 : 플라스터 평벽 등.
⑤ 벽 내부에 부분적으로 주체구조의 일부가 있는 것.
예 : 꿸대, 가새 등을 포함하는 벽, 외로 된 벽 등.
⑥ 구조구체와 관계없이 설치되고 양면이 연속되어 일체로 된 것.
예 : ALC벽, 가동칸막이 등.

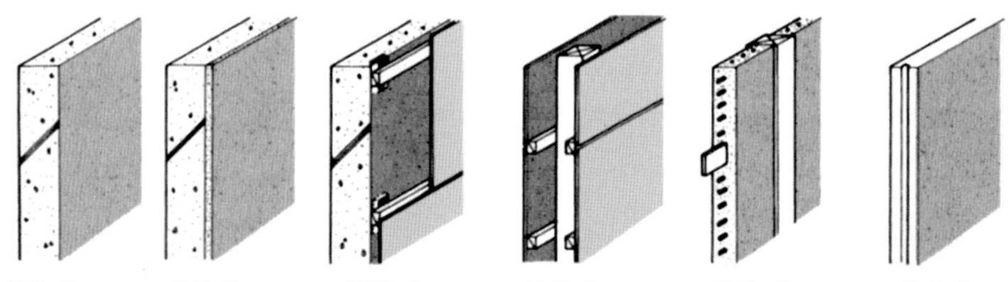

①의 예 (a) 제치장 ②의 예 (b) 모르터마감 ③의 예 (c) 나무벽돌과 띠장 ④의 예 (d) 보드평벽 ⑤의 예 (e) 외로 된 벽 ⑥의 예 (f) ALC

벽체와 마감

그림 (e), (f)는 구면(構面)이 일체가 된 벽체로서 취급되나 그림 (a)~(d)에 관해서는 벽의 한 면만의 구법, 특히 밑바탕과 마감재와의 관계로서 생각할 수 있다.

벽의 구법은 시공방법에 따라서 **습식공법**(물을 포함한 부정형 재료를 쓰고 주로 미장작업으로 면을 구성해서 건조시키는 공법), **건식공법**(패널, 보드, 판재 등을 쓰고 못, 접착제, 나사 등으로 부착시키는 공법)으로 나눌 수 있다.

3. 3. 3 제치장 콘크리트벽(Exposed Concrete Wall)

콘크리트 표면을 그대로 마감면으로 하는 것은 현대건축에서 많이 사용되며 콘크리트구조체의 중후함이나 강력함이 표현된다. 콘크리트면의 문양(紋樣) 및 정밀도는 거푸집의 재질과 시공정밀도에 좌우되며 콘크리트의 품질과 시공관리에도 큰 영향을 받게 된다. 사용하는 거푸집의 종류로는 합판거푸집, 목제거푸집, 평판이나 골판의 강제거푸집(metal form) 등을 사용한다.

거푸집을 조립하기 위해서는 **폼타이**(긴결재: form tie)와 **세퍼레이터**(격리재: separator)의 사용이 불가피한데, 이에 따라 콘크리트면에 **콘**(cone)**구멍**이 생긴다. 이것의 배열이 디자인요소로 되지만 내부로부터 세퍼레이터의 녹이 나오지 않게 모르터 등으로 잘 채워야 한다. 또한 거푸집 서로간의 이음매에서 콘크리트가 누출되어 지저분하게 되는 경우가 많으므로 조립정밀도에 유의한다.

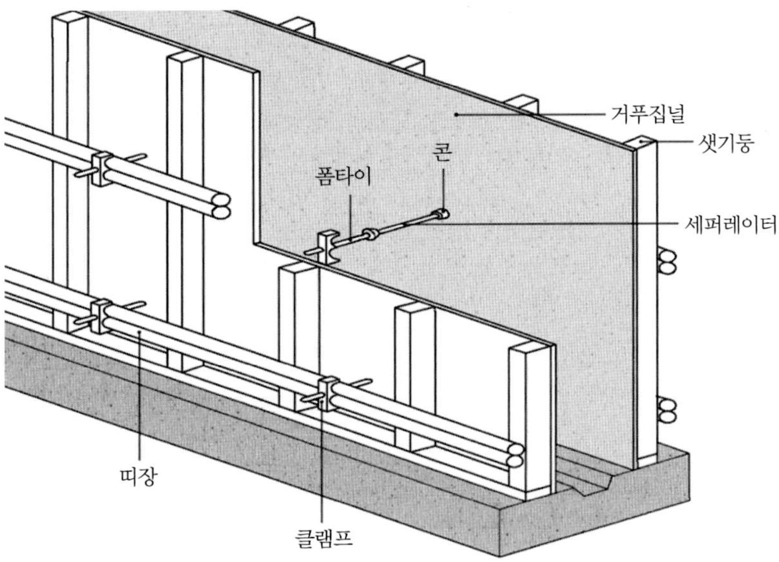

벽거푸집의 구성

이러한 제치장마감은 콘크리트의 내구성, 비처리 등에서 결점도 많다. 표면보호를 위해 **발수제**(撥水劑)를 바르거나 **수성페인트**로 도색하는 경우도 있다. 또한 본래의 의도와는 어긋나지만 표면마무리를 겸해 **보호마감재**를 덧바르는 경우도 있다.

규격패널 거푸집면

굽힌강판 거푸집면

문양 거푸집면

굽힌강판 거푸집면 + 수성페인트마감

3. 3. 4 습식벽

(1) 습식벽의 종류

습식벽 구법은 이음이 없는 넓은 면을 구성할 수가 있고 두께의 치수조정도 용이하다. 그러나 시공상 숙련을 요구하며 건조에 시간이 오래 걸리고 수축균열이 생기기 쉽다는 점 등의 결점이 있다. 습식벽은 **칠벽**, **미장벽** 등으로 부른다.

재료로서는 **모르터**, **플라스터**(plaster), **회벽**, **섬유벽**, **토벽** 등이 사용된다. 대부분 미장바탕 위에 하거나 혹은 다른 재료 위에 마감 바름으로써 사용한다. 이에 비해 토벽은 바탕으로서 **외**(椳)를 쓰나, 토벽 자체가 외를 사이에 두고 양면이 일체로 된 벽으로 마감되므로 다른 미장재료와는 구성방법이 다르다.

(2) 습식벽의 바탕

철근콘크리트 벽의 거친 표면은 그대로 모르터바름 등의 밑바탕이 되므로 밑바탕을 다시 만들지 않아도 된다. 단 강제거푸집을 사용하여 표면이 매끄러운 경우에는 마감재가 잘 부착되지 않으므로 바람직하지 않다. 주체구조가 아닌 부분을 모르터바름벽으로 하는 경우에는 밑바탕면을 만들지 않으면 안 된다.

목조주택의 벽을 모르터바름으로 할 때에는 폭 10~20㎝ 정도의 판을 기둥과 샛기둥에 가로로 틈새를 두어 붙이고 그 위에 **아스팔트펠트**[43](asphalt felt)를 부착시키고 **메탈라스**(metal lath) 혹은 **와이어라스**(wire lath)를 고정시켜 사용한다. 라스는 모르터를 정착시킴과 동시에 균열을 방지하는데 필요하다.

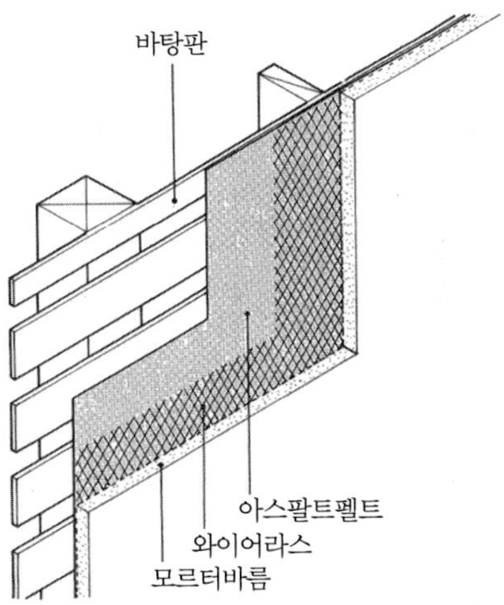

목조벽의 모르터마감

바탕면을 구성하는 재료의 표면에 그대로 모르터를 정착시킬 수 있다면 라스는 필요하지 않다. 예를 들면, 목모(木毛)시멘트판, 경질 목편시멘트판 등의 바탕재는 직접 모르터를 발라 마감할 수 있다. 최근에는 합판 위에 특수가공을 하여 직접 모르터를 바를 수 있는 제품이 있다.

샛기둥과 띠장이 철골로 짜여진 경우에는 시공을 간단히 하기 위해 직접 띠장 사이에 걸쳐질 수 있는 **리브라스**(rib lath)와 골강판에 라스를 용접한 **라스시트**(lath sheet) 등을 사용한다. 마감재가 플라스터나 석회인 경우에는, 일반적으로 **졸대**(wooden lath)가 바탕으로 사용되어 왔다. 졸대바탕은 폭 3㎝ 정도의 판을 5㎜ 정도의 간격을 두어 붙인 것으로 석회가 틈을 통해 일부 안쪽으로 들어가 바탕면에 확실하게 부착된다. 그러나 품이 많이 들므로 **라스보드**를 사용하는 것이 편리하다. 라스보드란 석고보드에 많은 구멍을 뚫은 것으로 구조체에는 다른 보드와 같은 방법으로 설치한다. 또한 석고보드에 붙어있는 원지(原紙)는 플라스터와 부착이 잘된다. 따라서 직접 시공할 수 있다.

43) 방수지

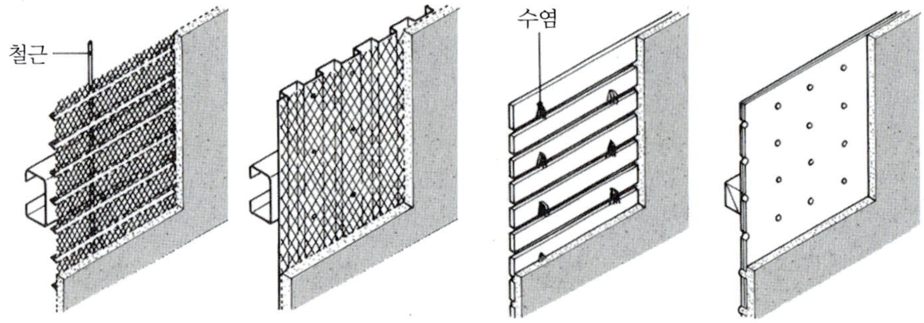

리브라스 (rib lath) 라스시트 (lath sheet) 졸대 라스보드 (lath board)

바름바탕의 종류

(3) 신축줄눈 및 코너비드

습식벽은 대부분의 경우 건조함에 따라 수축이 일어나 균열이 생기기 쉽다. 균열을 막기 위해서 망상(網狀)이나 섬유상(纖維狀)의 보강재를 넣어 바르고 균열을 집중시키기 위해 **줄눈**을 두는 방법을 쓴다. 또한 벽의 모서리 부분은 물건 등이 부딪쳐 파손되기 쉽다. 특히 칠벽의 경우에는 떨어져 나가기 쉬워서 시공시에 각을 만들고 보강하기 위해 **코너비드**(corner bead)라는 철물이나 플라스틱재를 매입하는 것이 일반적이다.

한편, 최근에는 보드나 패널들을 부착시키는 건식벽으로 마감하는 경우가 많은데, 이때 모서리가 파손되는 것을 방지하는 목적 이외에도 접합부를 감추기 위한 의장상의 목적으로 벽재가 시공된 후에 스테인리스 등의 철물을 부착시킨다.

신축줄눈

코너비드

습식마감의 종류

3. 3. 5 타일 및 돌붙임벽

(1) 타일붙임

타일은 외관이 깨끗하고 때도 잘 타지 않으며 의장성도 좋다. 타일은 콘크리트벽뿐 아니라 시멘트벽돌면 위에 모르터나 시멘트페이스트(cement paste)로 직접 붙일 수 있다. 그러나 낱장을 붙여야 하므로 시공이 번잡하고 불완전한 시공에는 박락(剝落) 등의 위험도 많다.

최근에는 **선(先)붙임공법**이라 하여 타일을 거푸집에 짜 넣고 콘크리트를 타설하는 공법이 개발되어 있다. 이 방법은 **타일붙임PC판**[44]에도 사용된다. PC판의 경우에는 눕혀 놓은 거푸집의 바닥면에 줄눈을 설치하고 줄눈 사이에 타일 뒷면을 위로 하여 끼운 뒤에 콘크리트를 타설하는데, 현장타설의 경우에는 타일을 끼운 거푸집을 세워서 조립해야 하므로 체결방법을 고안해야 한다. 콘크리트와 타일이 직접 접합되므로 접착강도가 높으나 보수가 어려워 시공에 주의해야 한다. 거푸집의 조립 등에도 주의가 필요하다.

타일을 한랭지의 외벽에 사용하는 경우에는 동해(凍害)가 일어나지 않게 흡수율이 낮은 것을 선택해야 한다. 목조에 타일붙임을 할 경우는 **라스모르터**(lath mortar)를 밑바탕으로 하는 것이 일반적이고, 최근에는 벽면에 타일간격으로 경량형강을 가로로 대고 그 사이에 타일을 끼워 넣는 **건식붙임공법**도 있어 바탕을 가리지 않고 사용할 수 있다.

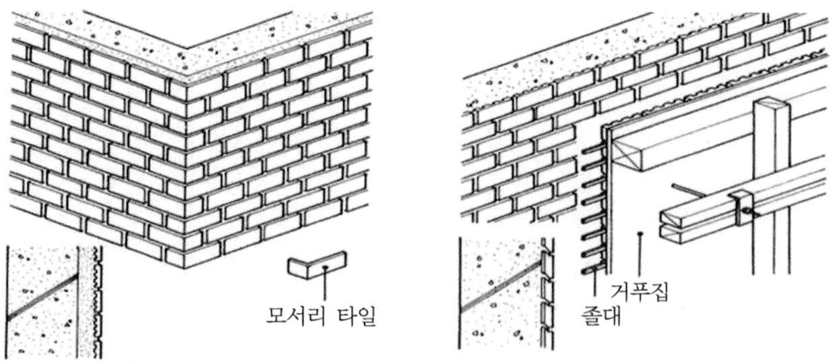

타일붙임 타일 선붙임공법

타일붙임공법

44) TPC라고도 한다.

(2) 돌붙임

돌붙임은 타일붙임과 거의 같은 구법으로 타일의 경쾌함 대신에 중후한 외관을 목적으로 사용하며, 산지(産地)에 따라 색상이나 재질이 다양하고 가공방법에 따라 재질을 변화시킬 수 있는 등 장식성이 뛰어나다. 또한 내구성이나 유지보수성도 우수하여 종래 돌쌓기에 의한 방법의 대체공법으로 많이 쓰이고 있다.

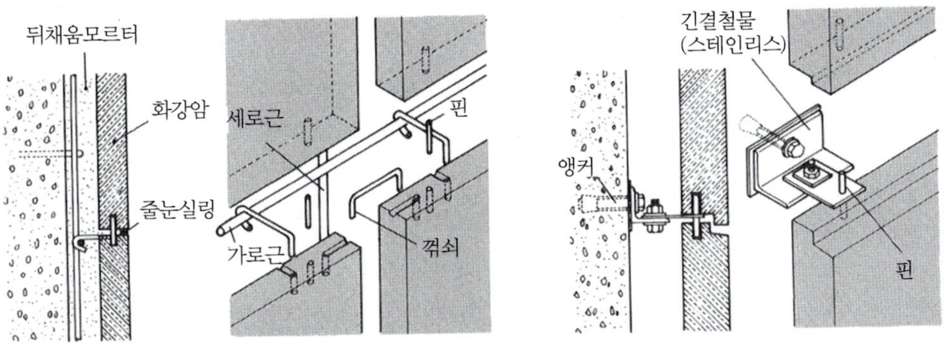

(a) 습식공법 (b) 건식공법

돌붙임공법

석재로는 화강암, 안산암, 응회암, 대리석 등을 사용한다. 최근에는 다양한 색상이나 재질의 **인조석**이 개발되어 내외장마감재로 많이 사용되고 있다. 일반적으로 중량이 크므로 연결철물, 촉, 꺾쇠 등을 써서 벽체에 매입되는 철근과 연결시켜 콘크리트나 모르터로 일체화시키고 크기가 작은 것은 타일붙이기와 같이 바로 바탕면에 부착시키는 **습식공법**을 쓴다.

건식 돌붙이기

외벽에 대량으로 돌붙임을 할 때에는 주로 철근콘크리트 벽체에 L형강 등을 고정시키고 여기에 석재판을 얹는 **건식부착공법**을 사용하며, 타일과 마찬가지로 공장에서 PC판에 부착시킨 것[45]을 **커튼월**[46]로 사용하기도 한다.

45) 화강암(granite)을 붙인 것을 GPC라 부른다.
46) 비내력 외주벽, p.196

석재 및 인조석 붙이기 마감

3. 3. 6 판붙임벽

(1) 비늘판, 널판

합판과 각종 보드가 많이 사용되기 이전에는 일반적으로 사용되는 판재의 폭이 정해져 있어 폭 방향으로 몇 장을 이어서 면을 구성했다. 이것을 **쪽매**라 부르고 **제혀쪽매**, **오늬쪽매**, **반턱쪽매** 등이 있다.

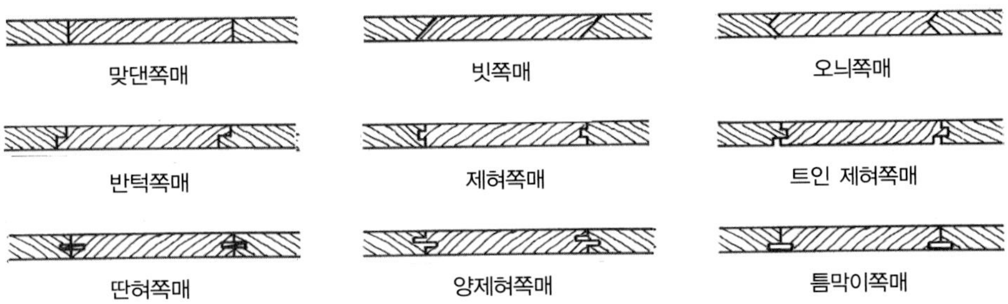

쪽매의 종류

외벽에 판재를 쓰는 경우에는 접합부의 비흘림이 문제가 되므로 판을 가로로 해서 잇는 경우가 많다. 이러한 구법을 **비늘판붙임**이라 한다. 비늘판에는 20~30㎝의 폭이 얇은 판을 기둥, 샛기둥에 박아 붙여 가는 목재로 누른 **누름대비늘판**, 15㎝ 내외의 폭의 판을 쓴 **영식 비늘판**, 줄눈을 반턱으로 한 **독일식 비늘판** 등이 있다. 토대와 만나는 부분에 비흘림을 대고 밑에서부터 붙여 올라오는 것이 일반적이다.

전통적인 구법으로서는 외벽허리부분을 보호하기 위해서 사용되는 **턱솔비늘판**이 있다. 계단형태로 깎아낸 턱솔에 미리 안쪽에서 판을 붙여 기둥과 기둥 사이에 끼워 넣는 구법이다. 바깥쪽에서 못이 보이지 않도록 하는 일종의 패널화 구법이라 할 수 있다. 이러한 구법들을 내벽에 사용하는 경우에는 표면이 경사지게 단이 생기는 것을 피하기 위해 **제혀쪽매**와 **반턱쪽매**, **틈막이대쪽매이음** 등을 사용한다. 옆으로 사용된 것을 **가로널판**, 세로로 쓴 것을 **세로널판**이라 부른다.

최근에는 시공의 번잡함 때문에 낱장의 판재를 비늘판으로 사용하지 않고 얇고 큰 판을 비늘판 형태로 가공한 패널이 많이 사용된다. 시공성도 좋고 기존의 외벽에도 쉽게 부착시킬 수 있으므로 신축건물뿐 아니라 기존 건물의 외벽 리모델링에도 사용된다. 단, 강성이 약하면 진동의 우려가 있어 고정에 유의해야 한다.

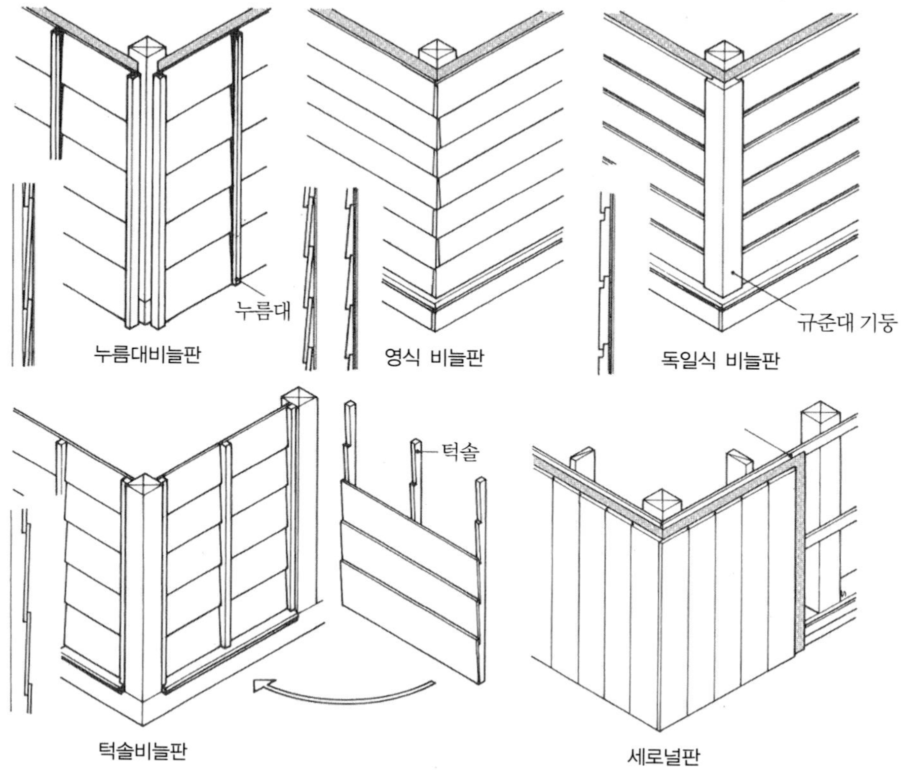

비늘판붙임의 종류

또 우리나라에서는 거의 보기 어렵지만 양실(洋室)의 벽에서는 상부는 칠벽이고 하부는 판을 붙인 것을 사용하는 경우가 많은데 이를 **징두리판벽**이라 한다. 세로널판에는 옆으로 걸어 붙이기 위한 바탕재가 필요하므로 띠장이 사용된다.

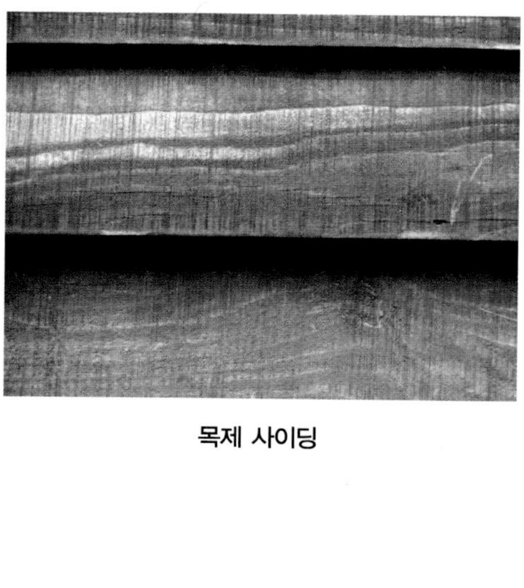

목제 사이딩

섬유판 사이딩

(2) 합판, 보드붙임

합판, 하드보드(hard board), 석고보드(gypsum wallboard, plaster board), 플렉시블보드(flexible board : 섬유보강 시멘트판의 일종) 등은 한 장이 차지하는 면적이 커서 작업성이 우수하므로 근래 마감바탕면에 많이 사용되고 있는 건축재료이다.

보드의 접합방법으로는 맞댄쪽매붙이기, 뒤틈막이대쪽매붙이기, 틈새두어붙이기, 조이너(joiner)를 쓴 접합 등이 쓰인다. 줄눈이 표면에 나타나는 경우에는 보드의 배치(나누기)를 고려하지 않으면 안 된다. 벽지 마감용의 바탕 등에는 **맞댄쪽매붙이기**로 하는 일이 많다. 또 플라스터보드에는 단부를 테이퍼(taper)가공해 놓고 나중에 석고로 접합부의 표면을 평활하게 하는 공법도 있다.

합판, 보드붙임 바탕으로서는 띠장을 45㎝ 정도 간격의 격자로 짜 맞춘 것이 사용된다. 보드의 접합부에는 반드시 띠장이 오도록 한다. 보드가 문틀, 문선 등으로 끊기는 부분에는 벽쌤홈과 같이 틀에 홈을 파두고 보드 끝을 집어넣어 마무리한다.

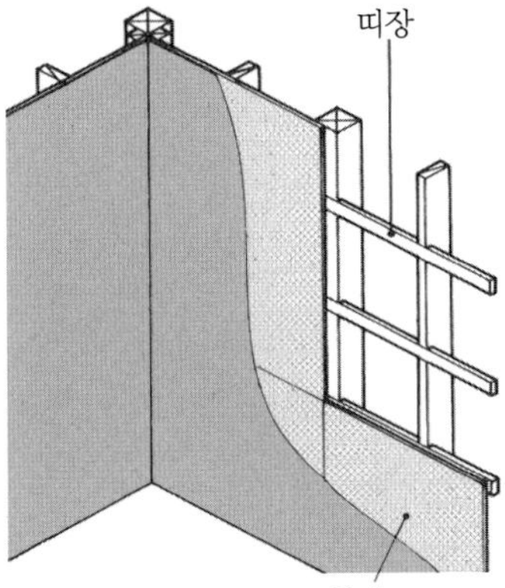

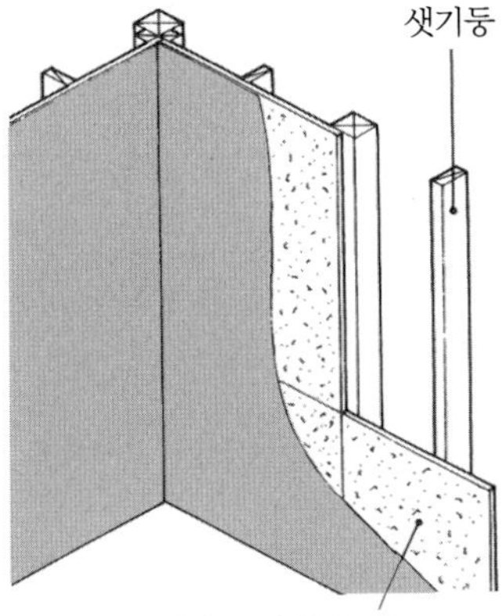

보드붙임

강성이 높은 보드라면 촘촘하게 띠장을 댈 필요는 없고 샛기둥(stud) 등에 직접 고정시켜 사용할 수 있다. 목모시멘트판, 경질 목편시멘트판 등은 이렇게 하여 사용하는 일이 많다. 플렉시블보드를 쓴 복합패널도 마찬가지이다. 철골조의 경우에는 채널(ㄷ형강) 등의 띠장을 설치하여 직접 붙인다.

(3) 패널붙임

최근 들어와서는 외장재의 **건식화** 경향이 두드러지고 있다. 특히 대형의 패널재가 다양하게 생산되면서 생산성 향상 및 공기단축, 그리고 건물외벽의 내구성 향상, 의장성 등의 목적으로 **패널마감구법**이 정착되고 있다. 패널재료로는 강판, 비닐 사이딩, ALC패널, 법랑패널, 알루미늄 복합패널 등이 있어 건물의 규모나 용도, 의장효과에 따라 다양하게 사용되고 있다.

시공방법은 기본적으로 합판이나 보드붙임과 같아 철근콘크리트 등의 벽체에 띠장을 붙이고 띠장에 패널을 못이나 나사 등으로 부착시키는 방법을 쓴다.

강판 사이딩

비닐 사이딩

압출성형 시멘트판

법랑패널

알루미늄 복합패널

내후성 강판(corten강)

티타늄아연판

(4) 나무벽돌과 띠장

철근콘크리트에 의한 벽체에 보드나 패널붙임마감을 할 경우에는 **띠장**을 쓴다. 띠장을 콘크리트와 접합하기 위해서는 **나무벽돌**이라는 작은 나뭇조각을 쓴다. 직사각형으로 가공하여 콘크리트에 미리 매입시켜 두거나 접착제로 붙이고 그 위에 띠장을 못으로 박는 것이 일반적이다. 플라스터보드 등에는 최근 띠장을 쓰지 않고 경단모양으로 특수 모르터를 이용하여 타일붙임과 같이 직접 콘크리트면에 붙이는 공법도 쓰이고 있다. 한편, 목질계의 보드나 판을 붙일 때에는 목제 띠장을 사용하지만 금속계 패널이나 중량물을 붙일 때에는 ㄷ형강 등을 사용한다.

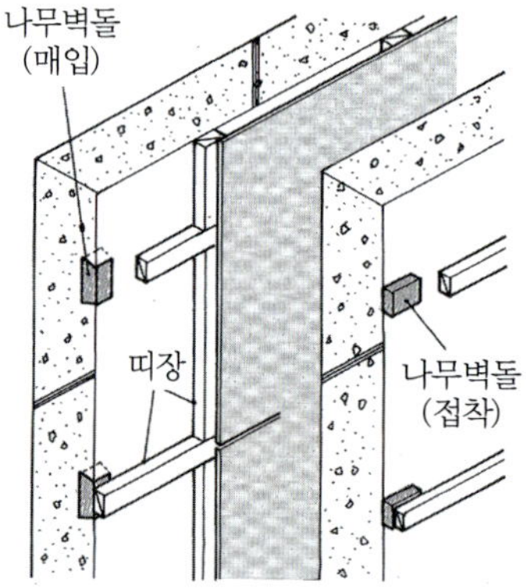

나무벽돌과 띠장

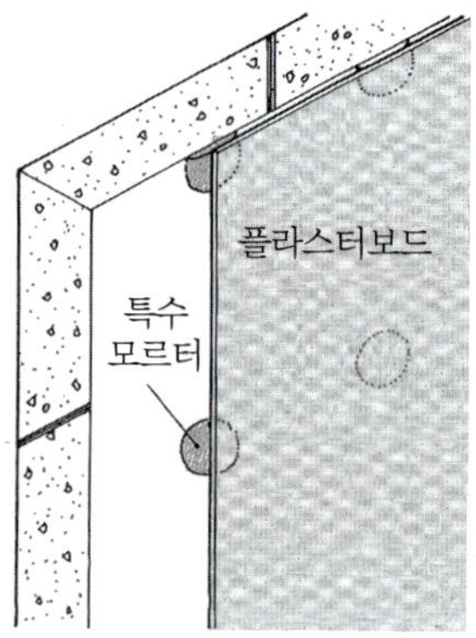

직접붙임 공법

철근콘크리트벽의 붙임바탕

보드붙임의 바탕

3. 3. 7 단열벽 및 방수벽

(1) 단열벽(thermal insulating wall)

건축물의 외주벽은 외부인자를 차단하는 용도를 가지고 있는데 그중 중요한 인자중의 하나가 **열**이다. 여름에는 외기온도를 차단하고 겨울에는 내부온도의 발산을 막아야 한다. 이렇게 열을 차단하는 구조를 **단열층**(斷熱層)이라 한다.

따라서 외기와 면하는 부위에는 반드시 단열층을 두어야 하며, 슬래브의 경우에도 최상층의 옥상슬래브나 일반층에서의 창과 면하는 슬래브에는 단열조치가 필요하다. 단열층을 두지 않으면 열의 손실은 물론, 외기와 면하는 면에 **결로**가 생기고 이에 따라 곰팡이 등의 균류가 발생하게 된다.

단열벽은 단열층의 두는 위치에 따라 다음의 3가지로 구분할 수 있다.

① 내단열

구조체의 내부에 단열재를 부착하는 방법으로 단열재의 표면에 마감재를 부착한다. 시공은 비교적 간단하고 마감재를 부착시키기 쉽도록 보드상의 단열재를 사용한다. 구조체의 방수성능이 요구된다. 목조 등의 벽틀에는 **유리면**(glass wool), **암면**(rock wool) 등을 채워 넣는다.

② 중단열

외벽을 **중공벽**의 이중구조로 하고 사이에 **스티로폼** 등의 단열재를 넣는다. 단순히 중공벽으로만 처리하는 경우도 있다. 외부벽을 **벽돌판벽**(brick veneer)으로 할 때 사용하는 방법으로, 중공부에 침투한 수분을 처리할 수 있어야 한다.

③ 외단열

외벽의 외부에 단열층을 두는 방법으로 구조체의 보호효과도 있고 에너지효율도 높다. 외벽의 리모델링에도 적합한 구법이다. 외부마감으로는 습식벽으로 하거나 패널로 마감한다. 패널 등으로 마감할 때에는 **우레탄폼**(urethane foam) 등을 뿜어서 시공하기도 한다. 습식벽의 경우에는 외부충격에 견딜 수 있는 강성이 요구된다.

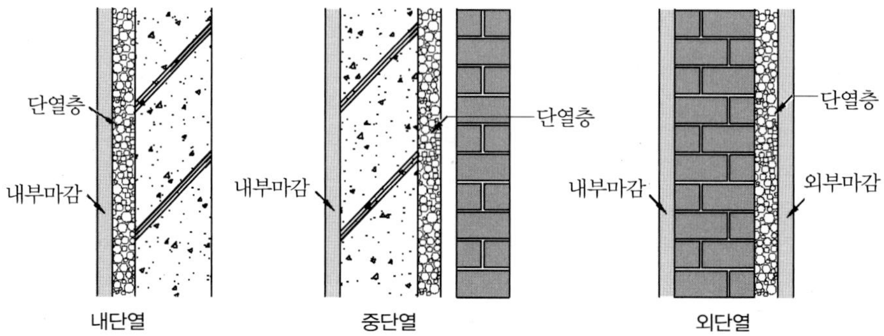

단열벽의 종류

(2) 방수벽(waterproofing wall)

일반적인 콘크리트벽은 일시적인 빗물 등에 대해서는 어느 정도의 방수성능을 만족한다. 그러나 **지하외벽**의 경우에는 상시 **지하수** 등의 영향을 받게 되므로 적극적인 방수조치가 필요하게 된다. 철근콘크리트벽의 외측에 방수층을 설치하는 경우와 내측에 방수층을 설치하는 경우가 있다. 구조체를 보호하기 위해서는 외부 방수쪽이 바람직하나 공사방법이나 재료의 검토가 필요하다. 지하주차장 등 특별히 의장상 지장이 없는 곳은 중공벽을 두고 **물빠짐구멍**이나 **배수구**를 설치한다.

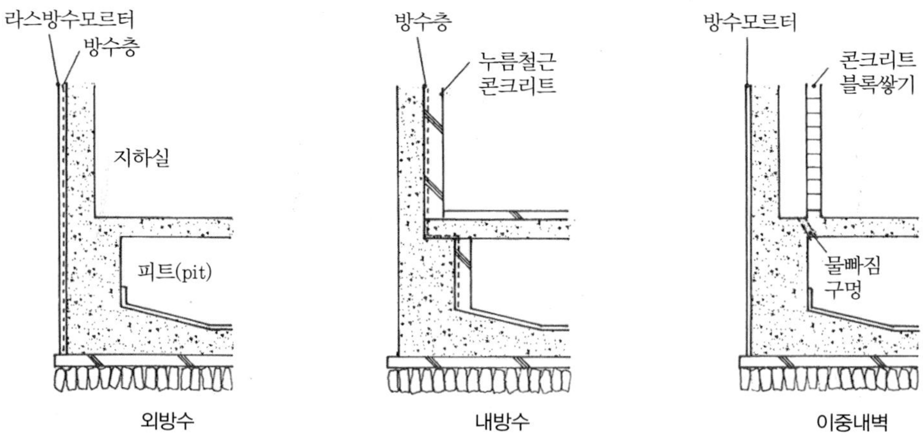

방수벽의 종류

3. 3. 8 장막벽

(1) 비내력 외주벽

고층건축물에서는 외주벽이 주체구조와 분리되어 공업제품화 된 **커튼월**(curtain wall)을 사용하는 경우가 많다. 중저층의 철골조와 철근콘크리트조에도 **비내력 외주벽**이 사용되나 좁은 의미로는 커튼월이라 부르지 않는 경우가 많다. 대표적인 것으로서 **ALC판**에 의한 장막벽이 있다. 개구부틀과 맞물린 부분은 비처리상의 약점이 되므로 주의를 요한다.

콘크리트 블록에 의한 장막벽도 같다. 유리블록에 의한 벽은 빛을 확산하는 기능이 있고 단열성도 우수한 구법이다. 건축물의 내외벽에 부분적으로 이용하고 있으나 최근에는 기둥, 보 사이의 전면에 사용한 설계도 볼 수 있다.

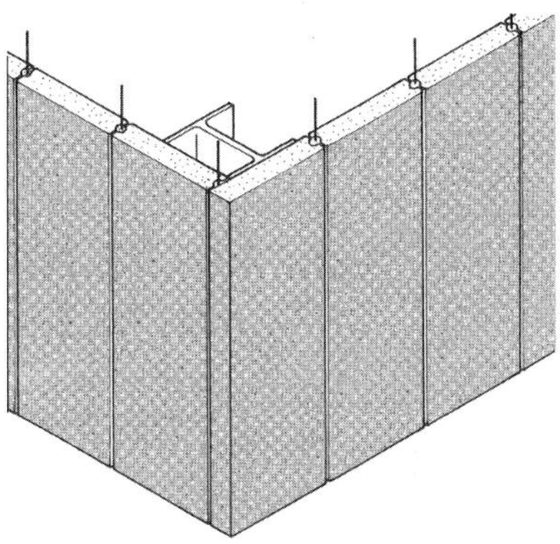

ALC벽

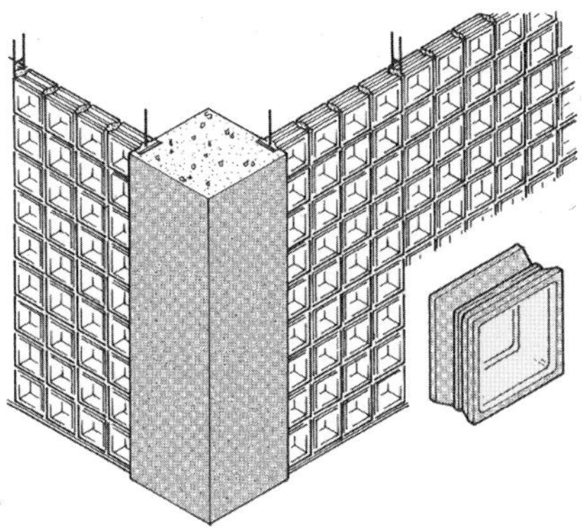

유리블록벽

(2) 글래스스크린 구법

건물 외주부분에 면한 레스토랑이나 커피숍 등에는 외부경치를 볼 수 있도록 투명유리로 된 외주벽을 만든다. 건물내부의 상점 등에서도 쇼윈도의 역할을 겸해 대형판유리로 칸막이를 한다. **외주벽**의 경우에는 주로 풍하중 등의 면외하중(面外荷重)에 대해 판유리의 강도 및 강성을 확보하기 위해 유리의 줄눈부분에 직각방향으로 **리브**(rib)를 세워 보강하며, 이를 **리브지지 유리구법**이라 한다. 리브를 판유리로 제작하면 투명감을 잃지 않고 연속된 큰 유리면을 구성할 수 있다.

리브지지 유리구법

한편, 판유리의 높이가 4~6m 정도 되면 유리의 자중에 의해 휘어짐이 생기고 좌굴에 의한 파괴의 위험이 있다. 따라서 보나 슬래브에서 특수철물로 유리를 매달며, 이를 **유리매달기공법**(suspension 공법)이라 한다. 구조체가 매달기용 철물과 유리를 잡아 주어야 하므로 구조내력상의 검토가 필요하다.

또한 호텔의 로비나 건물의 입구부분에는 출입문을 포함해서 모든 부분을 강화유리로 벽면을 구성하고 유리부재 간을 연결철물로 조립한다. 유리문의 상부는 옆 유리와 고정시키거나 상부에서 매달기를 한다. 유리문은 **플로어힌지**(floor hinge)로 지지해서 개폐한다. 이를 상기 공법들과 구분하는 뜻에서 **강화유리 스크린구법**이라 한다.

강화유리 스크린구법

(3) 비내력 칸막이

ALC판, **콘크리트블록**은 칸막이 벽으로도 많이 쓰인다. 시공은 다소 대형화되나 경량칸막이벽에서는 얻을 수 없는 성능을 기대할 수 있다. 계단실을 둘러싸는 벽 등에도 사용되며 **압출성형 시멘트판** 등도 사용된다.

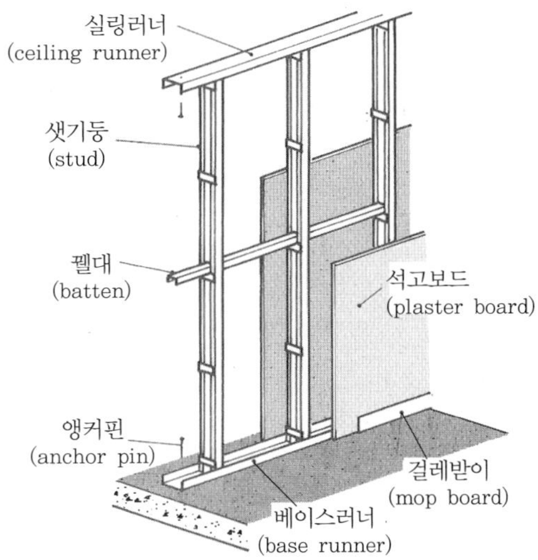

경량철골 칸막이벽의 예

경량칸막이로는 리브라스(rib lath) 등에 바르는 습식공법이 쓰인다. 그러나 현장이 더러워지고 건조를 기다려야 하는 등의 결점이 있기 때문에 경량철골을 밑바탕으로 한 보드벽을 사용하는 경우가 많다. 차음, 방수 등에 대해서도 우수한 성능을 갖고 있는 것이 있다.

특히 **석고보드**는 단열, 내화성능도 우수해서 외주벽의 실내마감재로 뿐만 아니라 칸막이벽의 재료로도 많이 사용되어 **건식벽**(dry wall)**구법**의 대표적인 성격을 가지고 있다.

보드붙이기 칸막이벽

일체화된 칸막이벽

(4) 가동(可動)칸막이(movable partition)

사무소건물 등에는 이설(移設)가능한 칸막이를 사용하는 경우가 많다. 사무조직 구성의 변화, 임대용 건물에서 임대인의 변경 등에 대응할 수 있도록 넓고 균질한 집무공간을 만들어 놓고 가동칸막이로 구획하는 건물이 늘어나고 있다.

바닥마감면과 천장**면**의 사이에 설치되는 것이 다른 일반 칸막이구법과 본질적으로 다르다. 제품화되어 있는 것도 많고 제품에 따라 이설의 용이함도 다르다. 구성구법으로서 **패널형**과 **샛기둥**(stud)**형**으로 대별된다.

가동칸막이

패널형은 한 장 한 장의 패널이 각각 천장과 바닥에 고정된 것으로 차음성능을 얻기 쉬우며 직선부분의 긴 배열에 적당하다. 표면재로는 철재, 알루미늄 등이 사용된다. **샛기둥형**은 알루미늄이나 철재 등으로 된 샛기둥을 세워 그 사이에 패널을 끼워 넣는다. 변화가 많은 배열에 적당하고 상하가 개방되게 하는 경우도 있다. 그 외에 한 면씩 패널로 된 것을 조합시킨 형식의 것이 있다. 이것은 양쪽마감을 서로 달리하는 경우에 편리하나 접합방법에 대한 대책이 필요하다.

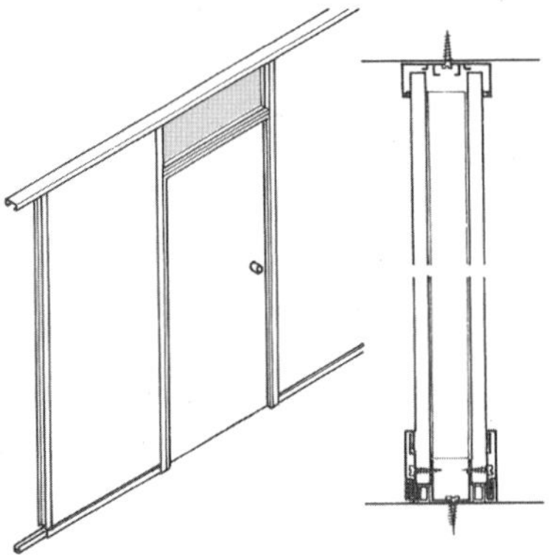

패널방식

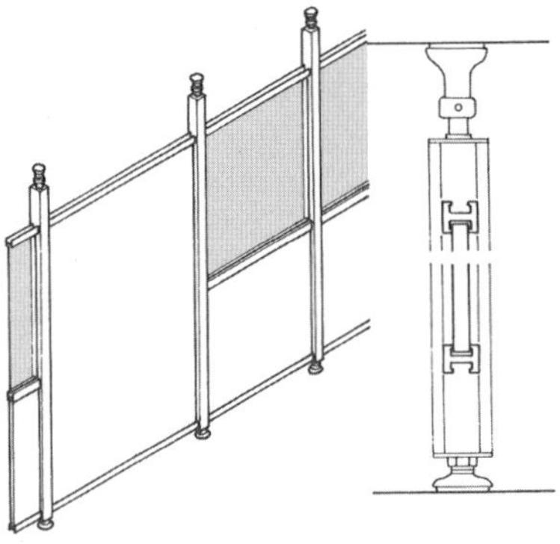

스터드방식

3. 3. 9 커튼월(Curtain Wall)

(1) 기능과 개념

커튼월은 1890년경 시카고의 고층 건축물들에서 그 기원을 들 수 있다. **철골조**라 하는 당시의 새로운 구조구체의 출현과 자유로운 외관을 만든다고 하는 근대건축의 이념에 따라 생겨난 것이다. 제2차 세계대전 후에는 공업제품화 된 외주벽으로 급속히 발전하여 오늘에 이르렀다.

커튼월을 쓰는 이유로는 먼저 **경량화**를 들 수 있다. 구조체의 부담을 경감시키는 것은 초고층빌딩에서 불가결한 조건이다. 건축물의 부분적인 **프리패브리케이션**(prefabrication)도 그 주요한 목적이다. 프리패브리케이션에 의해 위험한 고소작업(高所作業)이 줄고 외주벽 설치가 용이하므로 안전상 매우 유리하다. 공기가 단축된다는 것과 **가설비계**[47]가 불필요하게 되는 것도 프리패브리케이션의 장점이다. 공업제품화 된 부재를 씀으로써 품질의 안정화를 기할 수 있다.

이 배경에는 대규모인 건축물의 외주벽을 부품으로 구성하면 수량이 많아져서 공장생산에 유리하다는 점도 있다. 또 커튼월을 전문으로 담당하는 업체가 만들어져 기술이 축적되는 점도 중요한 것이다. 이 결과, 커튼월은 일반적인 외벽에 비해 각종 성능이 명확히 파악되어 생산되고 있다.

(2) 분류

커튼월은 주재료에 따라 일반적으로 **금속계**, **PC계**, **복합계**로 나뉜다. 그러나 최근에는 외부면에는 유리만이 나타나고 이를 지지하는 재료가 거의 드러나지 않는 구법이 많이 확산되고 있다. 따라서 본 서에서는 이를 **유리계**로 따로 분류한다.

또 구조체와의 위치관계에 따른 분류, 구성방법에 의한 분류 등도 가능하다. 또 주문제작에 의한 것과 기성제작에 의한 것도 있다. 공업제품화라는 점에서는 기성제작되는 것이 본래이나 대규모인 건축물의 거의 전부가 주문제작이다. 이것은 외주벽이 건축물의 얼굴이 되므로 개성의 표현이 요구되기 때문이다. 금속계의 경우는 주문제작이더라도 단면이 정해져 있는 부재를 조합시켜 만드는 경우가 많다.

47) 외부 작업발판 및 보호망 등.

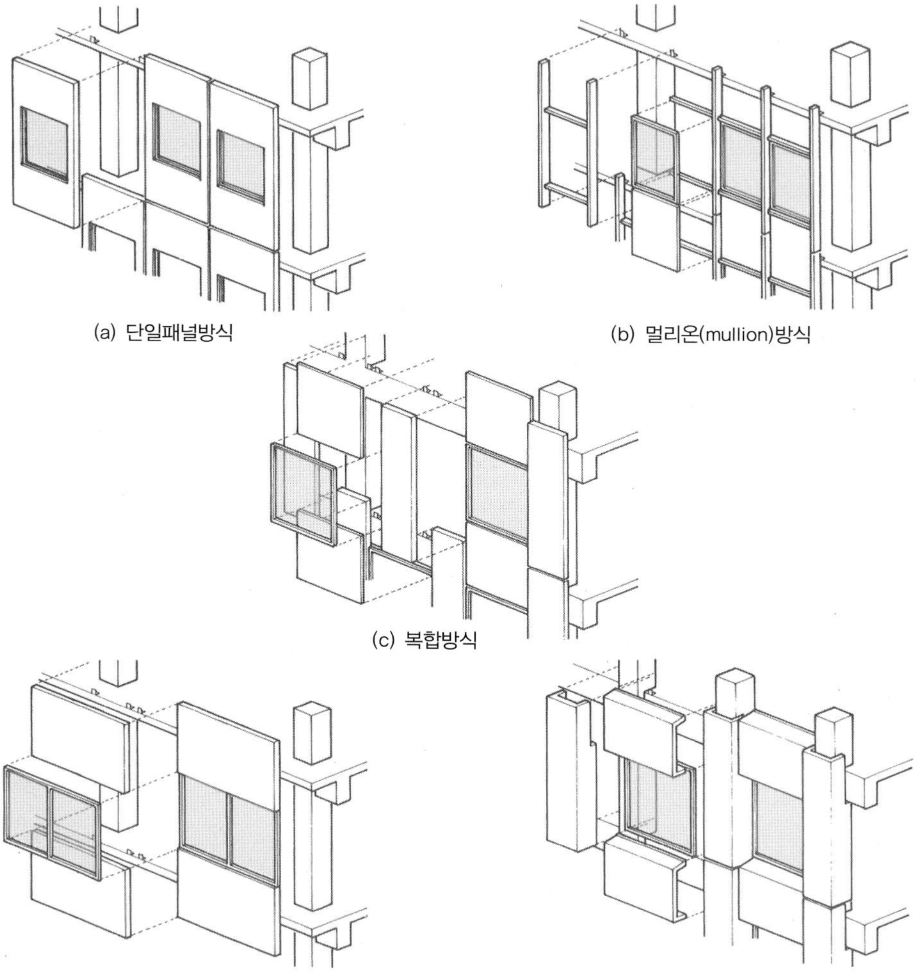

(a) 단일패널방식 (b) 멀리온(mullion)방식 (c) 복합방식 (d) 스팬드럴(spandrel)방식 (e) 기둥보방식

커튼월의 구성방식에 따른 분류

(3) 금속 커튼월(metal curtain wall)

금속계 재료로서는 알루미늄, 철재, 스테인리스, 청동, 내후성(耐候性)강 등이 사용된다. 특히 알루미늄은 **압출**과 **주조**에 의해 자유로운 형상을 얻기 쉽고 그 제조법은 커튼월의 발전과 밀접한 관계에 있다. 구성방식에는 대별하여 **멀리온**(mullion)**방식**과 **패널**(panel)**방식**이 있다. **멀리온방식**은 구조구체의 바닥 혹은 보에 멀리온이라는 가는 기둥형의 선재를 일정한 간격으로 접합한다. 이 멀리온 사이에 새시(sash), 유리,

스팬드럴패널(spandrel panel)을 끼워 외주벽이 구성된다. 현장에서 조립하므로 **녹다운**(knock down)**방식** 또는 **스틱**(stick)**방식**이라고 한다. 멀리온의 단면은 벽면이 받는 풍압을 구조체에 전해지도록 설계해야 한다. 바닥과 바닥 사이에 걸쳐지므로 H형 단면이 많이 사용된다. **멀리온방식**은 지진 등의 층간변위(層間變位)를 흡수하기 쉬우나 멀리온이 일사 등의 열에 의해 팽창, 수축하므로 변형여유가 필요하다.

패널방식은 높이 한 층분의 패널을 슬래브에 부착시키는 방식으로 **유닛**(unit)**방식**이라고도 한다. 현장에서는 설치 및 줄눈처리를 한다. 패널부분은 일정한 성능을 확보할 수 있으나 줄눈부분이 약점이 되기 쉽다. 고층건물의 커튼월 설계는 유리의 청소방법도 고려해야 하므로 곤돌라(gondola)의 레일을 끼워 넣기도 한다.

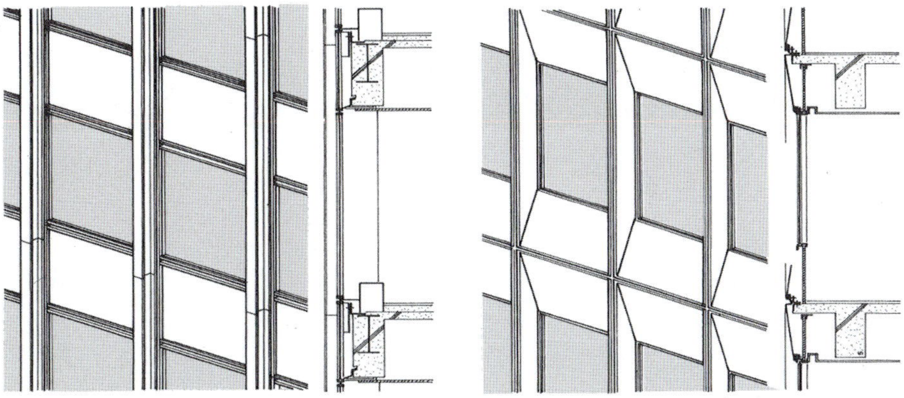

(a) 금속 멀리온방식 (b) 금속 패널방식

금속제 커튼월

우리나라에서는 1960년에 **삼일빌딩**에서 최초로 **스틸커튼월**을 사용하였고 이후, 곧이어 **조흥은행 본점건물**과 **명동성모병원**(현 가톨릭회관)에서 **알루미늄커튼월**을 처음으로 사용하였다고 한다. **63빌딩**은 **유닛방식**의 효시이고, 또한 **한국종합무역센터 사무동**이 **유닛방식**의 대표적 건물로 손꼽힌다.

커튼월 긴결철물(fastener)

삼일빌딩

가톨릭회관 커튼월 상세

가톨릭회관(전 명동성모병원)

금속커튼월의 종류

(4) 프리캐스트 콘크리트 커튼월(precast concrete curtain wall)

PC커튼월은 경량화라는 점에서는 금속계에 뒤떨어지므로 상당히 뒤늦게 발생했다. 그러나 외관에 중량감을 주고 조각적인 외관을 얻을 수 있기 때문에 사용하고 있다. 차음성 등의 성능이 좋은 것이 특징이며, 내화성이 있기 때문에 철골조에서 내화피복의 일부가 될 수 있다. 표면에 마감처리를 하는 것이 일반적이다.

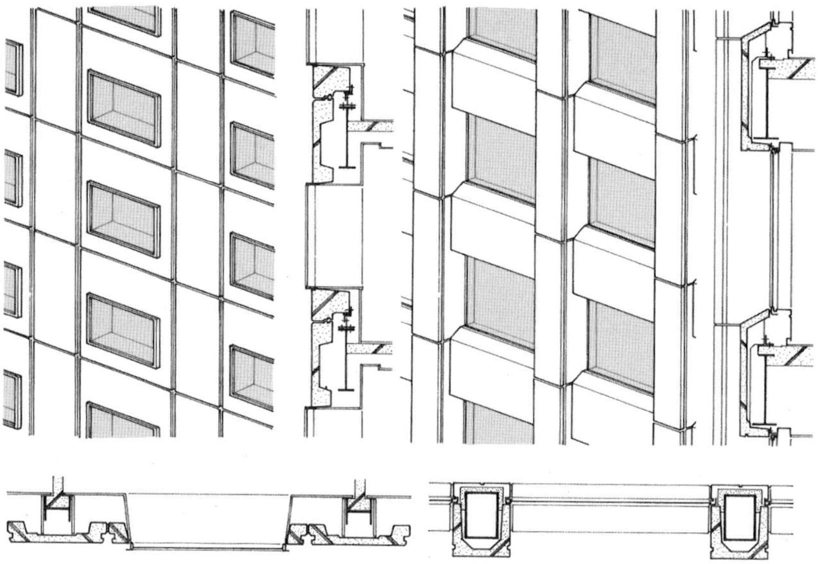

PC패널방식의 커튼월 PC기둥보방식의 커튼월

PC커튼월

구성방법은 **패널방식**이 주류이나 **멀리온방식**, **기둥보방식** 등도 사용된다. 기둥보방식은 좁은 의미에서는 커튼월이라고 말할 수는 없으나 움푹 들어간 창을 만들 수 있어 외국에서는 실제 사례가 많다.

PC패널은 면내강성이 높아서 주체구조의 **층간변위**(層間變位)를 흡수하는 방법이 접합부에 필요하다. 상하 어느 한쪽을 구조체에 고정하고 다른 부분을 **롤러**(roller)로 접합하는 **스웨이**(sway)**방식**과 상하를 **핀**(pin)접합한 **록킹**(rocking)**방식**의 2가지 방법이 있다. 접합에 쓰이는 철물을 **긴결철물**(fastener)이라 하고 그 기구에는 여러 가지 것이 고안되어 있다. **루즈홀**[48](loose-hole)을 써서 볼트접합한 것, 강재의 탄력성을 이용한 것 등이 있다.

48) 관통구멍을 길게 하여 움직임을 흡수할 수 있도록 한 것. p.193 사진 참조

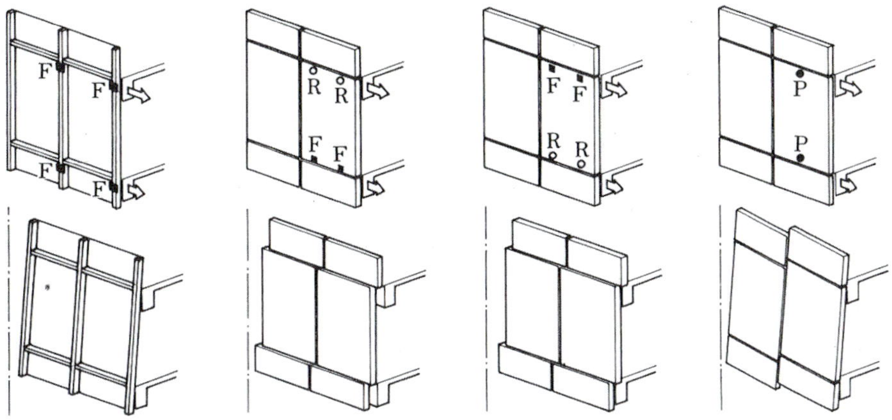

■ F : 고정단(固定端) ○ R : 롤러단(roller端) ● P : 핀단(pin端)

커튼월의 층간변위

한국어린이회관

삼성본관

(5) 유리커튼월(glass curtain wall)

유리커튼월은 건물에 투명감과 경쾌감을 주므로 중고층 건물에서 최근 많이 사용되고 있다. 유리는 단열효과가 떨어지는 단점을 갖고 있으나, 유리제조기술의 발달에 따라 고품질의 **강화유리**, **복층유리** 및 **저방사**(低放射, low-E)**유리**가 만들어짐에 따라 그 적용례가 점차 늘고 있는 실정이다.

구법적으로는 유리를 어떻게 고정, 지지시키는가가 주된 관점으로 그 방법에 따라 다음의 3가지 방법이 주로 사용되고 있다.

① 창틀(frame)구법

유리의 4변을 창틀프레임에 끼워 넣어 고정시키는 방법으로 프레임의 재료로는 알루미늄이나 철이 대표적이다. 특히 경량이고 고품질이며 유지관리가 용이한 점에서 알루미늄새시가 가장 일반적이다. 이 구법은 다른 구법에 비해 안전성이 높고 비용도 적게 드는 편이지만, 유리를 지지하는 프레임이 외부로 노출되기 때문에 투명성 면에서 다소 성능이 떨어진다. 따라서 프레임의 면적을 최소화시키거나 프레임을 구조재로 사용하는 방법 등이 개발되고 있다.

IBK기업은행 본점

② SSG(Structural Sealant Glazing)구법

건물의 외주부에 프레임을 대고 그 프레임의 외부에 유리를 **실링재**(구조용 실런트)로 접착시켜 접착력만으로 유리를 고정하는 구법이다. 표면에 프레임이 나타나지 않으므로 유리의 투명성을 최대한 살릴 수 있다. 이 구법은 1960년대에 미국에서 개발되어 매끄러운 유리외관을 표현하는 데 많이 사용된다.

Helmut Jahn, 11 Diagonal Street, Johannesburg, South Africa, 1981 (참고문헌 24)

구조용 실런트는 일반 실링재보다 경도, 내구성, 접착성능을 향상시킨 것으로 이 실런트의 선택과 줄눈의 설계가 안전성을 좌우한다. 한편, 실런트에 의한 **지지변**(支持辺)의 수에 따라 2사이드공법, 4사이드공법 등으로 구분한다.

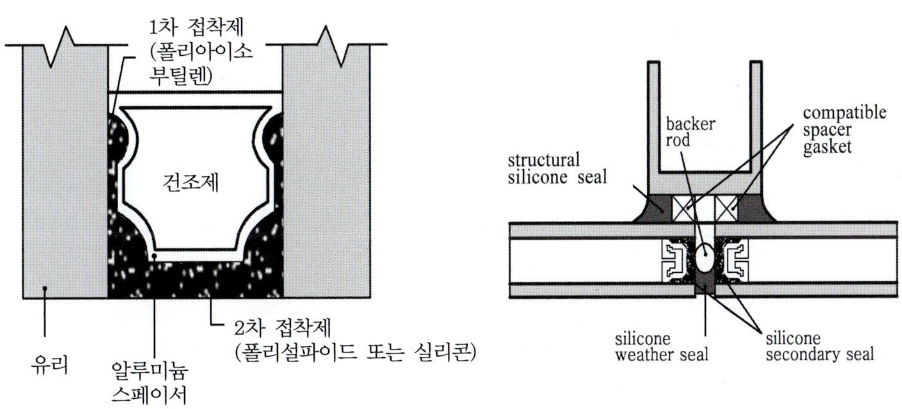

복층유리 및 SSG구법 상세

③ DPG(Dot Point Glazing)구법

판유리의 모서리나 변의 중앙부에 구멍을 뚫고 볼트를 관통시켜 지지철물에 고정시키는 **점지지**(点支持)**방식**의 구법이다. 면내외의 하중에 의해 발생하는 유리의 응력은 볼트의 구속조건에 좌우된다. 일반적으로 구멍과 철물 사이에 완충재를 끼워 넣거나, 철물 자체에 특수한 **힌지**(hinge)를 부착시킨 디테일이 개발되어 있다. 이 구법은 온실 건축으로 대표되듯이 적은 햇빛이라도 최대한 실내로 유입시키고자 하는 영국에서 1960년대에 개발되어, 주로 영국, 프랑스에서 발전되어 왔다.

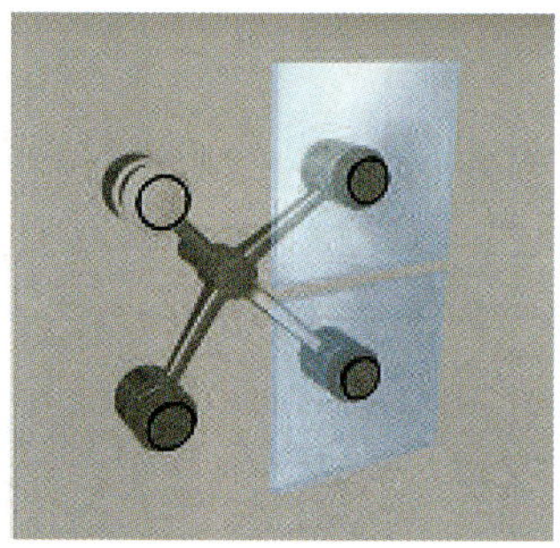

X형 고정철물

H형 고정철물

DPG구법의 외관

3-4 개구부 및 창호

3. 4. 1 개요

벽, 바닥, 지붕 등이 차단을 중요한 기능으로 하는 부위인데 반해, 작용인자를 선택적으로 투과시키는 것을 목적으로 설치하는 것을 **개구부**라 한다. 창, 출입구 등이 중요한 요소이며 **천창**(top-light), **환기구** 등도 포함된다.

개구부에는 출입구, 문과 같이 가동성이 있는 것과 빛은 통하나 공기는 통하지 않는 유리와 같이 선택적 투과성이 있는 재료를 쓰는 것이 있다. 창은 빛이 통하도록 선택적 투과성이 있는 재료를 쓰며, 통풍이나 청소 등을 위해 가동성을 이용한다. 고정창은 가동성은 없지만 빛을 통과시키므로 개구부의 일종이다. 가동부분은 미닫이나 여닫이 등으로 작용하며 틀 안에 끼운다. 이것을 일반적으로 **창호**라 한다.

목조심벽의 경우에는 **선틀**이 없고 **기둥**과 **밑틀**(sill), **창문선**(casing)으로 개구부가 구성되고 그 안에 창짝이 세워진다. 이 경우에 창호란 창짝을 말하며 밑틀, 창문선은 포함하지 않는다. 재료에 따라 **목제 창호**와 **금속제 창호**, 그리고 **플라스틱제 창호**로 대별된다. 고정창의 경우에는 틀을 사용하지 않고 철근콘크리트벽체에 직접 유리를 끼워 넣는 경우도 있다. 목제의 경우에는 틀과 가동부분을 따로 제작하는 경우가 많은데, 금속제의 경우는 대개 일체로 제작한다.

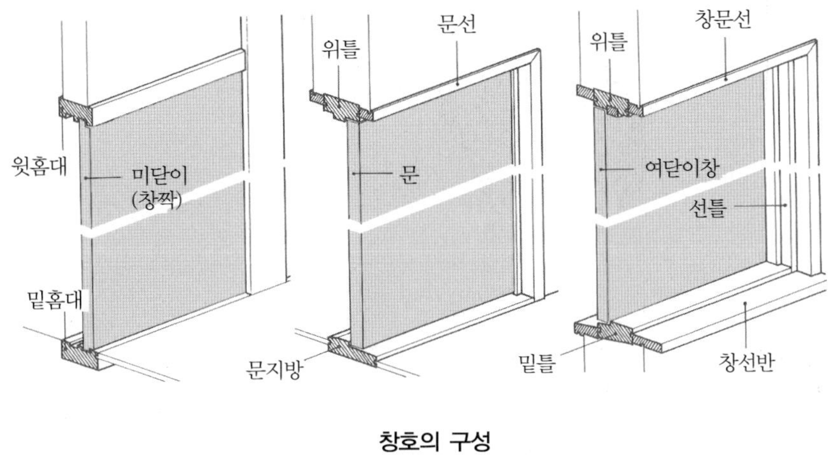

창호의 구성

천 창

환기구 그릴[49]

3. 4. 2 외부 개구부

(1) 기능과 성능

외주벽에서의 개구부의 기능은 부분적으로 벽체의 차단성을 없애고 여러 가지 인자를 투과시키는 것이다. 그러나 완전히 개방시키는 예는 없고 바람직한 실내환경을 얻기 위해 창호, 유리 등으로 차단과 투과를 적당히 조절한다. 이 양자는 상반된 요구가 되는 경우도 많다. 예를 들면, 현관은 출입자를 선택할 필요가 있어 **방범**의 관점에서 사람의 통과가 제한되어야 하나 재해시 **피난**이라는 점에서는 그 반대이다.

빛과 열에 대해 말하면 겨울의 햇빛은 받아들이고 싶으나 여름에는 차단하고 싶다. 또 밖의 경치를 보고 싶으나 밖에서의 시선은 차단해야 한다. 공기(환기, 통풍)에 관해서도 마찬가지이므로 이를 위해 가동성의 창호를 쓴다거나 커튼, 블라인드(blinder)를 달거나 한다.

개구부는 창호의 가동성 때문에 성능치가 벽보다 떨어진다. **개방성**은 벽의 경우에는 고려하지 않지만, 창에서는 중요한 성능항목이고 **열환경**에 큰 영향을 받으며 **차음성**과도 관련이 깊다. **단열성**에 관해서도 유리는 문제가 되기 쉽다. 금속제의 경우, 창틀도 단열상의 약점이 된다. 또 유리는 **청소**도 중요한 성능항목이 된다.

49) 갤러리라고 부르기도 하나 이것은 비늘살문을 의미하는 일본말 가리리가 와전된 것으로 grill이 옳다.

(2) 개폐방식

창호의 개폐방식은 평행이동과 회전이 움직임의 기본형이나 **미들창**과 같이 양자를 조합시킨 것도 있다. 붙박이창과 조합된 **외미닫이창**은 유리 외면의 청소를 실내측에서 할 수 없는 부분이 생긴다. **양미닫이창**은 이 결점을 해소한 것이다. 밖으로 여는 경우도 청소가 곤란하나 **회전창**은 실내에서 안전하게 유리청소를 할 수 있다.

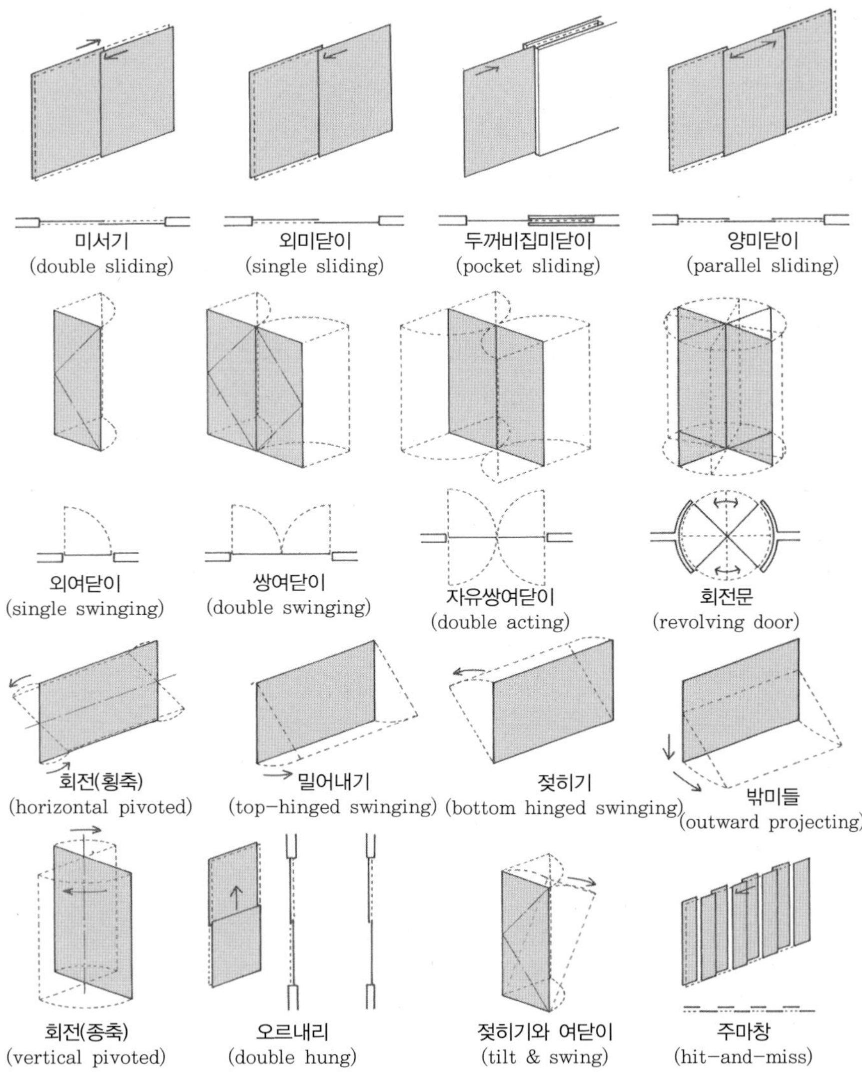

창호의 개폐방식

외미닫이창은 의장상의 이유로 많이 사용되나 벽 내부의 청소가 곤란하므로 주의해야 한다. 밖으로 여는 창은 비흘림이 비교적 용이하나 바람에 대비한 **고정장치**(adjustor)가 필요하다. **밖미들창**과 **미늘살창**[50)](jalousie)은 환기·통풍에 유효하고 시선침입에 대한 우려도 적다. **안젖힘창**도 환기에 사용되며 **밖젖힘창**은 비흘림이 나쁘지만 일반적인 것은 아니다. 화재시의 배연전용창 등에 사용되는 일이 많다.

회전문은 공조(空調)하는 홀(hall) 입구에 설치하는 것으로 출입시 외기(外氣)의 유입을 최소한 억제해서 **방풍실**[51)](防風室)의 역할을 한다. 여닫이문에서는 정첩 등의 회전축이 되는 쪽을 **지도리대**(hanging stile)라고 하는데 창의 경우는 여는 방향에 따라 **밖여닫이**, **안여닫이**가 있고 비흘림의 측면에서는 밖여닫이가 바람직하다.

문의 여닫는 방법은 평면계획상의 조건에 따라 정해지는 경우가 많다. 피난경로상에 있는 개구부의 여닫이문은 피난방향으로 열리도록 하지 않으면 안 된다. 또한 주택의 현관문은 밖여닫이가 대부분이나 구미(歐美)에서는 안여닫이가 많다.

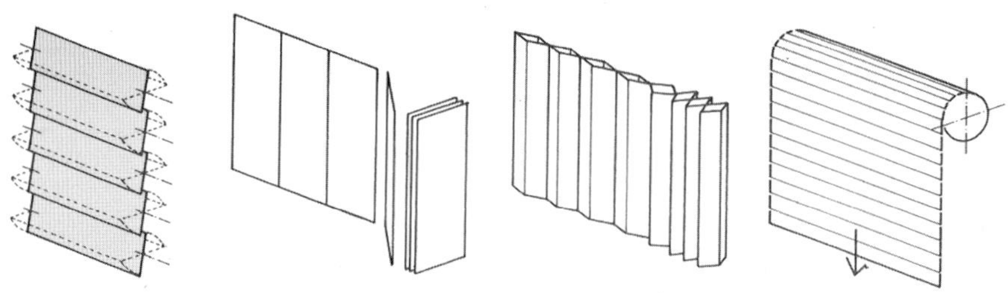

기타 창호

(3) 비흘림(flashing)

외부 개구부의 창호 둘레는 벽면에 비해 빗물의 침입에 대해 약점이 되기 쉬우므로 비흘림을 위한 대책이 필요하게 된다. 외부로 고저차를 두어 빗물의 흐름이 중력에 의해 내부로 침입하지 않도록 하고, 빗물의 움직임은 중력뿐만 아니라 내외의 압력차, 공기의 흐름, 접합부에 이를 때까지의 운동에너지, 모세관 현상 등에 의한 작용이 가해지므로 이들에도 대처하지 않으면 안 된다.

50) 창틀에 미늘살을 넣어 각도를 조절할 수 있도록 한 창으로 비늘살문과 구별된다.
51) 바람막이를 위한 전실(前室)

강풍시 실내외의 압력차는 꽤 커서 운동에너지가 가해지면 실내에 대량의 빗물이 들어온다. 이를 위해 실내측을 높이는 것을 **물돌림**이라 한다. 모세관 현상이 일어나지 않게 물돌림 홈을 취하도록 설계한다.

또 밑틀의 밑면에는 물이 벽체 내에 배어 들지 않도록 **물끊기**를 둔다. 위틀 상부에도 금속판 등으로 물끊기판을 설치하여 벽 표면을 타고 온 빗물이 틀 윗면에서 실내로 흘러 들어오지 않도록 한다.

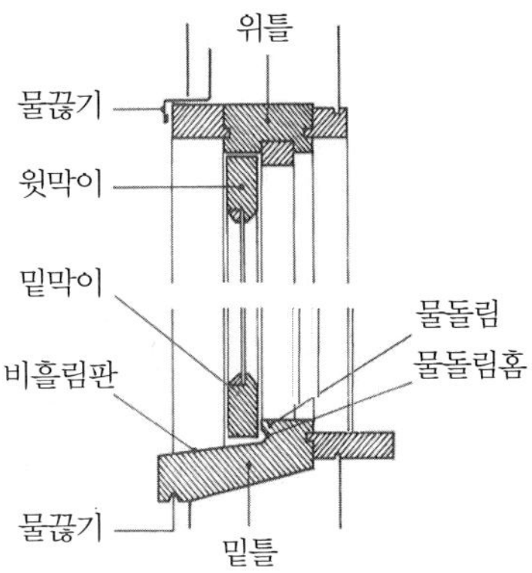

창의 비처리구조

밑틀에는 결로수를 처리하는 장치가 필요하다. 유리창은 벽체보다 단열성능이 낮아 결로가 생기기 쉽다. 특히 가습(加濕)을 동반한 난방을 하는 경우에 문제가 되므로 붙박이창 등에는 대책을 강구하지 않으면 안 된다. 물빠짐 구멍 등을 두는 경우도 있다.

복층유리를 쓰면 유리면의 결로는 방지할 수 있다. 그러나 일반적인 금속제 창호에서는 틀 부분이 **열교**[52](熱橋: heat bridge)가 되어 결로를 일으킨다. 이 점을 개량한 단열새시 등이 개발되고 있다.

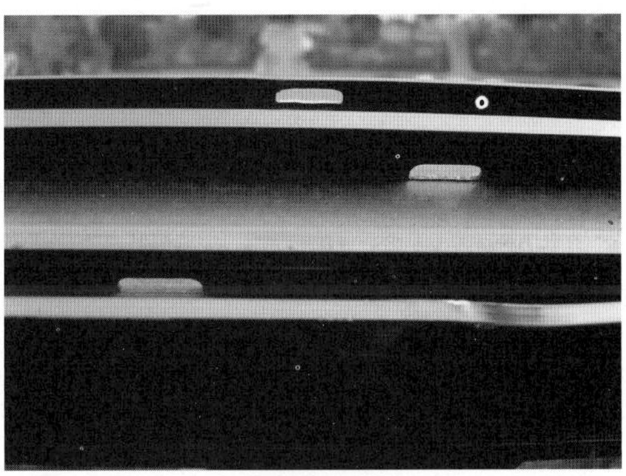
물빠짐구멍

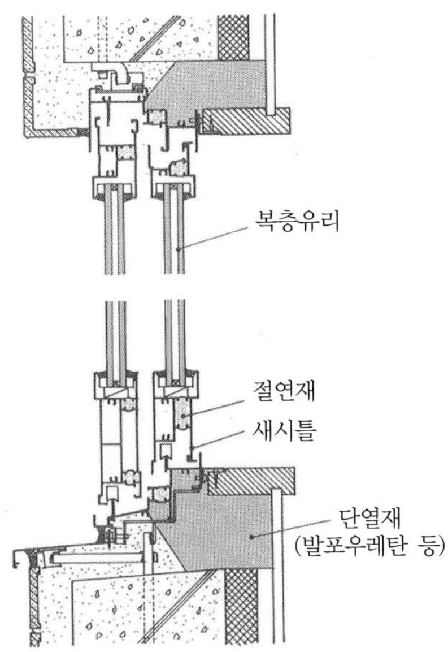

단열새시의 예

52) 열을 전달하는 통로

3. 4. 3 구성방법

(1) 벽체와 창호틀

철근콘크리트 벽체는 금속제 창호와의 사이에 2~3㎝ 의 틈새가 벌어지도록 타설한다. 창호틀을 정위치에 설치하고 앵커를 철근에 용접한 후에 모르터로 채우는 것이 일반적이다. 이것을 **후붙임공법**이라 하며 콘크리트 타설 전에 창호틀을 거푸집에 설치하고 콘크리트를 타설해서 새시와 일체화하는 방식을 **선붙임공법**이라 한다. 선붙임공법은 확실하게 접합시킬 수 있고 비흘림면에서도 바람직하나 시공에는 세심한 주의가 필요하다.

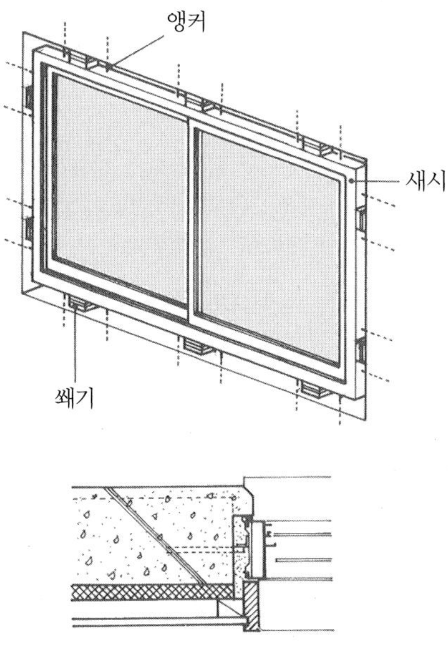

금속제 창틀 설치

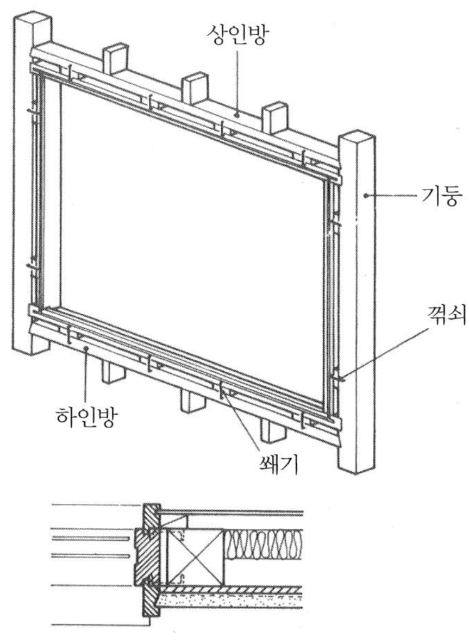

목제 창틀 설치

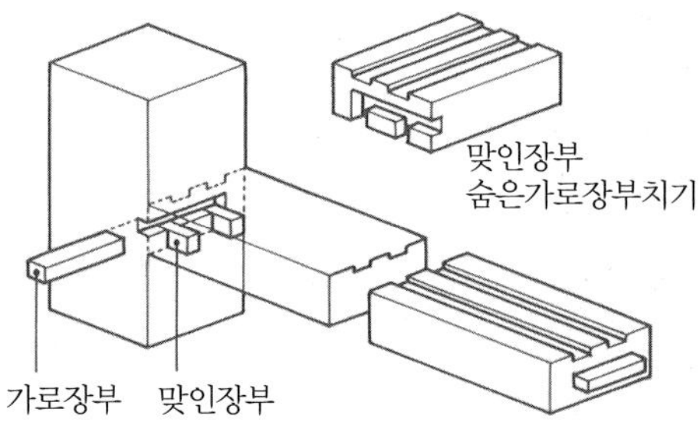

밑틀의 접합

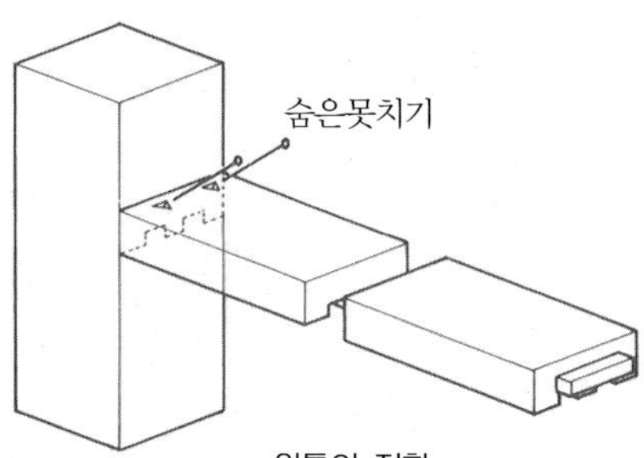

위틀의 접합

창틀의 설치방법과 홈대의 접합방법

(2) 목제 창호

목제 창호는 목재의 수축에 의한 변형이 그대로 나타나서 가동성과 수밀성을 저하시키므로 충분히 건조시킨 목재를 사용해야 하고, 또 개폐시에 힘이 가해지므로 충분한 강도와 내구성이 요구된다.

장지문은 창호지를 정기적으로 갈아붙이는 동양만의 독특한 문으로 전통한옥에서 사용된다. 평벽의 출입구에는 살대의 양쪽에 합판을 붙인 **플러시**(flush)**문**이 많이 사용되고 있다. 최근에는 합판, 보드류가 많이 사용되면서 평평한 표면의 문이 일반적인데 장식성을 위하여 몰딩을 붙이기도 한다.

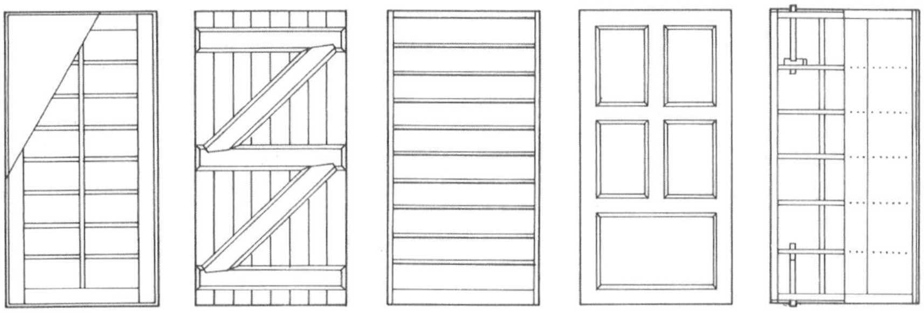

목제문

(3) 금속제 창호

금속제 창호는 대부분 틀과 문이 일체로 설계, 제작되어 목제 창호에 비해 기밀성이나 개폐조작성이 뛰어나다. 재료는 주로 알루미늄과 철재이고 **알루미늄**은 **압출법**으로 복잡한 단면을 만들 수 있다. **철제 새시**는 새시바(sash bar)를 용접 또는 나사를 이용하여 조합시킨 것, 철판으로 냉간가공(press)하여 틀, 울거미 등을 만든 것, 또는 폭이 좁은 철판을 사용하여 용접으로 상자형 단면을 만들어낸 것 등이 있다.

알루미늄새시의 단면

어느 것이나 복잡한 단면의 것은 만들기 힘들고 기밀성도 알루미늄에 비해 낮다. 알루미늄 새시문의 미닫이문은 주로 **호차**(戶車, 문바퀴)를 사용하나 철제 새시의 경우에는 무게가 있으므로 매달기식이 많다.

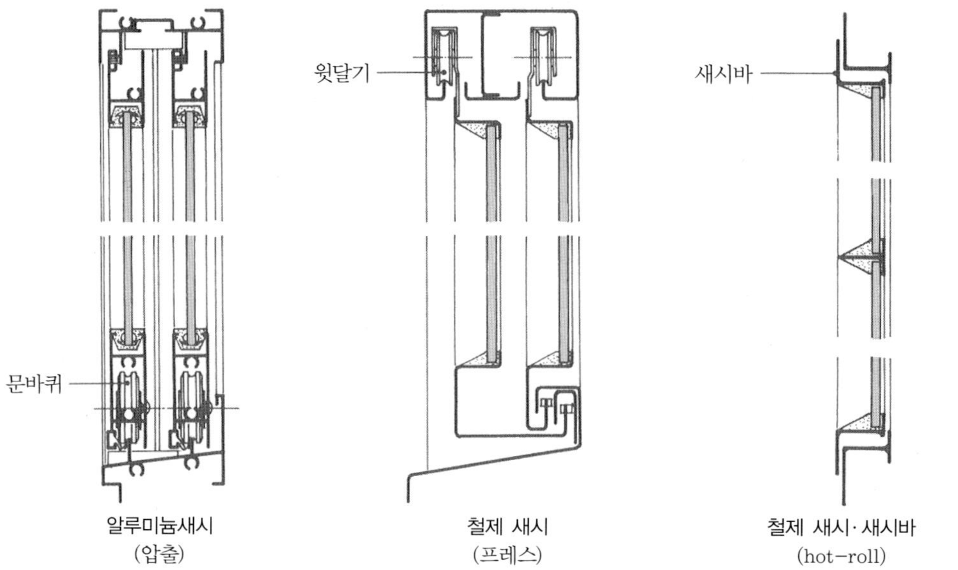

금속제 창호

집합주택의 현관에는 철판을 프레스(press)하여 강성(剛性)을 준 것과 철판으로 된 플러시문이 사용된다. 방화문은 철재로 된 것이 많고 대형 문에는 앵글과 철판을 조립한 것이 사용된다.

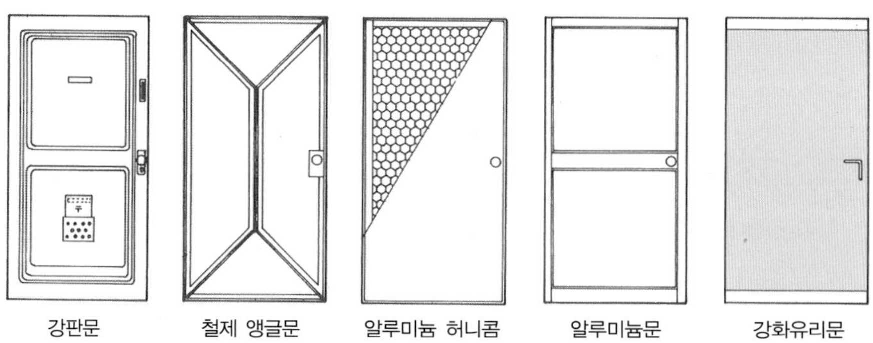

금속제 문

(4) 유리

유리의 종류에는 보통판유리, 마판유리, 망입유리, 복층유리, 강화유리, 합유리, 열선반사유리, 열선흡수유리 등이 있다. **망입유리**는 방화성이 좋으나 강도는 낮다. **복층유리**, **강화유리**는 각각 단열성 및 강도는 높으나 현장에서 잘라 가공할 수 없다.

목제 창호에서의 유리고정방법에는 위틀을 2개의 재료로 만들어 그 사이를 통해서 내리 끼우고 **소란**[53]으로 고정하는 방법, 사방을 소란으로 누르는 방법이 있다. 외부에는 실링재를 병용하기도 한다. **철제 새시**에서는 새시바(sash bar)에 **클립**(clip)과 **경화퍼티**(putty)로 고정하는 방법이 쓰였으나 지금은 거의 쓰이지 않는다.

경화 후에도 탄성이 있는 재료가 바람직해서 **치오콜**[54](Thiokol), **부틸고무**, **실리콘**(silicone) 등의 **실링**(sealing)**재**를 충전하는 마무리 방법으로 바뀌어 가고 있다. 알루미늄새시에는 **염화비닐비드**(polyvinyl bead) 등이 사용된다. 두꺼운 유리에는 고무제의 **개스킷**(gasket)을 사용하는 경우가 많다. 특히 **지퍼개스킷**(zipper gasket)은 콘크리트나 철골에 직접 유리를 고정시킬 수 있어 **구조개스킷**이라 부른다.

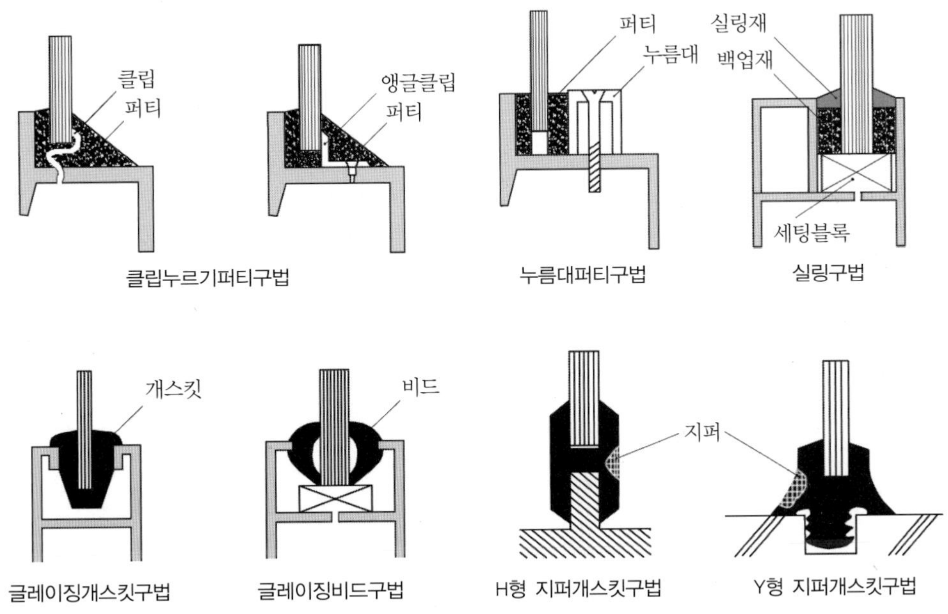

유리고정방법

53) 테두리에 붙여 대는 가는 나무

54) polysulfide계 합성중합체의 상표명으로 접착제로도 많이 사용된다.

3. 4. 4 루버(louvers)

(1) 기능 및 개념

태양광선은 열과 빛을 가지고 있어 인간에게 큰 도움을 주는 필수적인 요소이다. 그러나 건물을 사용함에 있어서는 이를 적절히 조절해야만 사용상에 도움이 된다. 건물내부 측에서는 **블라인드**나 **커튼**을 이용하여 목적에 따라 차단할 수 있지만, 이것만으로는 건물외부에 작용하는 **복사열**이나 **직사광선**을 차단할 수 없으므로 **단열**이나 **채광**상의 문제가 발생한다.

따라서 건물외부에 그늘을 형성할 수 있는 장치가 필요하게 되는데 이를 **루버**라 한다. 루버는 일반적으로 블라인드와 달리 가동형이 아닌 **고정형**이므로 설치시에는 태양의 **고도**(高度)와 **방위각**(方位角)을 고려하여 설치해야 하며, **건물외관**과 내구성 및 유지관리를 고려하여 적절한 **재질**과 **형태** 및 **각도**를 선택해야 한다.

원론적으로 루버는 개구부에 한정하여 **판상형 재료**를 일정 간격을 두고 나란히 배치함으로써 시야는 확보하면서도 태양광선을 차단하는 형태로 되어 있으나, 최근에는 적극적인 단열효과를 위해 건물 전면을 피복하는, 이른바 **이중외피**[55](double skin)개념으로 점차 변화, 발전되고 있다.

(2) 분류

루버는 형태별로는 배치방식에 따라 단위재를 옆으로 배치하는 **수평형**, 세로로 세워서 배치하는 **수직형**, 격자형태로 짜서 복합적인 효과를 꾀하는 **복합형**이 있다. 한편 부착부위에 따라서는 넓은 면적을 피복하는 **전면형**과 창이 있는 곳에만 선택적으로 부착하는 **개구부형** 또는 **부분형**으로 구분할 수 있다.

또한 루버재를 외벽에 바로 고정하는 **외벽부착형**과 외벽구조체와 간격을 두어 루버를 설치하는 **이중외피형**이 있다. 루버재료로는 **목재**, **스틸**, **알루미늄**, **합성수지**, **유리** 등을 사용하는데, 일반적인 루버와는 재료형태가 다르나 블록형 재료나 **콘크리트** 이중벽을 사용하여 루버와 같은 역할을 하도록 한 사례도 있다. 또한 최근에는 루버 본연의 목적보다는 디자인을 위해 단지 **외부치장용**으로 사용되는 경우도 있어 명확한 용도 구분이 어렵다.

55) 건물외벽에 일정 간격을 두어 외피를 추가하는 방식

(3) 수평형 루버

태양의 **고도**에 따른 직사광을 차단하기 위한 목적으로 사용하는 것으로 일정 고도로 입사되는 햇빛을 차단하여 그늘을 만든다. 따라서 **남쪽 개구부**에 설치하는 것이 일반적이다. **천창**에 사용하기도 하고 **이중외피형**으로 사용한 사례도 있다.

전면루버

천창루버

이중외피형

알루미늄루버

이중외피 내부

(4) 수직형 루버

태양의 방위각에 따른 직사광을 차단하기 위한 목적으로 사용하는 루버이다. 따라서 일반적으로 따가운 **서향**(西向)빛을 차단하기 위해 사용된다.

외벽부착형

이중외피형

내부전경

루버상세

(5) 특수형

콘크리트 이중외벽

블록 이중외벽

3-5 바닥(Floor)

3. 5. 1 기능과 성능

(1) 기능

바닥은 사람과 가구, 설비기기 등을 지탱하는 수평면이다. 이 지지한다고 하는 본질적인 기능 이외에 상층 혹은 바닥 밑과의 사이를 구획해서 소리, 공기 등을 차단하는 것도 주요한 기능이다. 또 바닥판은 주체구조의 형식에 따라서는 수평면의 강성을 보유하는 요소가 되기도 한다.

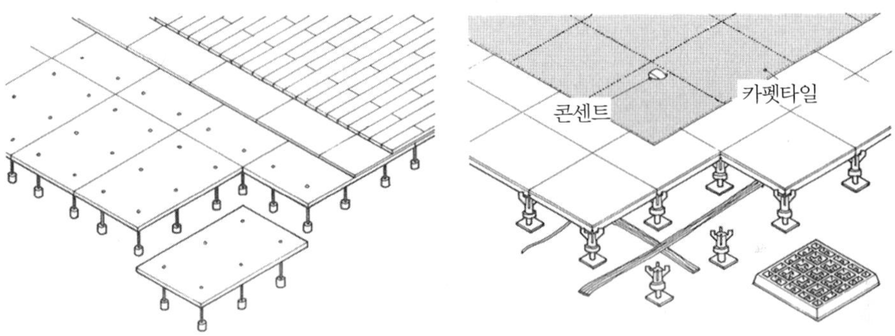

특수 바닥

일반적인 바닥으로서의 기능과는 다른 특수한 기능을 발휘하는 구법도 있다. 수술실 등에서 정전기의 대전방지(帶電防止)를 위해 사용되는 **전도(電導)바닥**, 전산실 등에서 바닥 밑의 배선, 설비의 점검, 변경이 자유롭도록 패널화 된 **프리액세스 플로어**(free access floor), 바닥충격음이 하층에 전달되지 않도록 탄력성 있는 재료를 설치하는 **뜬바닥**, 체육관의 **마루널바닥** 등은 그 예이다.

(2) 성능

바닥은 다른 부위와는 달리 인간이 언제나 접하고 있기 때문에 요구되는 성능도 사람의 활동에 관련된 것이 많다. 따라서 입식인지 좌식인지, 의자를 사용하는지 아닌지, 구두를 신은 채인지 맨발인지 등에 따라 요구조건이 크게 다르다. 또 다수의 사람들이 이용하는 곳에는 요구조건이 엄격하다.

벽의 경우와 마찬가지로 외부바닥과 실내바닥에는 서로 다른 구법이 사용되고 실내바닥에서도 물을 사용하는 경우에는 **방수성**이 요구된다. 바닥의 성능을 생각할 때에는 바닥판으로서 요구되는 성능인지, 바닥표면에서 요구되는 성능인지를 구별할 필요가 있다. 바닥판으로서는 첫째로 하중조건에 대응하는 강도, 강성이 요구된다. 단열성, 방수성, 보행시 소리가 나지 않는 것 등도 취급되어야 할 성능이다.

표면에서 요구되는 성능으로서는 적절한 **마찰저항**을 들 수 있다. 바닥은 미끄러지기 쉬워서는 안된다. 그러나 전혀 미끄럽지 않아도 피로가 증가한다. 또한 바닥 마감이 다른 곳과 **마찰계수**가 크게 차이 나는 것도 좋지 않다. 또 젖으면 미끄러지기 쉬운 바닥재도 많으므로 사용장소에 따라 주의가 필요하다.

청소성, **내마모성**, 적당한 **열전도성**, **흡음성**, 빛의 **반사성** 등도 요구되는 성능이나 이러한 것들은 서로 상반되는 경우가 많으므로 장소에 따라 적절히 재료선택을 할 필요가 있다.

3. 5. 2 구성방법

(1) 밑바탕과 마감

바닥의 구법은 주체구조의 종류에 따라 여러 가지가 있으나 구성방법으로서는 다음과 같이 3종류로 대별된다. (a) 철근콘크리트 등의 슬래브 위에 곧바로 마감하는 것, (b) 슬래브 위에 목재, 철골 등을 써서 중공층(中空層)을 두고 그 위에 바닥을 구성하는 것, (c) 장선으로 보 위에 조립한 것이다.

슬래브 위에 곧바로 마감을 하는 경우는(a-2) 모르터로 표면을 고르고 마감재에는 면재로서의 강성을 갖지 않는 것을 사용한다. 모르터 등으로 직접 붙이는 바닥마감재(a-3)로는 **자연석**, **대형타일**, **벽돌**, **테라조**(terrazzo)**블록** 등이 있다. 자연석으로는 화강암, 철평석[56], 대리석 등이 사용된다. **테라조**란 자연석의 조각들을 안료 등과 함께 모르터로 굳혀 표면을 연마한 것이다. **테라조블록**은 공장에서 만들어지나 공사현장의

56) 안산암의 일종

슬래브 위에 바로 테라조를 만들기도 해서 이를 **현장갈기 테라조**라고 하며 황동 등의 줄눈봉을 써서 커다란 면을 분할하여 시공한다.

이외에 바닥용 보드(flooring board)로 사용되는 목재를 30㎝각으로 나란히 놓아 안쪽 면에 철물을 붙인 것을 **플로어링블록**(flooring block)이라 하며 돌붙이기와 같은 방법으로 시공된다. 콘크리트 슬래브 위를 판붙임마감하는 경우에 사용된다.(a-3)

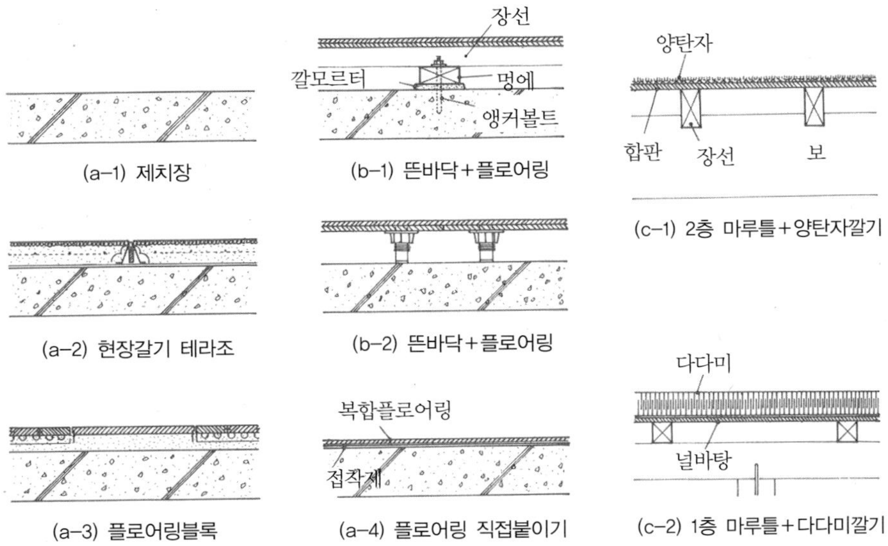

바닥의 바탕 및 마감

콘크리트 슬래브에 습식으로 발라 마감하는 것으로는 이외에 모르터 쇠흙손 마감, 합성수지계 바름바닥 등이 있다. 또 콘크리트타설 시에 직접 흙손으로 눌러 마감하는 것도 있다.(a-1)

공기층을 두고 바닥을 붙이는 경우에는 장선(joist)과 같은 선상(線狀)의 바탕부재를 평행으로 하여 그 위에 어느 정도의 크기와 강성을 가진 판상(板狀)의 면 재료를 까는 것이 일반적인 구성방법이다.(b-1) 이 경우 면 재료가 그대로 바닥마감이 되고 있는 것과 바탕면 위에 다시 마감재를 시공하는 것이 있다. 장선은 300~450㎜ 간격으로 배열되는 것이 보통이다. 이렇게 밑바탕을 한 방향으로 평행한 재료로 만드는 이유는 만들기 쉽고 레벨(level)조정이 용이하기 때문이다.

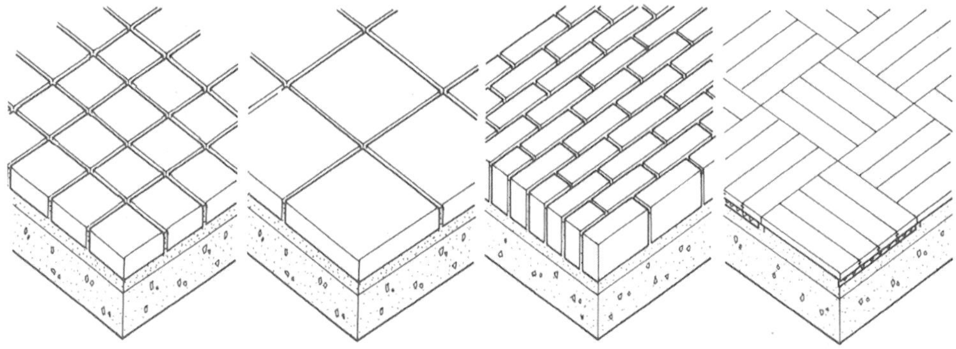

각종 바닥마감

(2) 각종 구법

목질계의 바닥재료는 장선 위에 깔아 직접 마감하는 것이 많다. **플로어링보드**(flooring board)는 그 대표적인 것으로 졸참나무, 너도밤나무, 벚꽃나무 등의 활엽수가 사용된다. 폭(6~9㎝), 길이(0.6~1m 정도) 모두 널판보다 작고 마구리에도 제혀쪽매 등으로 가공한다. 합판표면에 얇은 천연재를 붙인 복합플로어링판(30×180㎝ 정도)도 있다.

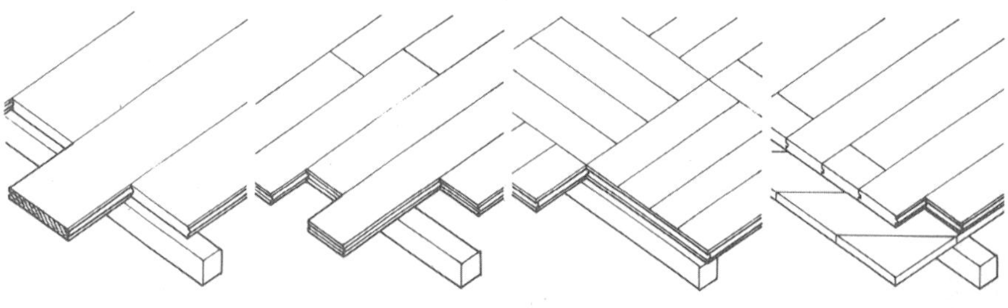

목질계 바닥

또한 중요한 판붙임공사에는 장선 위에 바탕판을 깔고 마감재를 붙이는 **이중깔기공법**을 쓴다. 마감이 합성수지계 시트 등의 경우, 장선 위에 까는 바닥 바탕재에는 삼목(杉木)판, 합판 등이 사용된다. 이 경우에 기밀성은 마감재에서 기대할 수 있고 또 직접 바탕재 표면에 못을 박아도 외관상 드러나지 않으므로 제혀쪽매 등의 방법은 쓰지 않고 **맞댄쪽매**나 **반턱쪽매**로 하는 경우가 많다.

(3) 마감재

바탕판붙임과 고름모르터(모르터 쇠흙손마감) 위에 까는 마감재에는 여러 가지가 있다. 목재 붙임에는 여러 가지 색과 형의 천연목조각을 접착제 등을 사용해서 기하학 모양으로 나란히 붙이는 **파케이**(parquet)**깔기**가 있다. **파케이블록**은 75×300㎜ 정도의 쪽매가공한 판을 조합시켜 붙인 것으로 마감은 플로어링블록과 같다.

파케이깔기

파케이블록깔기

소형타일도 고름모르터면에 시멘트페이스트(cement paste)로 붙인다. 합성수지 등의 얇은 마감재로서 **염화비닐**, **리놀륨**, **고무**, **아스팔트** 등이 있다. 아스팔트타일(줄여서 아스타일이라고 한다)을 제외하고 시트상의 것과 타일이라고 부르는 30㎝각 정도의 판상의 것이 있다. **양탄자**도 일반적으로는 두루마리 제품이나 타일상의 제품도 있다.

한편, 우리나라만의 독특한 바닥 마감재로서 **장판**이 있다. 종래에는 장판지를 사용하였으나 최근에는 염화비닐에 의한 장판을 많이 사용하여 표면에 천연목과 같은 무늬를 프린트한 제품이 많이 시판되고 있다. 아울러 바닥난방을 위하여 습식으로 마감하는 온돌방식을 써왔으나 최근에는 이것도 건식화가 이루어져 온돌패널과 합성된 **온돌마루**도 많이 개발되어 사용되고 있다.

온돌패널

3. 5. 3 벽과의 마무리

벽과의 접합부분에는 **걸레받이**(mop board)를 설치하는 것이 일반적이다. 걸레받이에는 벽을 보호하는 기능이 있으나 시공상의 변형을 조절하고 벽과 바닥의 접속부를 마무리하기 위해서도 꼭 필요하다.

벽 시공 전에 붙이는 **선붙임 공법**과 벽 시공 후에 붙이는 **후붙임 공법**이 있다. 전자는 벽 시공을 위한 **규준대**로서의 역할을 하는데 주로 가공한 목재, 돌 등을 사용하며, 후붙이기는 **변형**을 흡수하기 쉬운 장점이 있으며 목재, 플라스틱 등을 사용한다. 걸레받이용 타일을 쓰는 경우도 있다.

원목제 걸레받이

널제 걸레받이

플라스틱제 걸레받이

석제 걸레받이

3-6 계단(Stairway)

3. 6. 1 기능과 형상

(1) 기능과 각부의 명칭

계단은 높이가 서로 다른 바닥을 연결하는 통로로서의 명확한 기능을 갖고 있다. 따라서 구법을 생각할 때의 요구조건도 일반적으로 정해져 있는 것이 많고 건물용도 및 구체구조 종별마다 몇 개의 전형적인 구법이 확립되어 있다.

그런데 계단에는 디자인의 대상이 되는 요소도 많이 포함됨에 따라 공간을 연출하는 도구로서도 효과적으로 사용된다. 그러한 경우에도 기본적인 구법을 확실히 파악하고 안전한 계단을 만들도록 고려해야 한다. 성능으로서는 **안전성** 외에 사용목적에 따라 **내마모성**, **청소성**, **발음성**(發音性) 등이 배려되어야 한다. 불특정 다수의 사람이 사용하는지, 신발을 신은 채인지, 맨발로 걷는지 등에 따라 고려하지 않으면 안 된다.

계단의 표면을 **디딤면**이라 한다. 단, 디딤면치수란 그림에 표시하는 바와 같이 디딤판의 표면에서 챌면치수를 뺀 평면도에 나타나는 안목치수를 말한다. 디딤면치수와 챌면치수의 비(比)에 의해 계단의 경사도를 표시하는 것이 일반적이다.

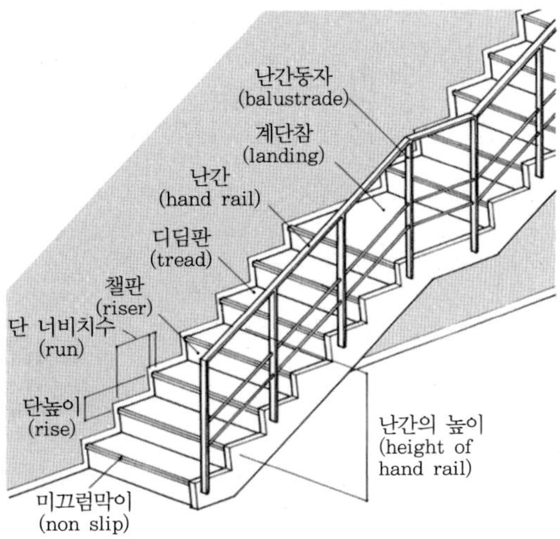

계단의 구성

계단을 위해 전용으로 설치되는 공간을 **계단실**(stair case)이라 한다. 계단실은 보이드(void)가 되어 있기 때문에 화재시에는 화염이나 연기가 상층으로 올라가는 통로가 된다. 그러나 동시에 계단은 화재시에 피난에 유효해야 한다. 따라서 계단실은 건축물의 규모, 용도에 따라 **방화문**으로 구획하도록 법규로 정해져 있다.

(2) 형상과 기준

계단에는 여러 가지 형상의 것이 있다. 곧은계단, 꺾음계단, 돌음계단, 나선계단 등이며 설치하는 장소, 용도에 따라 선택한다. 계단에는 상하의 방향이 있으므로 평면도 상에는 상방향을 화살표로 표시한다. 또 여러 층에 걸쳐 반복 사용되는 계단에는 그림 (e)와 같은 표기를 한다.

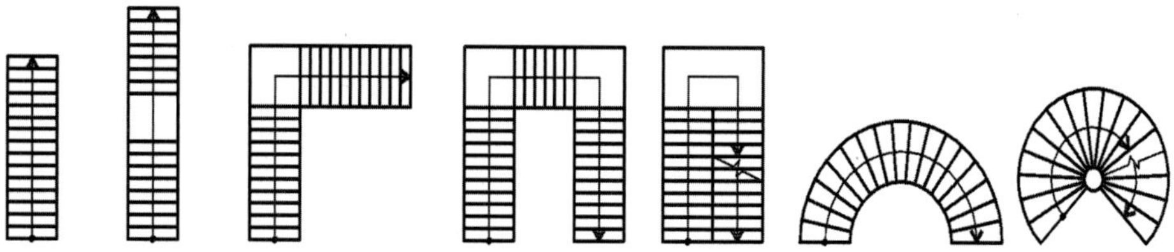

(a) 곧은계단 (b) 계단참이 있는 곧은계단 (c) 계단참이 있는 꺾음계단 (d) 중앙이 트인계단 (e) ㄷ형 꺾음계단 (f) 돌음계단 (g) 나선계단

계단형상의 종류

계단의 **경사도**는 사용목적, 기능, 안전성을 고려하고 건축물 전체의 계획과 조정하여 결정한다. 최저기준에 대해서는 아래와 같이 법규로 정해져 있다. 또 높이 1m를 넘는 계단 및 계단참에는 **난간**을 설치해야 하며, 높이가 3m를 넘는 계단에는 높이 3m 이내마다 너비 1.2m 이상의 **계단참**을 설치하도록 규정이 정해져 있다.

계단폭 등에 대한 구조제한

계단의 종별	계단, 계단참의 폭(㎝)	단높이 (㎝)	단너비[57] (㎝)
1. 초등학교 학생용	150 이상	16 이하	26 이상
2. 중고등학교 학생용	150 이상	18 이하	26 이상
3. 극장, 영화관, 집회장 등 문화 및 집회시설 4. 시장, 상점 등 판매 및 영업시설 5. 기타 이와 유사한 용도의 건축물	120 이상	–	–
6. 직상층의 거실 바닥면적의 합계가 $200m^2$ 이상 7. 거실 바닥면적의 합계가 $100m^2$를 넘는 지하층	120 이상	–	–
8. 기타의 계단	60 이상	–	–

이러한 규정은 연면적 200㎡를 초과하는 건축물의 계단에 적용한다. 한편 챌면치수와 디딤면치수는 따로 떼어놓고 생각해서는 안 된다. 즉, 단높이를 크게 취하면 단너비는 작게 해야 한다.

57) 돌음계단의 단너비는 좁은 너비의 끝부분으로부터 30cm 위치에서 측정한다.

3. 6. 2 종류

(1) 목제 계단

목제 계단은 주택에서 일반적으로 사용되고, 의장상의 목적으로 외부계단에 사용되기도 한다. 현재 주택 등에서 일반적으로 사용되고 있는 것은 **막힌옆판계단**(closed string stair)이다. 이것은 **옆판**을 상하층으로 가로질러 그 사이에 디딤판과 챌판을 집어넣은 형식이다. 재종으로서는 나왕, 소나무, 집성재 등이 사용된다. 계단폭이 넓은 경우에는 중앙부에 **계단멍에**(stair carriage)를 써서 디딤판의 변형을 막는다. 같은 형식에서 챌판을 수직으로 넣지 않고 경사면에 따라 반자널을 댄 계단을 **틀계단**(box stair)이라 한다. 옆판을 쓰지 않고 계단멍에와 같은 역할을 하는 톱날상으로 따낸 판으로 디딤판을 받치는 계단을 **따낸옆판계단**(cut string stair)이라 한다. 대개는 챌판을 사용하지 않고 뒤쪽에서 경사지게 판을 버틴다.

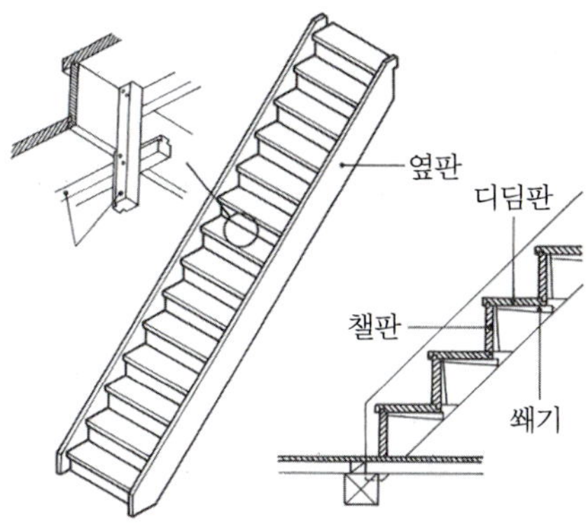

막힌옆판계단

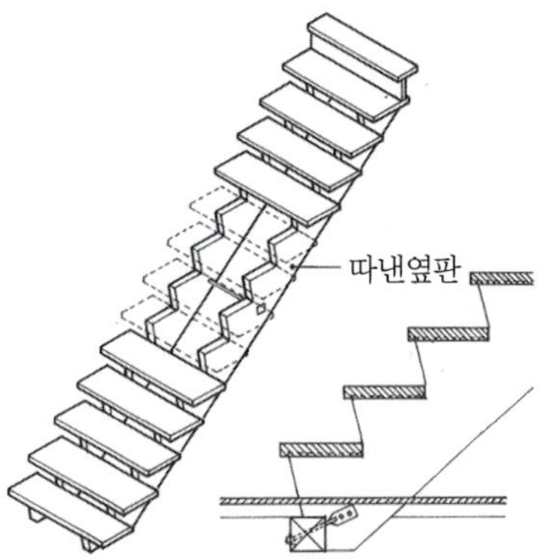

따낸옆판계단

목제계단

막힌옆판계단

따낸옆판계단

(2) 철근콘크리트제 계단

철근콘크리트를 쓰면 자유로운 형상을 만들 수 있는 특징이 있어 여러 가지 형태의 계단을 생각할 수 있다. 또 목재나 철골제와는 달리 디딤판 부분을 일체로 만들 수 있기 때문에 구조체의 일부로서 시공할 수 있다. 따라서 상하층에 보를 걸쳐 넣고 그 사이에 디딤판을 만드는 구조 이외에도 계단을 표면에 단이 있는 슬래브로 취급하여 상하층에 걸쳐대는 구조, 단이 있는 슬래브를 벽에서 외팔보(cantilever)로 붙여대는 구조 등 몇 가지 구조방식이 있다. 디딤판만을 벽에서 외팔보로서 붙여대는 것도 있다.

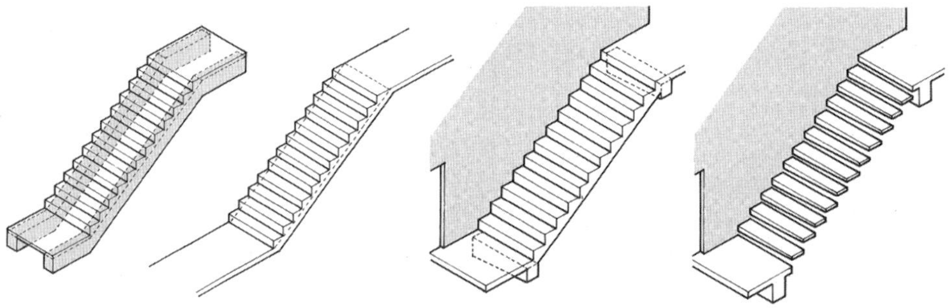

도리방식 슬래브식 외팔보식 디딤판 외팔보식

구조형식의 종류

구조방식을 선택하는 경우에는 계단참 등 계단 주변의 슬래브의 지지방법도 검토해야만 한다. 계단실 쪽에 보가 드러나는 경우도 있어, 이때에는 벽면간의 유효폭이 좁아지므로 주의해야 하며 보의 상면에 먼지가 쌓이기 쉬워 마무리를 검토해야만 한다. 특히 꺾여진 계단의 계단참 부분은 층고의 중간에 설치되므로 주의해야 한다.

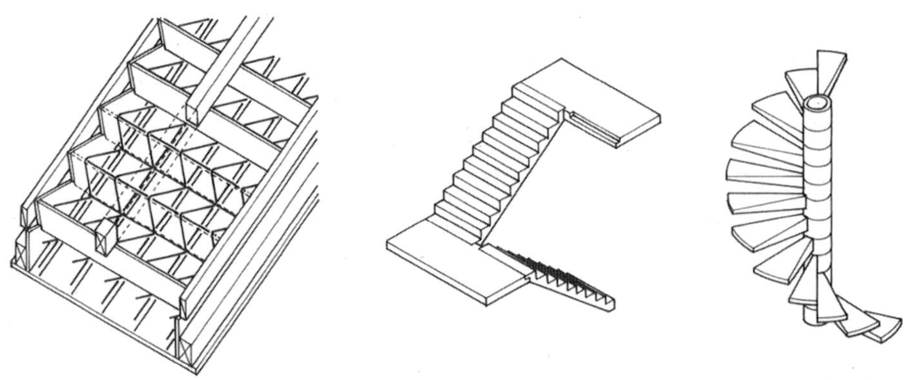

계단거푸집 **PC계단** **PC나선계단**

철근콘크리트제의 계단은 철근과 거푸집작업이 매우 복잡하므로 **생산성**을 목적으로 PC로 만들기도 한다. 이 경우 구조체와의 접합에 대한 대책을 강구해야 한다. **단판**(段板)을 단위로 하여 PC로 만드는 경우도 있다.

한편, 철근콘크리트계단을 그대로 사용할 수는 없으므로 계단 전면에 마감재를 붙여야 한다. 기본적으로는 어떤 재료라도 사용할 수 있으나 일반적으로 마감재로는 바닥재와 마찬가지로 **테라조**, **석재판** 그리고 경우에 따라서는 **합성수지**계 재료를 붙이기도 한다. 마감재의 두께가 다양하므로 재료에 따라 콘크리트의 두께가 바뀌어야 하고 마감재의 두께가 얇은 경우에는 **고름모르터**로 면을 평탄하게 해야 한다.

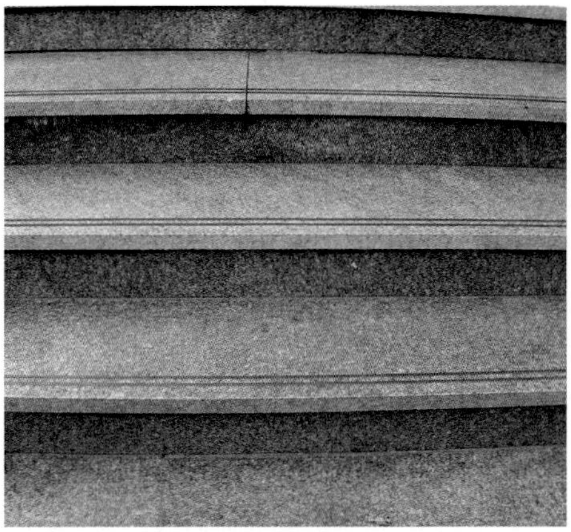
석재판마감

비닐시트마감

석재마감

테라조마감

(3) 철골제 계단

철골제 계단으로는 옆판에 무늬강판의 단판을 붙인 것을 피난계단이나 단순히 기능 위주의 계단 등에 사용한다. 경량이고 공장생산화로 할 수 있다는 장점이 있으나 진동하기 쉽고 화재에 약한 결점이 있다.

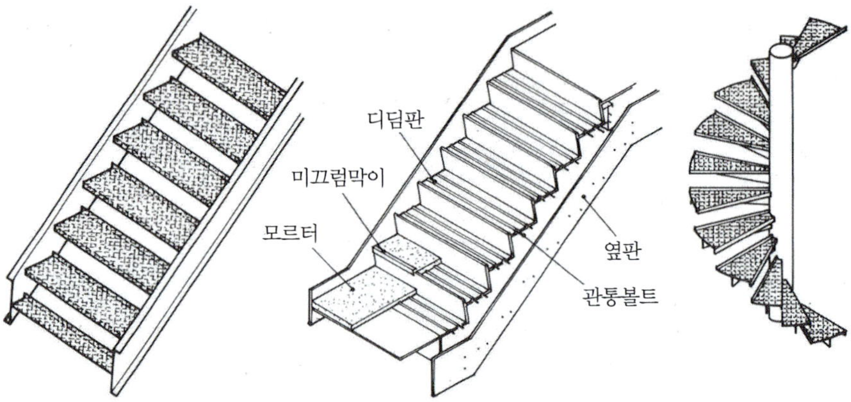

철골제 계단

그러나 철골조 고층건축물의 구획된 피난용 계단실에는 철골제 계단이 사용되는 것이 보통이다. 또한 실의 내부에서는 의장상의 목적으로 철골로 하기도 한다. 건물 내부계단의 경우는 마감이 필요하므로 철판을 거푸집으로 해서 모르터를 채워 **보행감**을 향상시키고 바닥마감재를 붙여 사용한다. 이외에 형태상으로는 나선계단, 계단멍에로 디딤판을 짜 맞춘 계단 등이 있다.

비닐시트마감

석재판마감

3-7 천장(Ceiling)

3. 7. 1 기능과 형상

(1) 기능과 성능

천장[58](天障)은 실(室)공간을 구성하는 면으로 바닥과 지붕만큼 명확한 기능을 갖고 있지 않다. 원시적인 주거에서는 지붕의 밑면이 실공간의 최상부가 되고 별도로 천장을 설치하지 않았다. 사원건축에서도 고대의 것은 천장이 붙여져 있지 않다. 현재에는 특별히 의도적으로 구조재를 보이게 하는 경우를 제외하고는 천장을 붙인다.

천장의 주된 기능은 지붕틀, 바닥틀, 보 등의 구조부재를 감추고 **방진**(防塵), **차열**(遮熱)을 하기 위함인데, 설비가 많이 들어가는 건축물에는 **덕트**(duct), **배선**, **배관**을 위한 공간으로도 중요하다. 반사율을 가감하여 **소리**와 **빛**을 제어하는 것도 천장의 중요한 역할이다. 이를 위해 천장의 마감재료에는 **흡음재**가 많이 사용된다.

이외에 천장을 **내화재**로 구성하여 철골조의 바닥, 작은보의 내화피복으로서의 기능을 가지게 하는 경우가 있는데, 이를 **멤브레인**(membrane)**내화**[59]라 부른다. 천장의 성능은 상기의 기능을 충분히 가져야 하나 그 외에도 **강도**, **내구성**, **내진성**이 요구된다. 또 부엌 천장 등에는 **불연성**이 요구되고 욕실에는 **내습성**이 중요하다.

(2) 천장과 천장고

천장의 형상에는 여러 가지가 있으나 수평한 것이 대부분이다. 음악당, 강당, 영화관 등의 천장에는 **음**의 반사가 적절히 되도록 복잡한 형상이 쓰인다. 또한 커다란 방의 천장은 수평으로 해도 처져 보이기 때문에 중앙부를 약간 치켜 올려 만든다. 또 욕실의 천장은 **결로수**가 바로 낙하하지 않도록 경사를 두는 경우가 많다.

천장고(天障高)는 방의 용도, 크기에 따라 적정 높이가 다르다. 주택에서는 2.4m 전후, 사무실에는 2.6m~2.7m, 학교에서는 3m가 일반적이다. 또한 천장고는 주택거실인 경우 최저 2.1m 이상으로 하도록 법규로 정해져 있다.

58) 천정 또는 반자라고도 한다.
59) p.73

3. 7. 2 구성방법

(1) 직접마감 천장[60)]

철근콘크리트 슬래브의 건축물에는 슬래브 하면에 직접 마감을 하여 천장면으로 하는 경우가 있다. 배관, 배선에는 불리하나 값이 싸고 층고를 낮출 수 있기 때문에 많이 사용되고 있다. 모르터, 플라스터(plaster), 합성수지 등의 **바름재**, 펄라이트(perlite) 등의 **뿜칠재**가 대표적인 것이다.

미장재료를 천장에 사용하는 경우에는 두껍게 되지 않도록 발라서 낙하를 방지해야 한다. 목모(木毛)시멘트판 등 **단열성**이 있는 재료를 슬래브 하면에 넣어 그대로 마감하는 일도 있다.

목조의 직접마감 천장으로서는 서까래와 ㅅ자보로 직접 천장판을 구성하는 경우도 있다. 지붕의 형상을 그대로 실내공간의 형상으로 하는 경우도 있어 개개의 건축물별로 구법이 결정되는 것이 많다.

(2) 천장의 설치방법

대부분의 천장이 보와 바닥슬래브의 구조체에서 선상의 **달대**로 매달아 설치된다. 달대로는 30㎜각 이상의 목재, 직경 9㎜ 정도의 달볼트, 철선 등을 쓴다. 간격은 구법에 따라 다르나 900㎜ 정도가 많다. 구조체가 목조의 경우에는 보 사이에 걸쳐주는 달대 및 달대받이를 못박기로 한다. 달대를 상층의 장선에 설치하는 것은 보행에 의한 **진동**이 직접 천장에 전해지므로 피해야 한다.

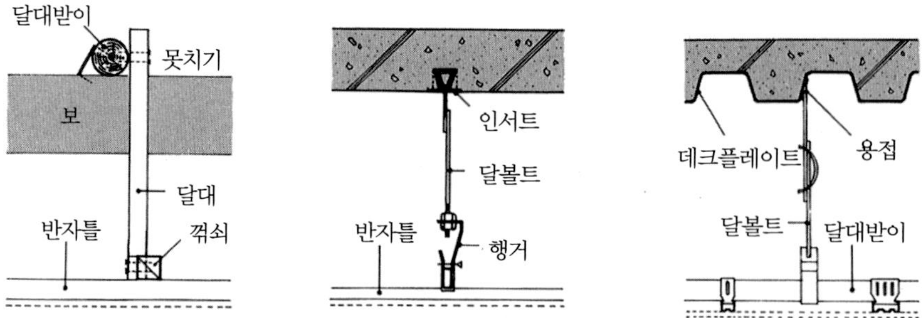

천장의 달기방법

60) 제치장반자 또는 제물반자라고도 한다.

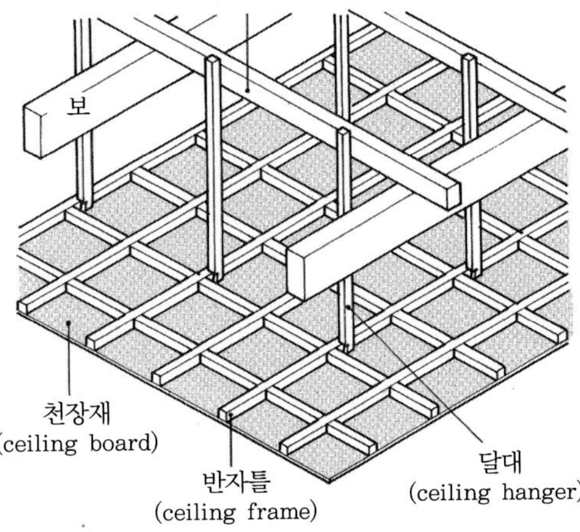

목조에서의 천장구성

철근콘크리트 슬래브의 경우에는 앵커볼트를 묻어 놓고 달대받이 목재를 여기에 연결하는 방법과 **인서트**[61](insert)를 묻어 놓고 나중에 달볼트를 나사로 체결하거나 직접 달볼트를 묻는 방법이 있다. **데크플레이트**(deck plate)바닥의 경우에는 인서트를 사용하는 것이 일반적이나 직접 달볼트를 용접해도 된다.

천장면과 달대를 접속하기 위해 일반적으로 쓰고 있는 것은 평행 혹은 격자상으로 된 선상 부재로 이를 **반자틀**이라 한다. **목제**와 **금속제**가 있고 300~450㎜의 간격으로 설치한다. **목제 반자틀**의 크기는 40×45㎜ 정도로 인장력이 전해지도록 달대와 못박기로 접합한다.

반자틀에 붙이는 면재로서는 **판재**, **합판**, **플라스터보드**(plaster board), **플렉시블보드**(flexible board), **하드보드**(hard board), **흡음텍스** 등이 있다. 접착제를 병용하고 못, 나사못 등으로 고정한다. 표면 그대로를 마감재로 하는 경우에는 못머리의 처리가 필요하다.

금속제 반자틀은 반자틀을 1열로 배치하고 이에 직각으로 채널(channel)형의 **반자틀받이**를 설치하여 고정하며 이것을 달볼트로 매다는 것이 일반적이다. 이를 **경량철골천장**이라 부르며 반자틀과 반자틀받이는 **경량형강**으로 제조하고 달볼트, 반자틀받이, 반자틀의 접합은 전용의 철물로 한다. 시공의 편이성을 꾀한 구법으로 현재 가장 많이 사용하고 있다.

세부 종류로는 반자틀의 단면형상에 따라 **T-bar**, **M-bar** 등으로 구분하며 T-bar의 경우에는 플랜지(flange)에 천장판을 얹는 방식[62]으로 천장내부의 점검, 수리 등이 용이하다. M-bar의 경우 천장판을 밑에서 나사로 부착하는 방식[63]을 쓰고 대형판의 부착이 용이한 구법이다.

61) 달볼트를 삽입하기 위한 나사구멍이 있는 정착구, 콘크리트 타설 전에 슬래브 거푸집 널에 미리 부착시킨다.
62) 시스템천장 그림 참조
63) 이중판붙임천장 그림 참조

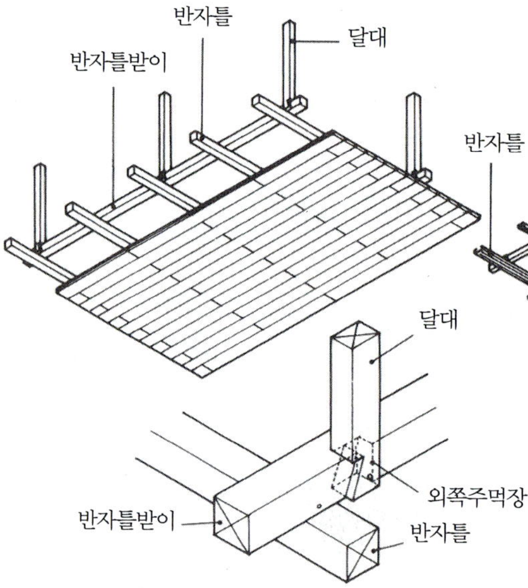

널붙임천장

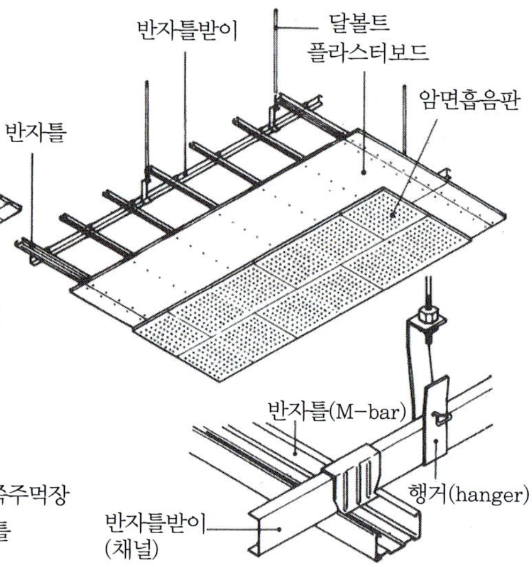

이중판붙임천장

천장 내부(M-bar에 플라스터보드 부착)

(3) 각종 마감구법

암면흡음판, **흡음텍스**(연질섬유판) 등 면재의 강성이 낮은 경우에는 반자틀을 좁게 격자상으로 짜거나 판상의 반자틀을 써서 반자틀 간격을 좁히는 방법을 취한다. 달천장을 미장재료로 마감하는 것은 낙하위험이 있으므로 피해야 한다. 어쩔 수 없이 플라스터나 모르터 등의 마감으로 하는 경우의 바탕면재로서는 졸대, **라스보드**(lath board), 판재에 **메탈라스**(metal lath)를 붙인 것, **리브라스**(rib lath) 등이 사용된다.

천장마감의 종류

(4) 시스템(system)천장

사무실 건물에서는 고층화, 정보화에 따라 많은 설비들이 들어가게 됨에 따라 천장에 많은 **단말기기**(端末機器)가 설치되어 이들 간의 맞물림이 복잡하게 된다. 이것을 명쾌하게 처리하고 공정의 합리화를 꾀할 수 있도록 고안된 것이 **시스템천장**이다. 알루미늄 또는 철제의 **T-bar**를 살대같이 평행으로 하여 조명, 공조 보이드(void), 스프링클러(sprinkler) 등의 기기를 1열로 배치한 것이 많이 사용되고 있다. 설비기기를 설치한 뒤에 **암면흡음판**을 얹는다. 천장 속의 보수가 용이한 구법이다.

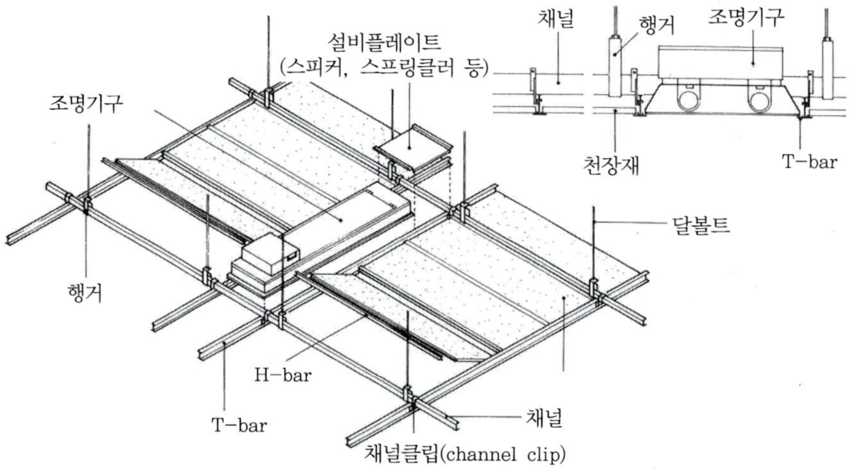

시스템천장의 구성 예

시스템천장

3. 7. 3 벽과의 마무리

천장과 벽의 맞물림 부분은 **반자돌림**(ceiling border)을 돌려 마무리하는 것이 일반적이다. 걸레받이와 같이 먼저 붙이는 것과 나중에 붙이는 것이 있다. 벽에 먼저 붙이는 것은 바름마감의 마무리 규준대 역할도 한다.

최근에는 천장은 보드재, 벽은 벽지마감이나 보드마감이 되는 경우가 일반적이므로 접합부를 감추는 목적으로 나중에 붙이는 경우가 많고 작업도 용이하다. 재료로는 **목재** 외에 천장마감재에 따라 **염화비닐제**와 **알루미늄제**도 사용된다. 또 보드류의 틈새를 벌려 반자돌림을 쓰지 않는 경우도 있다.

반자돌림용 몰딩

알루미늄제 반자돌림

강판제 반자돌림

목제 반자돌림

3-8 유닛부품

3. 8. 1 건축부품

건축은 수많은 부품으로 이루어져 있어 이들의 조합으로 공간이 만들어지고 구법성능이 발휘된다. 그런데 건축공간에는 특정용도가 명확히 정의된 것이 있어 이를 대상으로 한 부품들이 개발되어 있다. 이것을 **건축구성재**(building component)라 부른다.

이미 앞에서 본 각부구법들은 이러한 건축구성재들로 이루어져 있고, 이렇게 공장생산된 부품을 사용함으로써 공기단축을 꾀할 수 있을 뿐 아니라 안정된 품질을 확보할 수 있다. 이것이 곧 **프리패브리케이션**의 이점이다.

부품들은 대개 부위별 용도로 개발되어 판매되는 것이 일반적이지만 설비부품들에는 부위별로 분류되지 않고 큰 공간을 구성하는 것이 있다. 이들은 여러 부위에 걸쳐 복합화된 부품군을 형성하므로, 이를 **유닛부품**이라 한다.

소변기유닛

욕실유닛

3. 8. 2 유닛부품의 종류

유닛부품으로 대표적인 것으로 **욕실유닛**(unit bath room)이 있다. 욕실은 여러 가지 부품이 복합되어서 사용되고 배관시설이 요구되며, 방수 등의 요구조건도 까다롭다. 뿐만 아니라, 실제 공사 시에 여러 직종이 필요해서 현장작업이 매우 복잡한 공간이다. 따라서 이를 유닛화 하는 것이 매우 합리적이다.

욕실유닛은 1960년대에 고층호텔에 적용하기 위해 일본에서 개발된 것으로, 그 후 여관이나 공동주택에도 적용사례가 많다. 시공방식으로는 FRP(Fiber Reinforced Plastic)로 된 유닛을 양중하기 적합한 크기로 분할해서 조립하는 방식과 방수바닥판 위에 현장에서 패널을 조립하는 형식이 있다. 우리나라에서는 콘크리트유닛으로 하여 조립시공한 사례도 있다.

그 다음으로 많이 사용되는 부품으로는 **변기유닛**이 있다. 변기는 좁은 공간에 여러 개를 부착시켜야 하고 바닥배관과 아울러 바닥방수가 필요한데, 이를 배관과 함께 벽에 부착시킴으로써 바닥방수를 하지 않아도 될 뿐만 아니라, 바닥청소도 용이한 이점이 있다. 호텔과 공중화장실 등에 적용 가능하다.

그 이외에도 다소 가구(家具)적인 성격이 강하지만 **부엌유닛**(system kitchen), **수납(收納)유닛** 등이 있다. 수납유닛은 방과 방 사이의 칸막이 역할을 하도록 제작된 제품도 있다.

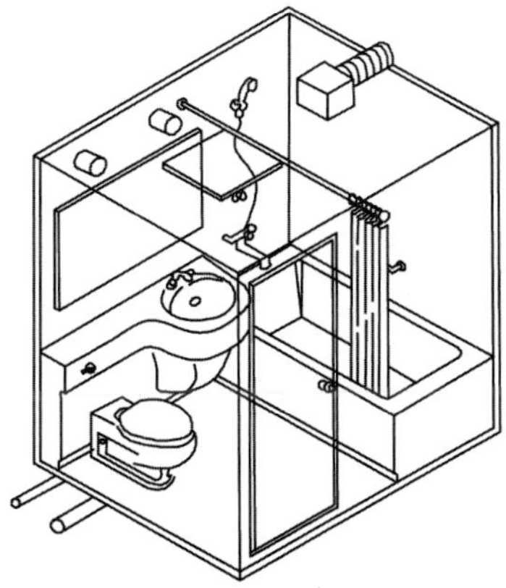

욕실유닛

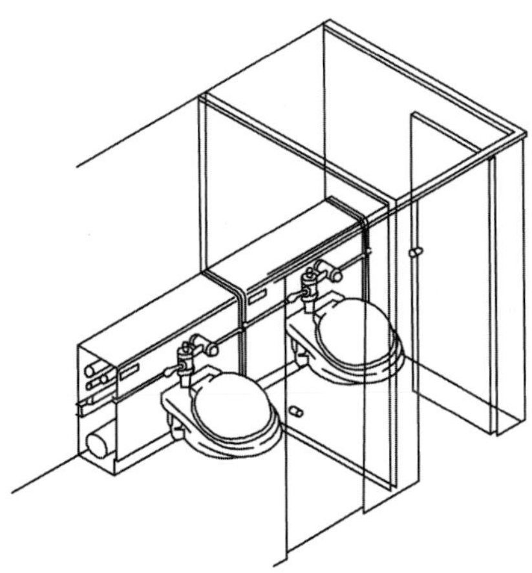

좌변기유닛

맺음말

건축구법은 그 범위가 매우 방대하고 하나하나의 기술적 성과에 깊은 이론적 배경이 있다. 이렇게 넓고 깊은 지식체계를 설명하고 소개하기에 너무나 필자의 식견이 미치지 못함을 통감하면서 단 한권의 책으로 정리하는 데 부족함과 아쉬움을 고백하는 바이다.

모든 내용이 오랫동안에 걸친 선각자들의 연구의 결과이므로, 그 업적을 그대로 옮겨옴에 지나지 않는다. 따라서 훌륭한 자료를 남겨주신 모든 분들에게 사전에 일일이 양해를 구하는 것이 너무나 당연하고 학자로서의 도리이나 속된 욕심에 출간을 서두르다 보니 참고문헌으로 기재하는 데 그쳤다.

구체적으로 밝히자면, 전체적인 구성이나 대부분의 내용 및 그림은 동경대학의 선배교수님들이 우찌다(內田)교수님 편저로 발간한 「건축구법」을 기본 바탕으로 하고 있다. 따라서 이들 인용부분에 대해서는 특별히 본문 내에서 명기하지 않았다. 목조부분과 몇몇 부분은 장기인 선생님의 「건축구조학」을 많이 참고하였다.

사진을 많이 삽입하여 일단 기존의 서적들과의 차별화를 꾀하였는데, 국내건물 및 간단한 사진들은 모두 필자가 직접 촬영한 것이나 몇몇 사진과 외국건물 사진은 인터넷에서 입수하였거나 외국서적에서 그대로 옮겨 온 것이다. 그중 촬영자를 명기한 것은 허락을 구했으나 그 이외의 사진은 참고문헌을 기재하는 것으로 대신하였다. 한편, 근거를 찾기 어렵거나 보편화된 것도 그대로 게재하였다.

2006년에 초판을 출간하여 교재로 사용해보니 볼 때마다 부족한 점이 많았다. 나름대로 약간씩 고쳐나가고 있으나 모자라는 부분에 대한 고견이나 도움이 될 자료를 필자에게 보내주시면 기회가 닿는 대로 반영해 나갈 생각이다.

계명대학교 최민권

mkchoe@kmu.ac.kr

참고문헌 References

1. 建築構造學 張起仁, 普成文化社
2. 韓國建築大系 V 張起仁, 普成閣
3. 近代建築의 흐름 李海成, 世進社
4. 건축 · 공간 · 구조이야기 박찬수 외 역, 기문당
5. 스틸하우스의 설계 대한건축학회 편, 문운당
6. 건축 · 인테리어 시각표현사전 강병희 외 역, 도서출판국제
7. 建築大辭典 신현식 외, 대우출판사
8. 建築構法 內田祥哉, 市ケ谷出版社
9. 建築構法計劃 內田祥哉, 鹿島出版會
10. 建築構造用教材 日本建築學會
11. 建築英語事典 星野和弘, 彰國社
12. 圖說テキスト建築構造 建築構造システム研究會, 彰國社
13. 建築の構造システム 平山善吉 外, 理工圖書株式會社
14. 空間と構造フォルム 坪井善昭 外 編, 建築知識
15. 建築施工法 田村 恭, 丸善株式會社
16. 建築の技術 施工 No.140 安藤正雄 외, 彰國社
17. 板ガラス綜合カダログ セントラル硝子株式會社
18. 建築大辭典 相川新一 외, 彰國社
19. Developments in Structural Form, second edition Rowland J. Mainstone, Architectural Press
20. ROBERT MAILLART David P. Billington, The MIT Press
21. Building Construction Illustrated, third edition Francis D.K. Ching, McGraw-Hill
22. Masonry Design and Detailing Christine Beall, McGraw-Hill
23. Brick -a world history- James W.P. Campbell, Thames & Hudson
24. Helmut Jahn Ante Glibota, Paris art center
25. GA DOCUMENT special issue A.D.A. EDITA Tokyo
26. GA DOCUMENT special issue 2 A.D.A. EDITA Tokyo
27. Modern Masonry Clois E. Kicklighter, Goodheart-Wilcox
28. Brickwork John Carruthers, Butterworth-Heineman

찾아보기 Index

ㅂ

ㅅ

ㅇ

ㅊ

ㅋ

ㅌ

ㅍ

ㅎ

기타

건축구법

2006년 2월 25일 1판 1쇄 발행
2013년 2월 25일 3판 1쇄 발행
2024년 8월 30일 3판 5쇄 발행

저 자	최 민 권
발 행 처	기 문 당
주 소	서울 성동구 무학봉 28길 4-1
전 화	02) 2295-6171~2
팩 스	02) 6971-8188
홈페이지	http://www.kimoondang.com
I S B N	978-89-6225-486-0 93540

※ 잘못 만들어진 책은 구입처에서 교환해드립니다